权威·前沿·原创

皮书系列为

“十二五”“十三五”“十四五”时期国家重点出版物出版专项规划项目

智库成果出版与传播平台

中国互联网与数字经济发展报告

（2024）

ANNUAL REPORT ON CHINA' S INTERNET AND DIGITAL ECONOMY (2024)

主　　编／孙宝文　李　涛
执行主编／欧阳日辉　林　琳

社会科学文献出版社
SOCIAL SCIENCES ACADEMIC PRESS (CHINA)

图书在版编目(CIP)数据

中国互联网与数字经济发展报告．2024／孙宝文，李涛主编；欧阳日辉，林琳执行主编．--北京：社会科学文献出版社，2024.9．--（互联网与数字经济蓝皮书）．--ISBN 978-7-5228-4220-2

Ⅰ．TP393.4；F492

中国国家版本馆 CIP 数据核字第 2024NE6040 号

互联网与数字经济蓝皮书
中国互联网与数字经济发展报告（2024）

主　　编／孙宝文　李　涛
执行主编／欧阳日辉　林　琳

出 版 人／冀祥德
责任编辑／宋　静
责任印制／王京美

出　　版／社会科学文献出版社·皮书分社（010）59367127
　　　　　地址：北京市北三环中路甲 29 号院华龙大厦　邮编：100029
　　　　　网址：www.ssap.com.cn
发　　行／社会科学文献出版社（010）59367028
印　　装／天津千鹤文化传播有限公司

规　　格／开　本：787mm×1092mm　1/16
　　　　　印　张：21.75　字　数：325 千字
版　　次／2024 年 9 月第 1 版　2024 年 9 月第 1 次印刷
书　　号／ISBN 978-7-5228-4220-2
定　　价／158.00 元

读者服务电话：4008918866

本蓝皮书的撰写和出版获得以下资助：

研究阐释党的十九届六中全会精神国家社科基金重大项目“数字经济推动经济发展质量变革、效率变革、动力变革研究”（22ZDA043）

国家哲学社会科学基金重大项目“数字经济高质量发展的创新与治理协同互促机制研究”（22&ZD070）

国家社会科学基金重大项目“数字经济与实体经济深度融合的机制与对策研究”（21ZDA032）

国家数据局数字经济司课题“重点领域数字化转型促进高质量发展的路径研究”

国家数据局数字经济司课题“平台经济合规体系研究”

中央财经大学中央高校基本科研业务费专项资金

高等学校学科创新引智计划（B20094）

北京市教育委员会共建项目专项

中央财经大学一流学科建设项目

北京市支持央属高校“双一流”建设项目

“互联网与数字经济蓝皮书”
编　委　会

组织编撰机构简介

中央财经大学中国互联网经济研究院　中央财经大学中国互联网经济研究院是中央财经大学的实体研究机构，是清华大学电子商务交易技术国家工程实验室成员单位——互联网经济与金融研究中心、北京市哲学社会科学重点研究基地——首都互联网经济发展研究基地。研究院围绕数字经济、平台经济、数据要素、数字金融和电子商务等研究方向，进行科研管理体制创新，组建了30余人的专职研究团队。研究院成立以来共获批国家级重大和重点项目10余项、国家级和省部级一般项目近30项。研究院入选中国核心智库、首批中国智库索引（CTTI）来源智库（2017~2018），荣获2015中国电子商务创新发展峰会颁发的“最具影响力研究机构奖”。10年来，中国互联网经济研究院初步实现了“创立一个学科、汇聚两大资源、搭建五个平台、形成四个特色”的阶段性建设目标，已经成为国内一流、世界知名的数字经济研究重镇。

中国移动研究院（中移智库）　中国移动研究院以“做世界一流的信息服务科技创新引擎”为目标，做优国家战略科技力量和企业科技创新的两大主力军。研究院积极承担央企重大科创工程，累计承担国家重大科技专项等国拨项目200余项，承担“新一代移动信息通信技术国家工程研究中心”“智慧网络国家新一代人工智能开放创新平台”等国家级科创平台建设。研究院为我国移动通信技术发展作出了贡献，引领光通信技术发展，创建“九天”人工智能科研特区，研发九天基础大模型和多个行业大模型，广泛应用于生产、网络、营销、管理等领域。研究院荣获国家科学技术进步奖特等奖等7项、省部级奖213项。2023年3月，中国移动集团以研究院为主体建设中移智库，旨在支撑国家及政府部门数字经济领域政策研究，助力产业和行业数字化转型，为数字经济高质量发展贡献智慧力量。

摘　要

《中国互联网与数字经济发展报告（2024）》是由中央财经大学中国互联网经济研究院、经济学院和中国移动研究院（中移智库）主持编撰的关于数字技术、数字经济、平台经济发展的年度报告。报告分为总报告、理论热点篇、基础设施篇、产业数字化篇、数字产业化篇、场景与案例篇、附录等七个部分，全面分析我国数字经济发展情况，总结发展特点，分析存在的问题，研判发展趋势，提出发展建议。分报告基本遵循发展情况—存在的问题—发展建议的写作逻辑，力图综述和归纳出2022~2023年该领域的发展态势，为今后的发展作出研判、提出建议。

数字经济是以数据为关键要素，以数字平台及其生态为主要载体，通过数字化和智能化实现高效连接，在物理世界和数字空间都可以创造价值的一种新的经济形态。数字经济发展已经进入数字技术和数据要素双轮驱动的新阶段，数据作为新型生产要素快速融入生产、分配、流通、消费和社会服务管理等各环节，以人工智能为代表的数字技术快速发展，深刻改变了经济社会运行模式。激活数据要素潜能，以数据为关键要素推进数字产业化和产业数字化，推动数字技术与实体经济深度融合、实体经济和数字经济深度融合，做强做优做大数字经济，拓展经济发展新空间，增强经济发展新动能，构筑国家竞争新优势。

本报告构建了互联网与数字经济发展测度指数体系，包括数字供给、数字需求、数字流通和数字支撑四个维度，设计了互联网与数字经济的数字供给指数、数字需求指数、数字流通指数与数字支撑指数，较为全面地反映了互联网与数字经济的发展情况。根据本报告测度，2022 年共有 7 个省份数字经济指数超过全国平均值，属于先导省份。广东、北京、上海等 9 个省份数字供给指数处于全国领先位置，广东、上海、北京等 8 个省份在数字经济需求方面发展较好，广东、浙江、江苏等 7 个省份在数字经济流通方面发展较好，北京、上海、河北等 11 个省份的数字支撑指数高于全国平均值。

互联网与数字经济发展将助力新质生产力的加快形成，数据要素市场将进一步发展，互联网企业将进入国际化发展阶段，平台经济将成为互联网与数字经济创新的重点领域。我国正在从全局高度认识和推动数字经济高质量发展，持续优化数字经济发展环境。本报告建议，促进数字技术与实体经济深度融合发展，提升我国在互联网与数字经济领域的开放水平，加快全国一体化技术和数据市场建设，促进我国互联网平台经济健康发展。

关键词： 数字经济　实体经济　数字基础设施　数字产业化　产业数字化

目 录

I 总报告

B.1 2023年中国互联网与数字经济发展情况与趋势展望
…………………………… 中央财经大学中国互联网经济研究院 / 001

II 理论热点篇

B.2 构建以数据为关键要素的数字经济…………… 卢福财 王雨晨 / 027

B.3 数据要素与人工智能协同促进经济增长……… 徐 翔 李帅臻 / 040

B.4 数字经济和实体经济深度融合的研究进展…………… 史宇鹏 / 054

B.5 2022~2023年数字经济治理研究进展 ……………… 金星晔 / 070

III 基础设施篇

B.6 2022~2023年中国信息基础设施建设报告
…………………………… 中国移动研究院（中移智库）/ 089

B.7 2022~2023年中国融合基础设施建设报告…… 卢福财 徐远彬 / 103

B.8 2022~2023年中国数据基础设施建设报告
…………………………………… 中国移动研究院（中移智库）/ 116

Ⅳ 产业数字化篇

B.9 2022~2023年中国企业数字化转型升级发展报告 …… 刘 倩 / 132
B.10 2022~2023年中国重点产业数字化转型发展报告
…………………………………………………… 荆文君 / 144
B.11 2022~2023年中国产业集群数字化转型发展报告
…………………………………………………… 邱磊菊 / 169
B.12 2022~2023年中国数字化转型支撑服务生态发展报告
…………………………………………………… 赵 杨 / 184

Ⅴ 数字产业化篇

B.13 2022~2023年中国关键技术创新能力发展报告
…………………………………… 中国移动研究院（中移智库）/ 202
B.14 2022~2023年中国数字经济核心产业竞争力报告
…………………………………………………… 张文韬 / 222
B.15 2023年中国电子商务新业态新模式发展报告 ………… 李鸣涛 / 239
B.16 2022~2023年中国产业创新生态发展报告 ………… 李东阳 / 253

Ⅵ 场景与案例篇

B.17 5G+工业互联网案例研究 …… 中国移动研究院（中移智库）/ 267

B.18 人工智能应用场景案例研究 …………………………… 亿邦智库 / 280

B.19 数据要素应用场景案例研究 …………………………… 亿邦智库 / 288

附 录

2022~2023年互联网与数字经济大事记 ………………………………… / 296

Abstract ……………………………………………………………… / 309

Contents ……………………………………………………………… / 312

皮书数据库阅读**使用指南**

总 报 告

B.1
2023年中国互联网与数字经济发展情况与趋势展望*

中央财经大学中国互联网经济研究院**

摘 要： 本文首先总结了近年来我国互联网与数字经济发展的主要成就，并基于数字供给、数字需求、数字流通与数字支撑等四个维度构建了互联网与数字经济发展的指标体系，在此基础上具体测算了2022年我国31个省份数字经济的发展水平。本文提出，我国互联网与数字经济未来将助力新质生产力的加快形成，数据要素市场得到进一步发展，互联网企业进入国际化发展阶段，平台经济将成为创新的重点领域等四方面趋势。最后，本文就促进数字技术与实体经济深度融合发展、提升我国在互联网与数字经济领域的开放水平、加强我国一体化数据要素市场建设、促进我国互联网平台经济健康

* 本报告系国家自然科学基金面上项目“平台经济数字治理的理论逻辑与体系构建研究”（项目编号：72273167）的阶段性研究成果。

** 课题组成员：孙宝文、李涛、欧阳日辉、刘航、史宇鹏、荆文君、旷婷玥；主笔：刘航、荆文君。刘航，博士，中央财经大学中国互联网经济研究院副院长，副教授、研究员，研究方向为数字经济学、平台经济学、产业经济学、金融经济学；荆文君，博士，山西财经大学经济学院、山西财经大学数字经济研究中心，副教授，研究方向为互联网与数字经济、平台经济学、产业组织。

发展等四个方面提出了具有针对性的对策建议。

关键词： 互联网与数字经济　指标体系　平台经济　数据要素　公共服务

一　2023年我国互联网与数字经济发展的主要成就

基于刘航等[①]的定义，本文将互联网与数字经济界定为依托信息网络，以信息、知识、技术等为主导要素，以数据要素为关键要素，通过经济组织方式创新，优化重组生产、消费、流通全过程，并在5G、云计算、大数据、物联网、人工智能、区块链等新一代数字信息技术的支撑下，形成了以平台经济、分享经济、社群经济等为代表的新型商业模式，在促进传统产业转型升级的同时，大幅提升了经济运行效率与质量。

2023年是全面贯彻落实党的二十大精神的开局之年，我国经济总体形势回升向好，高质量发展扎实推进，互联网与数字经济得到进一步发展，这些都为新质生产力的加快形成打下了坚实基础。

（一）截至2023年12月，中国网民规模达10.92亿人[②]

根据中国互联网络信息中心（CNNIC）第53次《中国互联网络发展统计报告》，截至2023年12月，我国网民规模达10.92亿人，较2022年底新增网民2480万人，互联网普及率达77.5%。其中，手机网民规模达10.91亿人，相较于2022年底增加了2562万人，手机网民占全部网民的比例达到99.9%；城镇网民与农村网民规模分别为7.66亿人与3.26亿人，分别占全部网民人数的70.2%与29.8%。

---

① 刘航、荆文君、鞠雪楠：《2021年中国互联网经济发展情况与趋势展望》，载《互联网经济蓝皮书：中国互联网经济发展报告（2022）》，社会科学文献出版社，2022。

② 本部分的数据均来自中国互联网络信息中心（CNNIC）2024年3月公布的第53次《中国互联网络发展统计报告》。

2023 年，我国各类个人互联网应用不断深化，用户规模呈现持续增长态势。由表 1 可以看出，2023 年，网约车与在线旅行预订的用户规模增长最为显著，年增长率分别为 20.7%、20.4%；另外，互联网医疗、网络直播和网络购物的用户规模增长也较为明显，年增长率分别为 14.2%、8.7%和 8.2%。另外，从用户使用率看，网络视频（含短视频）、即时通信和短视频的使用率最高，均超过 95%，分别为 97.7%、97.0%和 96.4%。

从应用类型看，在基础应用类应用中，2023 年，即时通信的用户规模为 10.60 亿人，占网民整体的 97.0%，总体发展势头良好，并通过技术创新实现产品的迭代升级；搜索引擎的用户规模为 8.27 亿人，占网民整体的 75.7%，呈现产品智能化水平不断提升、应用场景持续丰富的态势。

在商务交易类应用中，网络支付的用户规模为 9.54 亿人，占网民整体的 87.3%，用户规模创历史新高；网络购物的用户规模为 9.15 亿人，占网民整体的 83.8%，在稳增长、促消费方面的作用显著；网上外卖的用户规模为 5.45 亿人，占网民整体的 49.9%，促进生活服务类行业的种类丰富、品质提升；在线旅行预订的用户规模为 5.09 亿人，占网民整体的 46.6%，以同程旅行、飞猪旅行等为代表的企业业绩增长明显。

在网络娱乐类应用中，网络视频（含短视频）的用户规模为 10.67 亿人，占网民整体的 97.7%，其中短视频的用户规模为 10.53 亿人，占网民整体的 96.4%，网络视频的相关应用已经成为最具吸引力的互联网应用；网络直播的用户规模为 8.16 亿人，占网民整体的 74.7%，特色直播不断涌现，用户体验持续优化；网络音乐的用户规模为 7.15 亿人，占网民整体的 65.4%，随着版权保护不断完善，付费用户数量稳步提升；网络文学的用户规模为 5.20 亿人，占网民整体的 47.6%，呈现海外市场规模持续扩大、行业生态不断优化的趋势。

在公共服务类应用中，网约车的用户规模为 5.28 亿人，占网民整体的 48.3%，随着自动驾驶商业模式加快落地，网约车行业进入发展新阶段；互联网医疗的用户规模为 4.14 亿人，占网民整体的 37.9%，行业整体发展态势良好。

表 1　2022 年 12 月至 2023 年 12 月我国网民各类互联网应用使用情况

单位：万人，%

应用	2022 年 12 月		2023 年 12 月		
	用户规模	使用率	用户规模	使用率	年增长率
网络视频(含短视频)	103057	96.5	106671	97.7	3.5
即时通信	103807	97.2	105963	97.0	2.1
短视频	101185	94.8	105330	96.4	4.1
网络支付	91144	85.4	95386	87.3	4.7
网络购物	84529	79.2	91496	83.8	8.2
搜索引擎	80166	75.1	82670	75.7	3.1
网络直播	75065	70.3	81566	74.7	8.7
网络音乐	68420	64.1	71464	65.4	4.4
网上外卖	52116	48.8	54454	49.9	4.5
网约车	43708	40.9	52765	48.3	20.7
网络文学	49233	46.1	52017	47.6	5.7
在线旅行预订	42272	39.6	50901	46.6	20.4
互联网医疗	36254	34.0	41393	37.9	14.2
网络音频	31836	29.8	33189	30.4	4.3

注：网络音频包括网上听书和网络电台。
资料来源：中国互联网络信息中心第 53 次《中国互联网络发展统计报告》。

（二）2023年电子商务交易总额达46.83万亿元

2023 年，我国电子商务交易规模呈现稳健增长的态势（见图 1）。根据国家统计局公布的数据，2023 年全国电子商务交易总额达 46.83 万亿元，较 2022 年增长 9.40%①，出现了较为明显的反弹趋势。

（三）2023年网上零售额达15.43万亿元

2023 年，我国网上零售交易扭转了前一年的低迷态势，实现了较高幅

① 由于统计口径调整，同比增速数据按可比口径计算。下同。

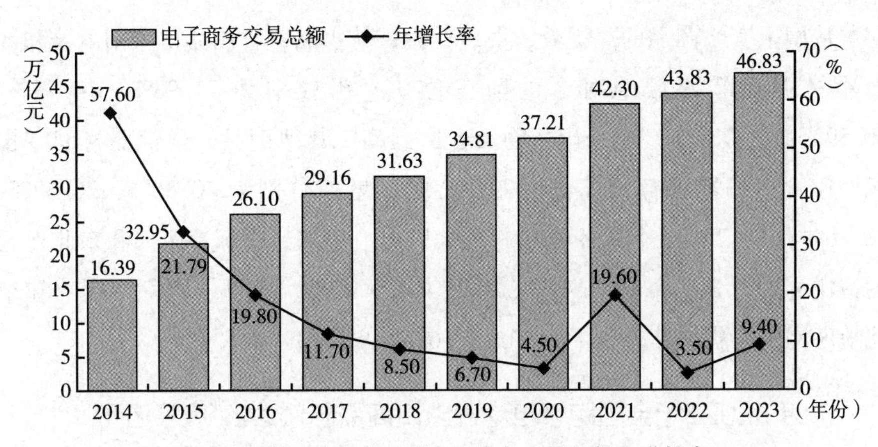

图 1　2014~2023 年中国电子商务交易总额及增长率

资料来源：国家统计局，商务部历年《中国电子商务报告》。

度的增长（见图 2）。根据国家统计局公布的数据，2023 年全国网上零售额达 15.43 万亿元，同比增长 11.00%。其中，实物商品网上零售额为 13.02 万亿元，同比增长 8.40%，占网上零售额的 84.38%，占社会消费品零售总额的比重为 27.6%；在实物商品网上零售额中，吃类、穿类、用类商品分别增长 11.2%、10.8%、7.1%。

图 2　2014~2023 年中国网上零售额及增长率

资料来源：国家统计局。

从网上实物商品的品类看，服装鞋帽针纺织品、日用品、家用电器和音像器材占据零售额绝对量的前三位，占比分别为21.98%、14.45%、10.59%；金银珠宝、电子出版物及音像制品、其他商品、通信器材的零售额增速则占据零售额增速的前四位，同比增速分别为40.30%、26.60%、22.80%和20.20%；从网上零售额的地区看，东部、中部、西部和东北地区的占比分别为83.25%、9.41%、5.91%和1.43%，东部、中部、西部和东北地区网上零售增速分别为10.1%、16.5%、15.7%和4.7%[①]。

（四）2023年全国跨境电商进出口商品总额达2.38万亿元

2023年，全国跨境电商进出口商品总额达2.38万亿元，同比增长15.60%，如图3所示。其中，出口为1.83万亿元，同比增长19.60%；进口为0.55万亿元，同比增长3.90%。

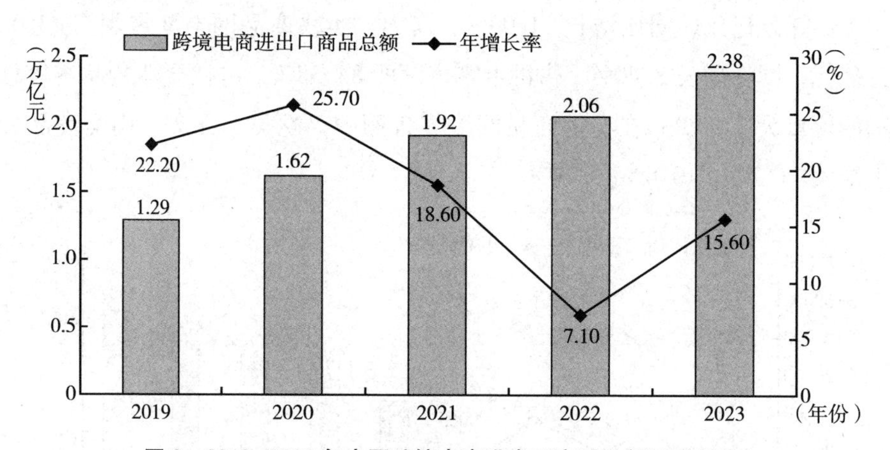

图3　2019~2023年中国跨境电商进出口商品总额及增长率

资料来源：中华人民共和国海关总署。

（五）2023年农村网络零售额达2.49万亿元

根据商务部发布的《中国电子商务报告》，2023年全国农村网络零售额

① 本部分数据均来源于商务大数据。

达到2.49万亿元，同比增长12.90%（见图4），全国农产品网上零售额达到5870.3亿元，同比增长12.50%。随着“数商兴农”深入推进，新基建不断完善，我国农村电商已经进入平稳发展阶段。

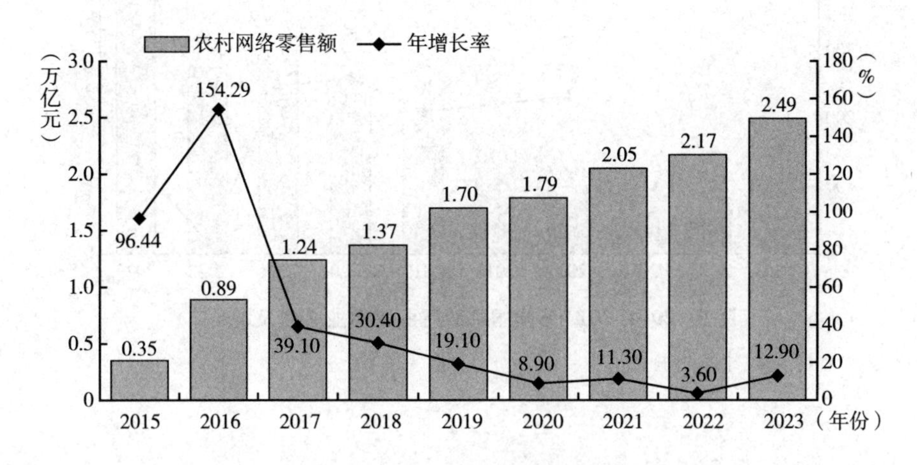

图4　2015~2023年中国农村网络零售额及增长率

资料来源：商务部历年《中国电子商务报告》。

（六）2023年网络支付用户与寄递业务量持续增长

2023年网络支付保持增长态势。根据中国人民银行发布的《2023年支付体系运行总体情况》的数据，2023年非银行支付机构处理网络支付业务1.23万亿笔，按可比口径同比增长17.02%；支付金额达340.25万亿元，同比增长11.46%。

根据国家邮政局公布数据，2023年邮政行业寄递业务量达1624.8亿件，同比增长16.8%，如图5所示。其中，同城快递业务量累计完成136.4亿件，同比增长6.6%；异地快递业务量累计完成1153.6亿件，同比增长20.5%；国际/港澳台快递业务量累计完成30.7亿件，同比增长52.0%。东、中、西部地区快递业务量比重分别为75.2%、16.7%和8.1%。

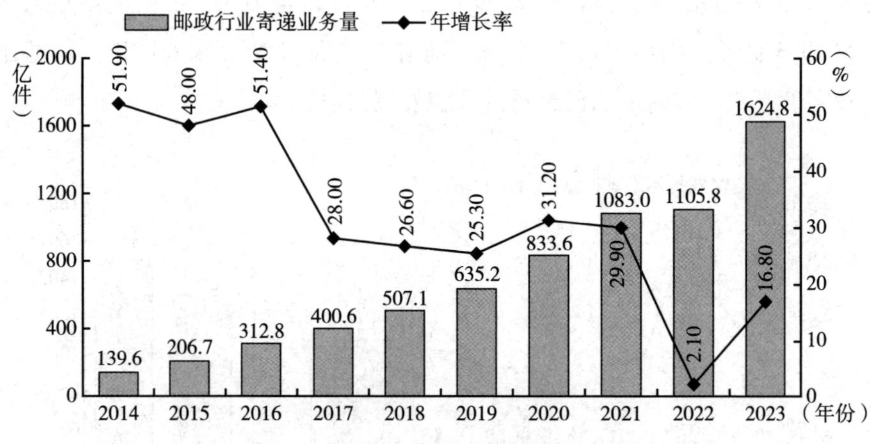

图5　2014～2023年全国邮政行业寄递业务量及增长率

资料来源：国家邮政局。

二　我国互联网与数字经济发展测评

（一）统计指标体系设计

互联网与数字经济发展统计指数体系由数字供给、数字需求、数字流通和数字支撑四个维度构成，具体的构建思路需要反映以下三个方面的发展情况。①规模：通过交易额等数据直观反映互联网与数字经济的发展现状。②渗透：通过占比反映互联网与数字经济对传统经济的渗透情况。③潜力：通过增长率反映互联网与数字经济的发展潜力。以此为基准，按照一定的规则将上述三方面的具体数据集成互联网与数字经济的数字供给指数与数字需求指数。并在此基础之上，同时形成互联网与数字经济的数字流通指数与数字支撑指数。这四类指数可以较为全面地反映互联网与数字经济的发展情况。设计思路见图6。

考虑到数据可得性与稳定性，最终使用指标体系如表2所示。

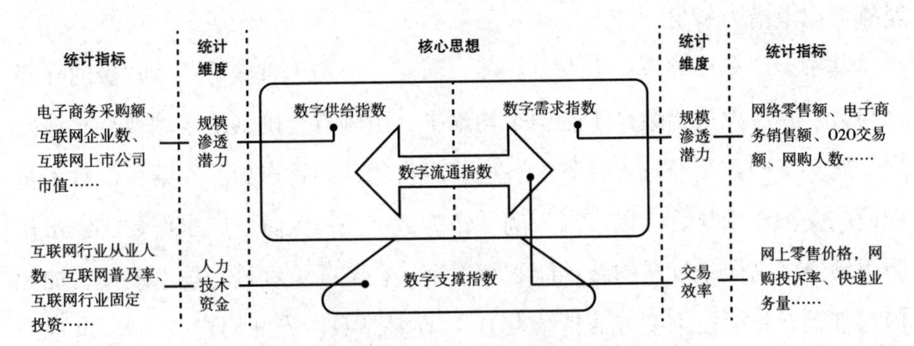

图6　互联网与数字经济发展指数构建思路

表2　互联网与数字经济发展指数统计指标

统计维度	统计含义	指标(权重)
数字供给指数(40分)	规模(30分)	电子商务采购额(0.60) 电子商务企业数(0.40)
	渗透(5分)	电子商务企业数占企业总数比重
	潜力(5分)	电子商务采购额年增长率(0.74) 电子商务企业数年增长率(0.26)
数字需求指数(40分)	规模(30分)	电子商务销售额
	渗透(5分)	网上零售额占社会消费品零售额比重
	潜力(5分)	电子商务销售额增长率(0.85) 网上零售额增长率(0.15)
数字流通指数(10分)	交易效率(10分)	快递业务量
数字支撑指数(10分)	人力(5.5分)	信息传输、软件和信息技术服务业就业人数占全部就业人数比重(0.55)
	技术(1.3分)	互联网普及率(0.13)
	资金(3.2分)	信息传输、软件和信息技术服务业固定资产投资额占固定资产投资总额比重(0.32)

(二)综合测评结果

根据测评结果，课题组可以将全国31个省份（不包括港澳台地区）的互联网与数字经济发展情况与特征按以下三个类别加以区分：先导省份、中坚省份以及潜力省份。[①]

其中，广东、北京、上海、江苏、浙江、山东、重庆等7个省份的互联网与数字经济发展指数高于全国平均水平，引领着全国其他区域数字经济发展，属于我国数字经济先导省份。这些省份的共同特点如下。第一，数字基础设施支撑作用显著。以广东为例，作为数字经济大省，广东把数字经济作为引领经济高质量发展的新动能和新引擎，在加强关键核心技术攻关、加大信息基础设施建设力度方面持续发力，5G基站数、光纤用户数、4K电视产量等均居全国前列，带动65万家中小企业上云用云等[②]。第二，地区经济综合实力为数字经济发展提供动力。上述省份在经济规模、产业布局、科技创新等方面的优势可以辐射到数字经济领域，数字经济的宏观发展绩效与市场微观主体获利之间平衡度较高，数字经济的市场需求旺盛。第三，数字创新要素投入充足，上述省份在技术研发方面有着较高的投入，拥有较多的研发人员，具备较强的数字人才资本优势，如北京、上海等地近年来正在加快“硬核”技术攻关突破，推动人工智能大模型创新发展，支持企业积极布局大模型研发和垂直领域应用。上海人工智能实验室发布了“OpenXLab浦源”人工智能开源开放体系等重磅成果，2022年产业规模超过3800亿元。[③]

中坚省份包括天津、福建、四川、湖北、安徽、辽宁、湖南、河北、山西、内蒙古、贵州、陕西、广西、江西、新疆、河南、海南等17个省份；其余省份为潜力省份。总体上看，产业数字化是各省份数字经济发展的重心，各地依托自身产业、区位、资源特征，形成了各具特色的数字经济发展之路。如山西省作为典型的资源型地区，正在引导企业加大新型工业化投资力度，创建了30个国家级绿色工厂。河北省积极推动传统产业升级，聚焦

① 先导省份指发展指数高于全国平均水平的省份，中坚省份指发展指数居于中位水平的省份，潜力省份指尚未充分发展且未来有潜力的省份。

② 《发力数字赛道　共谋未来产业　广东数字经济呈加速发展势头　数字经济增长值规模连续5年居全国首位》，广东省人民政府网站，https：//www.gd.gov.cn/gdywdt/bmdt/content/post_3965685.html。

③ 《上海人工智能实验室发布重磅开源开放体系，九大项目共建AI技术生态》，第一财经，https：//www.yicai.com/news/101525140.html。

高端化、智能化、绿色化发展，支持钢铁、石化、食品等产业设备更新、工艺升级，加快钢铁行业产品向材料级方向转型，打造世界一流铁基新材料集群。湖北省将数字经济发展重点放在“光芯屏端网”、汽车制造与服务、大健康产业上，以期达到万亿元规模。①

与2022年相比，先导省份的变化较小，表明这些省份已经形成较为稳定的发展优势；同时，中坚省份与潜力省份出现了一定程度的波动，表明后发省份纷纷开始在数字经济领域发力，呈现良性竞争的态势。

（三）分项测评结果

1. 数字供给指数

数字供给指数从数字化规模、数字技术在传统产业的渗透程度、发展潜力三个方面反映各省份互联网与数字经济在供给端的表现。该指数的设计，是从多个维度测评某地产业数字化发展水平。

测评结果显示，2022年，广东、北京、上海、江苏、浙江、四川、重庆、天津、安徽等9个省份数字供给指数高于全国平均值，说明这些省份在供给层面的数字化程度较高、数字技术的基础设施建设程度较高。在上述省份中，广东的数字化规模最大。广东是我国重要的制造业基地，电子信息制造业、软件和信息服务业规模多年位居全国第一，这为其产业数字化转型提供了坚实基础。北京市数字技术对传统企业渗透程度最高。近年来，北京市全面开展制造业企业数字化转型，提升人工智能底层技术和基础底座自主可控能力，推动人工智能对标国际先进水平，加快各类新兴数字技术在政务、医疗、教育、工业、生活服务等领域的应用，取得了显著成效。近年来天津市企业层面的数字化转型速度全国领先，天津市政府在2021年8月印发了《天津市加快数字化发展三年行动方案（2021—2023年）》，聚焦制造业、服务业、商贸数字化转型发展。

① 《开局丨31省市齐规划：2024如何打好数字经济“重点牌”?》，腾讯新闻，https：//new.qq.com/rain/a/20240202A07NN500。

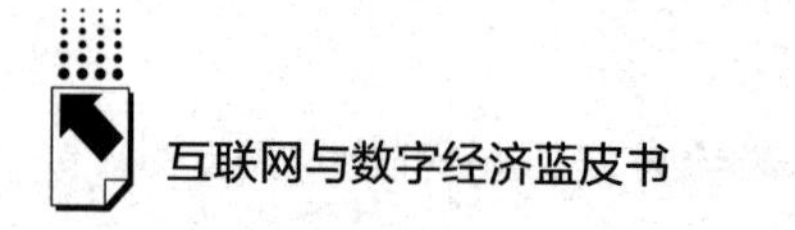

与历年测评结果相比，各省份在供给层面排名的变动较小，说明各地找到了适合自身发展数字经济的独特路径，形成了较为稳定的发展优势。

2. 数字需求指数

数字需求指数考察了互联网与数字经济在需求侧的增长情况，与供给指数思路一致，从规模、渗透和潜力三个方面进行衡量。该指数的设计，可以看作是从多个维度测评某地数字产业化发展水平。

测评结果显示，2022 年，广东、上海、北京、江苏、山东、浙江、重庆、天津等 8 个省份在数字经济需求方面发展较好。这些省份的共同特点是数字经济的快速发展，有效地拉动了当地的消费。在上述省份中，广东省数字技术引领的需求规模最大，《广东省数字经济发展指引 1.0》指出，数字产业化是数字经济的核心内容，在相关部门的政策支持下，共享经济、新零售、在线消费等新业态蓬勃发展。北京市传统需求的线上转型程度最高，在京东、敦煌网、小米之家等电子商务龙头企业的带动下，盒马鲜生、叮当智慧药房等线上线下融合模式快速普及，通过培育示范项目引导企业应用新技术创新发展模式，促进全市网络消费快速增长。重庆市数字需求指数增长全国领先。重庆市有良好的消费基础和服务体系，借助数字技术应用，可以实现消费水平的快速提升，如 2022 年 1~11 月，重庆百货大楼股份有限公司线上销售额同比增长 63%；2022 年第三季度，渝中区限上商贸企业实现网络零售额 65.5 亿元，同比增长 10%。①

同时，结合历年数字需求指数排名情况，排名变动较大的省份仍然集中在排名前十位以后的省份，说明排名靠前的省份在需求层面的优势较为稳定。

3. 数字流通指数

数字流通指数反映了各省份供给与需求的协调发展程度，并以快递业务量为主要标志。

2022 年，数字经济流通方面发展较好的省份包括广东、浙江、江苏、山东、河北、河南、福建等 7 个省份。同时，我国 31 个省份在流通方面的

① 《重庆渝中区——培育壮大数字消费新业态》，人民网，2022 年 12 月 12 日。

变动是所有分项指数中最小的，其中可能的一个主要原因是当前现代化的流通体系已日趋成熟，各省份的硬件基础设施在短期内变化不大。

4. 数字支撑指数

数字支撑指数从人力、技术、资金三个方面，反映各省份支撑互联网与数字经济发展的基础设施建设情况。

2022 年，北京、上海、河北、辽宁、重庆、内蒙古、广东、贵州、湖南、宁夏、山西等 11 个省份的数字支撑指数高于全国平均值，其中既包括互联网与数字经济发展的先导省份，也包括部分发展潜力较大省份，这说明随着数字基础设施建设日趋完善，各地差异不明显，都有可以支撑互联网与数字经济发展的基础条件。在上述省份中，北京人力资源较为丰富，得益于其强大的高等教育综合实力与众多的高科技企业，形成了产教融合的人才培养发展模式，积累了大量数字经济高素质人才。上海技术支撑水平最高，近年来，上海不断加强未来产业前瞻技术创新布局，强化企业科技创新主体地位，鼓励科技领军企业打造原创技术策源地，为数字经济发展提供了扎实的技术基础。贵州数字经济资金投入全国领先，2022 年，贵州抢抓大数据发展机遇，开展“大数据项目建设年”活动，数据领域总投资达 205.39 亿元，同比增长 30.35%。[①]

同时，与其他指数相比，31 个省份在数字支撑指数方面的变化最明显，部分省份变化幅度大。这种现象可能的原因是支撑互联网与数字经济快速发展需要相应的基础，在数字经济时代，技术的更迭速度较快，导致其对各省份数字经济发展的总体支撑作用总处在不断变化中。

综合以上结果，2022 年我国互联网与数字经济发展各分项指数测评结果总体上呈现以下两方面特征。

第一，处于领先地位的省份（超过全国平均值）的数量相较于往年有所减少，部分说明随着各地重视数字经济发展，互联网与数字经济领域的后发省份追赶力度加大，其与先导省份的差距在逐渐缩小。

---

① 《贵州今年计划引进成长性强的数字经济项目 200 个以上》，新华网，2023 年 12 月 15 日。

第二，排名变化较大的省份多集中在排名中部或靠后的省份，说明互联网与数字经济中坚省份潜力逐步释放，正在找到符合自身特征的数字经济发展方式，从“争先”向“领先”转变，在排名上出现较大的变化。

（四）2023年全国各省份互联网与数字经济发展态势

2023 年，全国各省份互联网与数字经济发展呈现如下态势。

1. 相关政策助力各省份清晰互联网与数字经济发展目标

2020~2023 年，随着推进数字经济发展和数字化转型的政策不断深化和落地，各地相继出台了数字经济领域的“十四五”规划、数字经济发展规划、数字经济促进条例等相关政策。伴随着这些政策文件的出台，各地根据自身特征，目标明确、因地制宜地发展数字经济，成效显著（见表 3）。

表 3　2023 年我国部分省市互联网与数字经济发展目标汇总

区域	省市	目标
京津冀	北京	到 2025 年,数字经济增加值达到地区生产总值的 50%左右,进入国际先进数字经济城市行列;到 2030 年,全面实现数据化赋能超大城市治理
	天津	2023 年,数字经济增加值占国内生产总值比重全国领先
	河北	2025 年,全省电子信息产业主营业务收入突破 5000 亿元
长三角	上海	2025 年,全面推进城市数字化转型取得显著成效,国际数字制度建设形成基本框架;2035 年,成为具有世界影响力的国际数字之都
	浙江	到 2025 年,数字经济发展水平稳居全国前列,达到世界先进水平,数字经济增加值占全省生产总值的 60%左右
	杭州	到 2025 年,全市规模以上数字经济核心产业营收突破 2 万亿元,增加值达到 7000 亿元并力争向万亿元迈进,增加值占全市生产总值比重达到 30%
	无锡	2024 年无锡全市数字经济核心产业增加值达到 2500 亿元,占全市生产总值比重超过 14%
珠三角	广东	2025 年,推动超过 5 万家规模以上工业企业运用新一代信息技术实施数字化转型,带动 100 万家企业上云用云降本提质增效,以数字化引领制造业质量变革、效率变革、动力变革,形成大中小企业融通发展的产业生态
	广州	2025 年,两个万亿级数字产业集群基本成形,数字经济核心产业增加值占全市生产总值比重达 15%

续表

区域	省市	目标
珠三角	深圳	2023年,全市数字经济产业增加值(市统计局口径)突破1900亿元,年均增速6.5%;信息传输、软件和信息技术服务业营业收入(市统计局口径)突破9000亿元,年均增速15.3%;软件业务收入(工业和信息化部口径)突破10000亿元,年均增速10.8%
	佛山	2035年全市数字经济总体规模达2万亿元
西南	重庆	到2025年,大数据智能化走在全国前列,全市数字经济总量超过1万亿元
	四川	到2025年,全省数字经济总量超3万亿元,占全省生产总值比重达到43%,建成具有全国影响力的数字经济科技创新中心和数字化转型赋能引领区
	贵州	到2025年,数字经济规模占地区生产总值比重达到33%
	成都	到2025年,全市数字经济核心产业R&D经费投入年均增速达到10%,数字经济领域国家级创新平台数量超过50个
其他	新疆	推进"天山云谷"等应用服务,推动数字产业化和产业数字化,促进数字经济和实体经济深度融合
	湖北	到2025年,数字经济核心产业增加值超过6000亿元,占全省生产总值比重超过10%,培育3~5家数字经济全球知名企业
	江西	到2027年,推动数字经济增加值实现规模倍增,占全省生产总值比重达到45%左右,核心产业增加值占全省生产总值比重达到10%以上
	湖南	到2025年,数字经济规模进入全国10强,突破25000亿元
	广西	到2025年,数字经济规模占地区生产总值比重达35%
	甘肃	到2025年,数字经济规模总量突破5000亿元
	西安	到2025年,数字经济成为全市经济社会发展的强劲引擎,全市数字经济规模达7000亿元,数字经济核心产业增加值占地区生产总值比重达到5%以上
	黑龙江	到2025年,数字经济规模占全省生产总值比重超过36%

注：各省市发展目标来源于该省市的发展规划、政府工作报告。

资料来源：前瞻产业研究院。

2. 东部地区引领作用进一步加强

从规模上看，东部地区在网络零售方面仍然占全国网络零售总量的80%以上。根据商务部监测数据，2023年，东、中、西部和东北地区网络零售额占全国比重分别为83.30%、9.40%、5.90%和1.40%（见图7）。网络零售额占比排名前十的省份中，东部地区占5席，分别为广东、浙江、上海、江苏、福建。

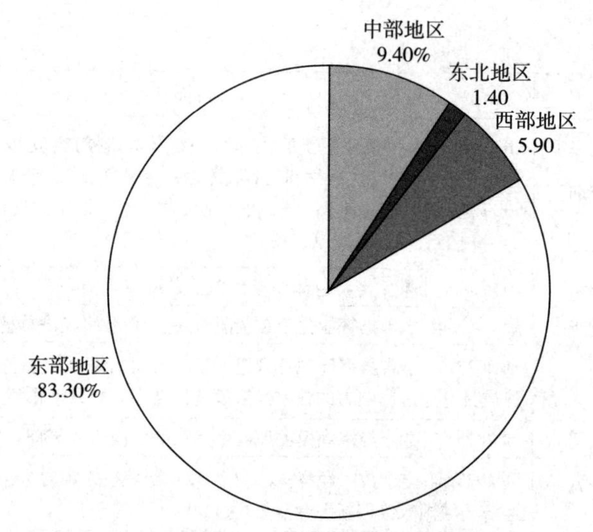

图7　2023年分地区网络零售额占比

从新业务类型上看，东部地区在农村电商、跨境电商等方面也表现出较强的发展优势。商务部数据显示，2023年，东、中、西部和东北地区农产品网络零售额占全国农村网络零售额比重分别为63.96%、15.68%、14.90%和5.46%（见图8）；农产品网络零售额排名前十的省份、跨境电商进口额排名前十的省份均包括广东、浙江、上海、福建、江苏。

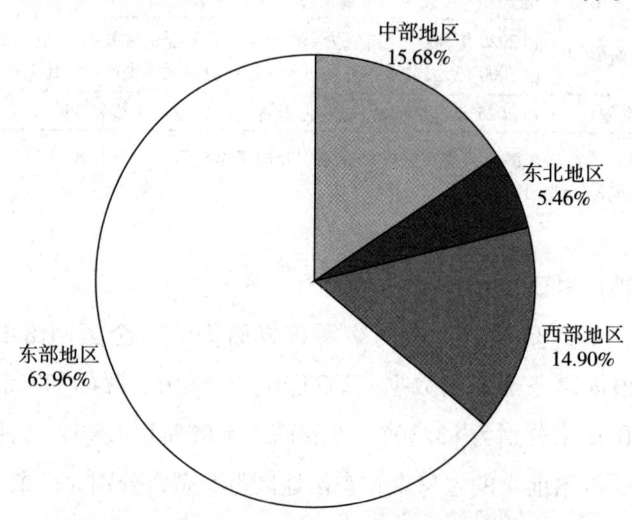

图8　2023年分地区农产品网络零售额占比

3. 各省份互联网与数字经济发展方向偏重产业互联网

从全国各省份统计局发布的 2023 年上半年经济运行情况来看，各地数字经济发展引擎地位巩固，各具特色的数字化应用加速落地，数字经济在优化产业结构中的作用日益突出，表明数字经济在各省份的发展重点已经开始由消费互联网向产业互联网转移。表 4 汇总了 2023 年上半年部分省份在产业互联网领域的发展成效。

表 4　2023 年上半年部分省份在产业互联网领域的发展成效

省份	产业互联网发展情况
北京	2023 年上半年，全市规模以上专精特新工业企业产值增长 4.7%，明显高于规模以上工业平均水平；占规模以上工业总产值的比重为 12.8%，同比提高 3.9 个百分点
上海	2023 年上半年，全市工业战略性新兴产业总产值同比增长 14.6%，增速高于规模以上工业总产值 2.8 个百分点。其中，新能源汽车、新能源和高端装备产值分别同比增长 69.8%、57.8%和 33.1%
浙江	2023 年上半年，浙江省规模以上工业中，新能源产业、装备制造业、数字经济核心产业制造业增加值分别增长 25.9%、9.4%和 8.4%，增速均明显高于规模以上工业平均水平
江苏	2023 年上半年，全省信息传输、软件和信息技术服务业增加值同比增长 12.2%，较上年同期加快 1.6 个百分点
广东	2023 年上半年，先进制造业增加值增长 3.3%，占规模以上工业增加值比重为 55.1%，其中，先进装备制造业增长 8.2%；高技术制造业增加值下降 0.5%，占规模以上工业增加值比重为 28.6%
福建	2023 年上半年，全省新能源汽车产量同比增长 46.0%，服务机器人产量同比增长 33.7%
四川	2023 年上半年，规模以上高技术产业增加值同比增长 5.3%，其中，航空、航天器及设备制造业增长 16.8%，医药制造业增长 7.9%，电子及通信设备制造业增长 7.4%
安徽	2023 年上半年，全省高技术产业投资增长 14.6%，增速高于全部固定资产投资 9.6 个百分点，其中高技术服务业投资增长 56.8%。规模以上装备制造业增加值增长 15.3%，占规模以上工业增加值比重由上年同期的 33.6%提升至 37%
重庆	2023 年上半年，服务机器人、智能手表、工业机器人产量分别增长 1.4 倍、54.0%和 22.8%
山东	2023 年上半年，高技术制造业、高技术服务业投资分别增长 27.7%和 27.6%，分别高于全部投资 22.2 个和 22.1 个百分点；高技术制造业增加值增长 4.8%，占规模以上工业增加值比重达到 9.3%

资料来源：来自相关省份统计局。

三　中国互联网与数字经济的发展趋势

（一）互联网与数字经济发展将助力新质生产力的加快形成

习近平总书记在中共中央政治局第十一次集体学习时强调，“发展新质生产力是推动高质量发展的内在要求和重要着力点，必须继续做好创新这篇大文章，推动新质生产力加快发展”。互联网与数字经济和新质生产力之间存在深刻的逻辑联系，我国互联网与数字经济的健康发展有助于新质生产力的加快形成。

首先，数字经济条件下技术突破的关键特征是数据驱动型的研发与创新，而数据资源极大丰富必要的前提条件是万物互联，数字技术不断迭代升级也会进一步拓展万物互联的广度和深度，在“互联”条件下所实现的数字时代的创新对于新质生产力形成起到主导作用，同时也体现了新质生产力的“高科技”特征。其次，“数据”作为数字经济中的新型生产要素，在实现自身价值的同时赋能传统生产要素，发挥乘数效应，提高其他要素的边际产出水平，促进全要素生产率的提升。生产要素的高效配置推动数字经济生产方式的网络化与数字化，体现了新质生产力的“高效能”特征。再次，互联网与数字经济发展中的“集成”和“融合”为产业深度转型升级提供了驱动力与实践路径，不仅重构了生产流程，而且也重塑了商业模式，进而加速了全球经济结构的变革，推动经济形态向知识密集型与服务主导型演进，体现了新质生产力的“高质量”特征。又次，数字经济的“创新”对于发展新质生产力起主导作用，是提升全要素生产率的根本动力，这种创新不仅局限于产品与服务在技术层面的优化，而且还涵盖了商业模式的革新、管理策略的重塑以及组织架构的根本性变革，从而形成了一个系统性的全维度、多层面的创新谱系。最后，数字经济的“转型”利用新技术改造提升传统产业，实现了产业的高端化、智能化和绿色化，摆脱了传统经济发展方式与生产力发展路径。

（二）数据要素市场将进一步发展，充分实现数据要素价值

2024年1月，国家数据局等十七部门印发《“数据要素×”三年行动计划（2024—2026年）》，强调“发挥数据要素的放大、叠加、倍增作用，构建以数据为关键要素的数字经济，是推动高质量发展的必然要求”，并在未来“发挥我国超大规模市场、海量数据资源、丰富应用场景等多重优势，推动数据要素与劳动力、资本等要素协同，以数据流引领技术流、资金流、人才流、物资流，突破传统资源要素约束，提高全要素生产率；促进数据多场景应用、多主体复用，培育基于数据要素的新产品和新服务，实现知识扩散、价值倍增，开辟经济增长新空间；加快多元数据融合，通过数据规模扩张和数据类型丰富来促进生产工具创新升级，催生新产业、新模式，培育经济发展新动能”。

行动计划的推出，彰显出国家层面对数据作为新型生产要素的高度重视，预示着我国数据要素市场将迎来前所未有的发展机遇与变革。首先，行动计划强调数据要素的“放大、叠加、倍增”作用，意味着数据不再仅仅是信息的载体，而是成为推动创新、优化资源配置、促进产业升级的核心力量。通过将数据与其他生产要素紧密结合，我国意图打破传统经济模式下的资源瓶颈，以数据流引领全要素生产率的提升，为经济增长开辟新路径。这表明，数据要素的高效配置和价值释放将成为提升国家竞争力的关键。其次，依托我国超大规模市场、海量数据资源及丰富应用场景的独特优势，行动计划旨在推动数据在多场景、多主体间的广泛应用与复用，激励新产品、新服务的创新，实现知识与价值的广泛传播。在此过程中，数据的流动将激活技术、资金、人才和物资等其他要素，形成协同效应，催生数字经济新业态，为经济增长贡献新动力。最后，行动计划鼓励多元数据的深度融合与创新应用，这将直接促进生产工具的智能化升级，加速新产业、新模式的诞生。随着数据规模的不断扩大和数据类型的日益丰富，技术创新将获得前所未有的数据支撑，为经济结构的优化和新旧动能转换提供强大支撑。

（三）互联网企业将进入国际化发展阶段

近年来，我国互联网企业展现出强劲的国际化发展趋势。以多多买（Temu）和西音（SHEIN）为代表的互联网企业在海外市场的成功不仅彰显出自身的实力，同时也预示了我国互联网与数字经济进入国际化发展的新阶段。

首先，我国拥有世界上规模最大、门类最齐全的制造业体系，加之数字技术的迅猛发展，这些都为我国互联网平台企业的国际化提供了坚实的基础。多多买、西音等互联网企业充分利用了中国制造业的供应链优势，结合先进的数字技术，实现了产品的快速迭代和成本控制，在国际市场上表现出突出的价格竞争力以及快速的需求响应能力。其次，在海外拓展市场的互联网企业在经营模式上进行了卓有成效的创新。例如，多多买所采取的全托管模式，实现了平台对物流、仓储、支付等环节全面管控，从而大幅降低了跨境贸易的进入门槛，吸引了大量小微卖家入驻平台，同时也为海外买家提供了更加便捷的购物渠道；另外，在销售模式上，多多买借鉴母公司拼多多在国内成功的社交电商模式，通过社交分享、团购优惠等方式吸引用户，快速积累了用户基础，并通过本地化运营，根据不同市场特点调整策略，如在北美市场提供首购折扣和免运费服务，以吸引初次购物的消费者，持续巩固用户基础。

总之，中国的互联网企业在未来会进一步提升其国际化水平，这不仅能为自身带来新的增长机遇，同时也能不断增强中国互联网与数字经济的全球影响力。

（四）平台经济将成为互联网与数字经济创新的重点领域

创新是推动我国互联网与数字经济持续演进的核心动力，平台经济作为互联网与数字经济的重要组成部分，未来将成为这一领域创新的主要推手。

首先，在技术创新层面，平台经济累积的海量数据资源成为激发技术创新的关键要素，平台企业可以充分利用这些数据驱动生成式人工智能

(Generative AI)、物联网（IoT)、元宇宙等新型数字技术的快速迭代升级；同时，这些数字技术也能赋能平台企业提高运营水平与服务质量。其次，在模式创新层面，平台经济也不断涌现出全新的业务形态，甚至在较为成熟的领域也在不断推陈出新，例如在电子商务领域，以抖音、快手为代表的短视频平台，将卖货内嵌到内容直播中，从而形成了“直播带货”的新模式，主播能够实时与观众互动，展示商品细节，回答问题，进行限时促销，这大大提升了销售转化率。直播带货已经成为短视频平台电商的重要组成部分，甚至成为一些品牌新品发布的首选渠道。最后，平台经济能够通过技术创新与模式创新的深度融合，实现组织形态与商业架构的深层次变革，技术创新能够不断拓展互联网企业的业务边界，通过模式创新吸引更多的用户并撮合形成更大的交易量，同时也为企业积累数量更多、颗粒度更精细的数据资源，从而帮助企业进一步提升技术水平与提供高质量产品和服务的能力。

总之，平台经济以其独有的技术创新与模式创新能力，在未来会进一步引领我国互联网与数字经济的持续演进与升级。

四　促进中国互联网与数字经济发展的对策建议

我国具有超大规模市场、海量数据资源、丰富应用场景等多重优势，在全面建设社会主义现代化国家新征程上，平台经济、数字经济大有可为，努力突破关键核心技术，发挥龙头企业带动作用，促进中小企业共同发展，在引领发展、创造就业、国际竞争中可以大显身手，数字经济发展前景十分广阔。我国正在建立健全与平台企业的常态化沟通交流机制，提高数字经济常态化监管水平特别是增强监管的可预期性，完善相关政策和措施，继续适度超前推进数字基础设施建设，创新数据要素开发利用机制，推动数字经济规范健康持续发展。

（一）促进数字技术与实体经济深度融合发展

党的二十大报告指出，加快发展数字经济，促进数字经济和实体经济深

度融合，打造具有国际竞争力的数字产业集群。针对如何进一步促进我国数实融合深度发展，本文从以下三方面提出具体的对策建议。

第一，加强数字基础设施建设。首先，相关部门可以考虑加大对5G网络、数据中心、物联网、人工智能等新一代信息技术基础设施的投资力度，为互联网与数字经济在下一阶段的发展进行适当的提前布局。其次，支持适合中西部地区和农村地区互联网与数字经济发展的基础设施建设，缩小数字鸿沟，促进区域之间在互联网与数字经济领域的协调发展。最后，鼓励私人部门积极参与数字基础设施建设，通过政府和社会资本合作模式，吸引私营资本参与数字基础设施建设，形成多元化投资格局，充分发挥公共部门与私人部门各自的优势。

第二，推动数字技术促进传统产业转型升级。首先，引导和支持传统企业积极采用大数据、云计算、人工智能、区块链等数字技术改造生产流程与管理模式，有效提升企业的运营效率以及产品与服务的质量水平。其次，鼓励制造业企业与数字平台企业合作，共同开发智能化产品与服务，有效对接市场需求，拓展业务新模式。最后，支持农业、服务业等领域的数字化改造，提升产业链供应链的智能化水平，增强行业竞争力。

第三，构建数字产业集群生态。首先，扶持一批具有国际竞争力的数字领军企业，发挥其在产业链中的引领作用，带动上下游企业协同发展。其次，建立数字产业园区，集中资源培育数字产业集群，促进企业间的资源共享和协同创新。最后，完善数字产业政策体系，包括财税政策、人才引进政策、知识产权保护政策等，营造良好的产业发展环境。

（二）提升我国在互联网与数字经济领域的开放水平

对于如何有效提升我国在互联网与数字经济领域的开放水平，可以在政策上从鼓励我国互联网企业“走出去”以及吸引国外数字经济领域的先进企业“走进来”两方面加以发力。

第一，鼓励相关企业在推进全球化战略的同时，保持对国内市场的投入与关注，通过政策引导激励互联网企业将国内外业务紧密结合，形成国内市场与国际市场的有效联动。此外，在全球数字基础设施布局方面，在政策上需要鼓励和支持国内云服务商在海外建立数据中心和云服务节点，探索国内云服务商与海外相关企业的新型合作机制，形成数字经济领域的全球伙伴关系，基于互利共赢的互信机制，共建海外数字基础设施，以满足互联网企业在海外拓展业务时对数据本地化存储和就近服务的需求。

第二，进一步简化外资企业的注册流程，减少行政干预，提高行政效率，加强知识产权保护，提升公共服务水平，为外资企业创造开放、包容、公平、透明、可预期的经营环境。同时，政府可以适当采取一系列财税支持措施，对外资企业实施必要的税收优惠政策，降低企业运营成本。此外，可以通过搭建交流合作平台，促进中外企业之间的互利共赢合作，共同推动我国互联网与数字经济的高质量发展。

（三）加强我国一体化数据要素市场建设

2022 年 12 月，中共中央、国务院印发了《关于构建数据基础制度更好发挥数据要素作用的意见》，指出要“加快构建数据基础制度，充分发挥我国海量数据规模和丰富应用场景优势，激活数据要素潜能，做强做优做大数字经济，增强经济发展新动能，构筑国家竞争新优势”。具体而言，在政府公共数据共享平台、数据交易中心以及基于互联网平台企业的数据服务市场建设等三方面制定相关政策，加强我国数据要素市场与数据服务市场建设。

第一，推进政府公共数据共享平台建设。首先，应全面梳理和整合各政府部门的数据资源，构建统一的数据目录和元数据体系，实现数据资源的标准化、规范化管理。其次，应建立健全数据共享交换机制，明确数据共享的范围、方式和流程，确保数据的安全、合法、有序流通。再次，应推动公共数据的开放利用，通过 API 接口、数据下载等方式，向社会公众和企业提供丰富的数据资源，激发数据创新应用活力。又次，还应建立健全数据安全保护机制，制定数据分类分级保护策略，采用加密、脱敏、访问控制等技术手段，确保数据在共享过程中的安全可控。最后，应加强数据治理能力，建立健全数据质量管理体系，定期开展数据质量检测和评估，提升数据的准确性和完整性，提高数据要素市场的公信力和吸引力。

第二，完善各地数据交易中心。首先，应明确各地数据交易中心的定位和功能，将其打造成为集数据交易、数据服务、数据治理于一体的综合性平台。其次，应建立健全数据交易规则和机制，明确数据产权归属、数据交易价格、数据交易流程等内容，保障数据交易的公平、公正、公开。再次，应推动数据交易中心的技术创新，采用区块链、智能合约等先进技术，实现数据交易的自动化、智能化，提高数据交易的效率和安全性。最后，应加强数据交易中心数据治理能力，提高数据服务市场的公信力和吸引力。

第三，支持基于互联网平台企业的数据服务市场建设。首先，应引导互联网平台企业建立健全数据服务生态，提供多样化、个性化、专业化的数据服务产品，满足不同用户的需求。其次，应推动互联网平台企业增强数据治理能力，提高数据服务的公信力和吸引力。再次，应引导互联网平台企业加强数据安全保护，采用防火墙、入侵检测、数据加密等技术手段，保障数据在服务过程中的安全可控。最后，应建立健全数据服务市场监管机制，打击数据泄露、数据滥用、数据欺诈等违法行为，维护数据服务市场的公平、公正、公开。

（四）促进我国互联网平台经济健康发展

我国互联网平台经济的健康发展对于带动就业、拉动消费、促进创新三方面均具有重要作用。据此，从以下方面提出相应的对策建议。

第一，提升平台数字技术水平，推动数据赋能新场景。依托平台经济的集聚作用，推动大型平台企业在技术研发和模式创新方面形成自主优势，将大型互联网平台纳入国家科技创新力量体系，推动大模型算法、先进计算、算网融合等技术研究实现突破，加快数据要素资源的标识、授权、安全交换等基础技术研究，鼓励探索隐私计算、云计算、区块链等关键技术落地应用，为平台经济数据要素高效利用提供技术支撑。发挥生产性互联网服务平台的丰富场景优势、海量数据优势和资源配置能力，加速改造传统产业，发展先进制造业。加强产业数据资源开发利用，在全场景、全链路数字化情境中加快推动产品制造、流通和服务信息的实时交互，基于数据实现上下游企业和服务企业的网络协同，增加优质产品和服务供给。

第二，破除数据流动障碍，强化共享流通机制。破除平台间数据流动障碍。持续推动实施大型平台企业数据共享良性机制，提升数据要素流动效率，推动数据价值释放。建立促进平台之间打破流量经营封闭的数据开放边界、行业操作指南和标准规范，保障平台据此建立的互联网基础设施的默示基本规则开放性（如地址解析的互联互通、搜索引擎的数据抓取、链接的开放性等)。支持各类平台企业以隐私计算、联合建模等多种形式开展合作，鼓励平台企业开放共享数据应用成果。建立公益性的、共享的平台经济数据交换机制。通过设立数据交换平台，推动平台经济产业链上下游异质性、关联性数据的流动，加快平台企业与其他行业数据的融合价值释放。在重点行业探索数据要素市场化，如在工业制造、商贸物流等领域开展先行先试，拓展异质关联要素来源，加速要素流通和重组。推进公共数据与平台数据深度融合应用，鼓励平台企业依托公共数据开发并提供公益服务，鼓励平台企业开放自身相关数据资源，促进孵化全社会层面数据公益性应用。

第三，引导平台资本进入创新领域。首先，平台企业不仅具备传统企业追求利润最大化的特征，同时还扮演着行业在线市场的设计者、经营者与规则制定者的角色，展现出“企业—市场”的双重身份。这种二元属性赋予了平台企业不断提升自身服务水平的内在驱动力，使其在追求经济效益的同时，也致力于创新与服务质量的提升。相关部门应当充分认识并利用这一特质，通过制定相应的政策，鼓励平台企业加大研发投入、优化服务体验、引领行业创新潮流。其次，在能力层面上，平台企业凭借海量数据积累与前沿技术应用，形成了“数据—技术”的核心竞争优势。相关部门可通过政策引导，激励平台企业发挥其信息和技术优势，挖掘具有潜力的科技型初创企业，为其提供资金、技术支持，助力其成长。一方面，这有助于推动科技型初创企业加速研发进程、缩短产品上市周期；另一方面，也有利于平台企业构建更加丰富多元的生态系统，提升整体竞争力。

第四，赋能发展新格局，促进居民消费。平台经济在贯通国民经济循环各环节、畅通国内国际双循环、推动构建新发展格局方面发挥了重要作用。首先，在赋能国内循环、扩大内需方面，平台经济可以利用网络效应聚集不同类型的交易主体，形成具有相当体量的在线市场，打破区域之间地理分割与制度限制，有效降低物流成本，充分利用我国超大规模内需市场优势，不断挖掘内需潜力，推动内需市场的转型升级，形成新的消费增长点。其次，在赋能国际循环、利用外需方面，平台经济可以充分发挥国内大市场以及独立完整的现代工业体系两大优势，形成跨境电商、数字贸易等外贸新业态、新模式，实现国内市场与国际市场更好地联通，进一步提升我国对外开放水平。

参考文献

刘航、荆文君、鞠雪楠：《2021 年中国互联网经济发展情况与趋势展望》，载《互联网经济蓝皮书：中国互联网经济发展报告（2022）》，社会科学文献出版社，2022。

刘航、李晓壮：《北京市平台经济赋能高质量发展研究》，载黄宝印、赵忠秀主编《北京对外开放发展报告（2023）》，社会科学文献出版社，2023。

李力行：《数字经济时代的公共服务需要哪些新思路?》，载黄益平、黄卓主编，北京大学平台经济创新与治理课题组著《平台经济通识》，北京大学出版社，2023。

理论热点篇

B.2
构建以数据为关键要素的数字经济

卢福财　王雨晨*

摘　要： 当前"互联网+"迈向"数据要素×"，数据作为一种新型生产要素不断在数字经济中发挥着重要作用。国家数据局2023年12月发布的《"数据要素×"三年行动计划（2024—2026年）》强调要着力发挥数据要素乘数效应，激活数据要素潜能，构建以数据为关键生产要素的数字经济。因此，推动数据要素进入经济系统产生乘数效应，能够有效提升经济生产运行效率，拓展经济发展新空间，培育经济增长新动能。然而，目前数实融合发展处于初级阶段，数据要素价值还未得到完全释放，构建以数据为关键生产要素的数字经济依然任重而道远。这不仅需要提高数据要素供给水平与流通效率、培育健全数据要素市场，打造丰富的数据要素应用场景，实现数据要素的高水平应用；还需要加强数字化人才培养、开展以赛促用，强化数据安全保障，完善数据要素治理体系，为中国建设可持续发展的数字经济保驾护航。

* 卢福财，博士，江西财经大学应用经济学院（数字经济学院）教授，博士生导师，主要研究方向为数字经济与产业创新发展；王雨晨，江西财经大学应用经济学院（数字经济学院）博士研究生，主要研究方向为数字经济与产业创新发展。

关键词： 数据要素　数字经济　乘数效应　数实融合　应用场景

随着新一代数字技术的不断深入应用，全球科技革命与产业变革加速推进，特别是中国数字经济展现出了强大活力。中国信息通信研究院发布的《全球数字经济白皮书（2023 年）》显示，2023 年中国数字经济规模突破 55 万亿元，位居世界第二。党中央高度重视数字经济发展，习近平总书记强调，“充分发挥海量数据和丰富的应用场景优势，构建以数据为关键要素的数字经济”。党的二十届三中全会指出，要培育一体化的数据要素市场，建立高效的数据流动机制，促进数据要素的开发利用。国家数据局党组书记、局长刘烈宏在 2024 中国“数据要素×”生态大会上提出，“根据数据不同于其他传统要素的特点，适应数据的独有特征，发挥有为政府和有效市场的双重作用，激发数据要素价值赋能千行百业”。

一　推动数据要素进入经济系统产生乘数效应

中国互联网络信息中心（CNNIC）发布的第 53 次《中国互联网络发展状况统计报告》和国际数据公司（IDC）预测显示，截至 2023 年，中国已有 10.92 亿互联网用户和 23.88ZB 的数据量规模。随着全球数字技术的快速发展，数字经济和实体经济不断融合，数据要素成为数字时代最重要的生产要素，并广泛应用于各行业。例如，医疗行业采用患者数据提高医疗服务水平；零售业利用大数据精准定位消费者需求；金融业借助金融科技助力中小企业创新发展；制造业依靠工业互联网实现产业智能制造。党的十九届四中全会明确数据作为一种新型生产要素，在创新引领、产业赋能与经济增长中的重要地位。2022 年，中共中央、国务院印发的《关于构建数据基础制度更好发挥数据要素作用的意见》指出，数据要素是数字化、网络化、智能化的基础，构建好数据基础制度就要以促进数据合规高效流通使用、赋能实体经济为主线。2023 年 12 月，国家数据局发布的《“数据要素×”三年行动计划

（2024—2026 年）》重点强调推进数据要素协同优化、复用增效、融合创新，充分发挥数据要素在工业制造等 12 个重点行业和领域的乘数效应。

乘数效应是指经济活动中某种变量变化所引起的经济总量变化。而数据要素的乘数效应是指数据要素作用于经济系统中所引致的经济增长变化的倍数。具体来看，在数字经济中，乘数效应体现在通过发挥数据要素的放大、叠加、倍增作用，加快形成新质生产力，为经济系统带来更大的影响和效益。在过去的工业社会中，资本对经济增长也具有乘数效应，但资本作为传统的生产要素之一，受限于稀缺性、竞争性、排他性、边际成本递增等特性，难以持续发挥作用。同时土地、劳动力等传统要素对经济增长的边际贡献不断减小，人口红利逐渐衰退，内外需求冲击不断，经济增速放缓。数据作为新型生产要素，具有可复制性、非竞争性、非排他性、即时性等特点，突破了劳动密集型和资源密集型经济模式中传统生产要素的限制。数据要素不仅能直接加入生产函数，对生产要素产生替代作用，成为经济增长新动能；还能与其他传统生产要素相协同，推动形成类似数字劳动、数字技术、数字资本等新型要素参与经济活动，发挥乘数效应，为国民经济各部门生产经营提供有效支撑。

二 “数据要素×”推动经济增长的内在机理

数据要素作为数字经济时代关键的生产要素，逐渐成为推动经济增长的新引擎。数据要素对宏观经济发展、产业融合创新、企业价值创造等都具有重要的作用。推动数据要素在各行业领域协同优化、复用增效、融合创新，发挥数据要素的放大、叠加、倍增作用，加快数据要素进入经济系统产生乘数效应，实现科技创新与价值创造是赋能经济增长的必要途径。

（一）数据要素在经济增长中的乘数效应

1. 数据要素在宏观经济发展中的乘数效应

伴随着新一轮技术变革，中国经济增长的驱动模式发生了根本性转变。

由过去的消费、投资、出口为主要驱动力转向数据要素的需求拉动、供给推动和创新驱动。在需求拉动方面，数字贸易和跨境电商等显著促进了社会消费升级，改变了消费者偏好和行为，提升了供需双方的匹配效率。在供给推动方面，数据要素提升了生产效能，具体表现为供给端的产业结构优化、新型工业化与信息化融合等。在创新驱动方面，数据要素的可再生性和渗透性打破了经济发展对传统生产要素的依赖，促进新质生产力的形成。

2. 数据要素在产业融合创新中的乘数效应

数字产业化和产业数字化作为数字经济的重要组成部分，极大地推动了中国产业结构优化升级与经济增长。从产业技术融合的角度看，在数字通用性技术与产业专用性技术融合中，数据要素为传统产业的软硬件升级提供了支撑。从应用场景开发的角度看，各类数据嵌入传统产业生产场景，生产场景又生成新数据，形成数据生态的良性循环，促进了产业数字化转型。依托于工业互联网平台，数据要素在产业链分工和重构中日益重要。数据要素驱动了数字产业与传统产业融合，第一、二、三产业相互融合，制造业与服务业融合，产业链上下游融合。

3. 数据要素在企业价值创造中的乘数效应

在企业价值创造中，企业通过数据要素进行数字化转型，实现数据赋能业务增长、产品技术创新，达到降本增效的目的。从数据要素流通的生命周期来看，数据要素价值化的过程也是企业利用数据要素实现价值创造的过程。从数据要素资源化到数据要素资产化，再到数据要素资本化，企业依托数据要素的有效流通和与其他生产要素的协同联动，优化生产函数，拓展新的生产可能性边界。在以数据采集、传输、加工、分析、应用为代表的数据价值链上，以企业为核心的多主体之间协同分工，共同推动了数据、人、物、场景的紧密关联与价值融合，实现了企业的价值创造。

（二）"数据要素×"推动经济增长的内在机理

1. 以数据要素协同优化提高经济生产运行效率

数据要素能够与土地、劳动、资本、技术等要素协同优化，发挥数据要素对全要素生产率提升的乘数效应，推动经济增长。数据要素提升生产运行效率主要通过对各生产要素进行重组来降低企业单位成本、提高行业要素与资源配置效率、推动产业结构升级，进一步实现经济产出的规模效应。例如，在农业领域中，不论是农业高效育种、农业生产管理，还是农产品市场监测、乡村管理服务等方面，数据要素的协同优化都发挥着重要作用。大数据应用不仅能够提升农业生产效率，还能降低资源消耗、优化农产品供应链、推进农业现代化建设。在工业领域中，依托工业互联网，以协同优化实现产业链中各工业企业数字化生产管理、产品服务创新，不仅能推动生产、销售、存储、加工等全产业链数据融合，催生新产业新业态；还能加快制造业“智改数转网联”，加速形成新质生产力，提升全产业链生产运行效率、增强产业核心竞争力，进而推动经济增长。

2. 以数据要素复用增效拓展经济增长新空间

复用增效就是充分利用数据要素的非排他性、非竞争性、可复制性、零边际成本等特点，在多种应用场景中重复利用数据以达到要素资源的最优配置，实现在拓展经济增长新空间中发挥数据要素的乘数效应。例如，在不断开放的政务公共数据中，企业或个人复用数据能使数据在各部门共享利用，实现数据要素价值最大化，拓展经济增长新空间。同时金融、气象等服务领域的数据通用性较高，对其他行业的赋能作用较大，因此，要充分发挥数据要素在服务领域复用增效的作用。金融机构可以借助其他行业数据构建各类信贷模型以打破各行业中小微企业贷款壁垒，实现资金的有效配置。此外，数字平台中的数据使用价值和复用价值也能助力数字经济的发展。随着加入电商平台的商家或用户数量的增多，数据要素不断呈现规模报酬递增效应，由此带来的规模经济与范围经济会显著提升数据要素的边际生产率、促进经济增长。

3. 以数据要素融合创新培育经济发展新动能

数据要素乘数效应可以通过融合创新培育经济发展新动能，进一步推动经济增长。融合创新是指在不同行业、不同领域的数据相互融合中，产品技术创新产出提高，创新潜能得以释放。在信息技术、生物技术、新能源、新材料等高科技领域，数据要素融合价值较高，通过多方位数据融合，能够降低研发风险，提高创新产出效率，打造数字创新生态系统。例如，传统制造业企业打通产业链供应链上下游数据，能实现不同领域的融合创新，发挥数据要素的放大、叠加、倍增作用。战略性新兴产业和未来产业发展的核心是科技创新，依托数据要素能有效地促进技术创新与科研范式的转换。针对“数据要素×”行动计划中提出的12个行业领域发展特点，融合创新数据要素应用场景，能够催生数据要素新应用新业态。未来在产业融合发展趋势下，不同场景会出现跨行业、跨产业的特点，因此，要着力推动数据要素的融合创新，以数据要素乘数效应推动经济增长。

三　构建以数据为关键要素的数字经济存在的问题

1. 数据要素的流通与供给不足

数据的流通交易是完善数据要素市场的关键环节，也是释放数据要素价值的重要基础。当前，在中国数据要素市场化建设中，数据要素的生产端与消费端较为完善，而流通端与交易端发展却较为缓慢。数据孤岛问题依然存在，许多组织和行业内部的数据无法共享互通，限制了数据的有效流通与利用，阻碍了数据要素价值最大化。数据所有权和归属不清也是数据流通的一大堵点。在没有明确数据所有权的情况下，数据的生产者、使用者和受益者之间的利益冲突可能会导致数据供给的不稳定和不公平。这种不确定性不仅影响了数据的交易和流通，也抑制了企业和个人对数据要素的投资和利用。

2. 数据要素应用场景不丰富、不均衡

由于缺乏统一的标准和规范，数据要素在不同应用场景融合困难，数据要素的互操作性和兼容性较低。尽管数据要素的综合利用已经相对成熟，但在许多其他领域，如医疗保健、教育、交通物流等，数据与业务流程的深度融合仍面临许多挑战，数据要素应用场景的丰富性仍有待提高。同时数据要素在不同行业中的应用相对不均衡。例如，在一些高科技行业如金融科技和互联网服务中，数据要素应用已经较为成熟，但在传统行业如制造业、农业

等领域，数据要素的应用还相对落后。这些行业在数字化转型中遇到了技术门槛和人才短缺等问题，导致数据要素应用的推广和深化受限。

3. 数字化人才供不应求

伴随着不断加快的数字化建设，数字化人才需求呈现井喷式增长。数字化人才逐渐呈现三个特征。一是总量不足。数字经济规模日益扩大，各行业的数字化人才面临着严峻的短缺问题。人瑞人才联合德勤中国发布的《产业数字人才研究与发展报告（2023 年）》[①] 显示，当前中国数字化人才总体缺口为 2500 万~3000 万人，且缺口仍在持续扩大。数字化高技能人才短缺也将阻碍数字经济健康持续发展，未来亟须扩充数字人才队伍。二是结构失衡。具体体现在区域层面的数字化人才结构不均，例如北京、上海等发达地区聚集了大量的数字化人才，而欠发达地区的人才吸引力不足，在吸引人才、留住人才与培养人才等诸多方面有待加强。三是质量不高。数据要素不断应用于各领域场景，对数字化人才的要求也不断提高，如既要熟练掌握生产运营技术，又要熟练掌握大数据、人工智能等数字技术。

4. 数据隐私安全存在隐患

数据安全与网络安全关乎个人隐私、商业利益与国家安全。随着数据量的不断激增，不法分子可能通过黑客攻击、数据泄露或其他方式非法获取和利用个人数据，给用户隐私带来严重威胁。现代数据处理技术如大数据分析、云计算和人工智能的应用越来越广泛，但这些技术的复杂性也带来了新的安全挑战。许多企业和组织在收集、存储和处理数据时缺乏足够的安全措施和合规性考虑，这不仅会导致数据被误用或泄露，还可能引起用户的不信任，损害企业声誉。同时，随着跨境数据流动的增加，不同国家和地区在数据隐私和安全法律法规上的差异也为数据管理带来了复杂性和不确定性。

① 《产业数字人才研究与发展报告（2023）》是 2023 年 3 月 17 日由人瑞人才科技集团联合德勤中国、社会科学文献出版社发布的。该报告聚焦数字中国建设，在国内首次对包括互联网、智能制造、智能汽车、人工智能、金融等在内的 11 个重点产业的数字人才发展作出全面梳理与分析。

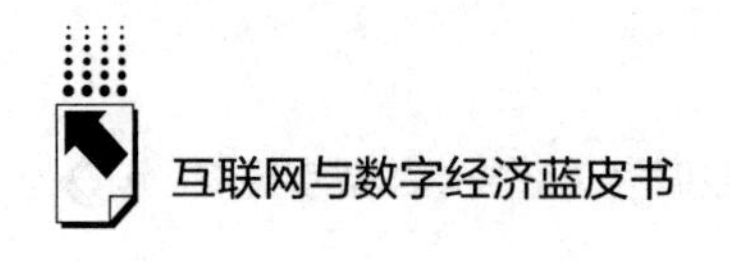

四 “数据要素×”推动经济增长的对策建议

（一）提高数据供给水平与流通效率

1. 完善数据要素资源体系

围绕“数据要素×”12个重点领域应用场景对各类各级数据的需求，打造丰富的数据要素资源体系。融合税务、运输、医疗、公安、人社等多部门公共数据，进一步实现数据融合共享，让各级各界各部门的数据真正“动起来”。各地要构建以全省标准数据目录为主体、以区市数据开发为载体的多样化数据资源体系。规范化和标准化使用各类数据，制定合理的数据运营服务实施方案，建立数据分类分级管理机制，对数据使用者提出“一数一源一标准”的要求。对于用于公共服务或公益事业的数据无偿提供，用于产业发展或行业创新的公共数据允许有条件使用。同时要构建完善的数据收益分配机制，引入资金反哺、技术反哺、数据反哺等新模式，使数据提供部门共享收益，进一步提高数据供给质量。

2. 加大各类各级数据供给力度

“数据要素×”行动计划实施的前提条件是高质量数据的持续供给。因此，为了充分发挥数据要素乘数效应以推动经济增长，各地要加大各类各级数据供给力度。《关于构建数据基础制度更好发挥数据要素作用的意见》将数据类型划分为公共数据、企业数据和个人信息数据。公共数据是指政府政务数据和公共事业单位在履职中所产生的数据。各地政府应加大公共数据开放力度，合理构建区域一体化数据开放服务平台，深入推进政务数据跨层级、跨地域、跨部门有序开发。具体地，要着重开放“数据要素×”重点应用领域数据，鼓励在高精尖领域构建分类分级管理、标准统一的公共数据区，支持高等院校等科研机构对公共数据进行加工分析，丰富数据要素场景应用。企业数据和个人信息数据也是数据要素供给的重要来源，科学开放、共享与应用企业和个人信息数据能有效地促进科学研究与创新产出。要积极引导企业和个人主动开放高质量数据，提高开放数据的激励程度。创新企业数据授权和使用模式，重点围绕服务行业企业和互联网平台企业开展数据开放试点，鼓励开放共享数据要素应用场景的相关数据。

3. 打造安全可信的数据流通环境

数据的流通交易是完善数据要素市场建设的关键环节，也是释放数据要素价值的重要基础。一方面，要创新数据流通交易模式。加强各类各级数据流通技术研发，借助数字化技术创新数据交易模式，针对关键核心领域数据流通提供特别服务通道。鼓励不同行业领域共建跨界数据流通制度，联合多方位主体共同制定数据要素流通规则，打造“可用不可见、可控可计量”的流通交易环境，以解决数据流通交易中出现的激励问题、匹配问题、竞争问题等，降低数据交易成本。另一方面，要加强数据流通合规监管。构建安全可靠、可控可追溯的数据全流程流通监管制度，建立数据安全流通分类分级防护体系。通过对数据供需双方、数据流通服务机构、数据流通标的、数据流通平台进行严格审查和合规评估，为数据要素合理安全流通提供有力保障。特别是要严厉打击数据非法交易，取缔数据流通非法产业，构建高效的数据要素流通交易合规体系。围绕数据共享、数据流通交易、数字技术等领域深化改革，打破数据流通壁垒，提高数据流通交易效率。

（二）打造、丰富应用场景，开展试点示范

1. 丰富数据要素应用场景

构建以数据为关键要素的数字经济的重点在于推动数据要素高水平应用，促进数据要素在多场景中创造新模式新业态。为此，需要打造丰富的数据要素应用场景，积极开展试点示范，充分发挥数据要素对数字经济的乘数效应，具体可以从以下三个方面展开。一是围绕“数据要素×”行动计划的12个重点领域培育新场景。积极推进在集成电路、新型显示、通信设备、智能硬件、锂电池等关键领域的数字化重大项目落地。二是围绕安全便捷的

数字社会建设培育新场景。在数字交通、数字医疗、数字教育、数字养老、数字生态等公共领域丰富数据要素应用场景。同时加强数据要素在简化办事审批流程、优化数字营商环境领域的应用，真正让“数据要素×”在政企合作、社会参与、多方协同的公共数据应用场景中发挥重要的作用。三是围绕国家重大战略和关键核心技术培育新场景。利用数字技术成为解决基础科学和关键技术的新范式，引导更多企业依照数字化智能制造、突破关键技术、数字产品研发等方向嵌入数据要素应用场景，创新多场景联动应用模式，推动经济可持续增长。

2. 开展数据要素应用试点示范

建设数字产业示范区对带动当地数字产业发展、拓展数据要素应用广度和深度、发挥数据要素在数字经济中的乘数效应具有重要的作用。地方政府可以根据“数据要素×”行动计划，积极吸引优质的数据要素应用项目集聚，打造多个适应地方发展特色、数据要素场景应用性强、科技含量高并具有带动性的数据要素应用产业示范区；也可以依托国家资源，围绕数字经济产业发展的重点方向，引入一批数据加工、数字技术、数字应用等行业龙头企业，发挥产业辐射效应，提高本地企业数据要素应用能力。在建设数字产业示范园的过程中，还要充分考虑招商是否符合当地经济发展、项目是否具有可行性，避免造成重复建设和资源浪费。

在探索“数据要素×”多样化应用场景时，积极鼓励有条件的企业围绕大数据、人工智能、云计算等产业新空间开展试点，打造一批企业数字化和数字企业化孵化基地和典型应用场景，充分发挥示范、带动和激励作用。在支持企业开展试点的同时，还要加强试点标杆企业的基础保障工作。一是持续建设数字技术创新、数字产品研发、数字资源开发等公共服务平台；二是形成容错免责的良好创新氛围，支持以行业龙头企业为引领、数字平台企业共建的产业链协同试点建设，形成跨界融合发展示范点；三是鼓励地方、行业协会和相关机构对数据要素应用试点进行宣传推广，总结和提炼可复制的相关经验做法，充分发挥“以点带面”效应。

（三）加强人才培养与开展以赛促用

1. 加强数字化人才培养，建设数字化人才队伍

数字化高技能人才短缺将会严重阻碍数字经济健康发展，加快数字化人才建设迫在眉睫。未来需不断强化数字化人才队伍、完善复合型数字化人才培养体系，具体可以从以下三点出发。一是制定数字化人才培养规划。依照“数据要素×”应用的重点领域特点，深入开展数字化人才需求调查，预测未来数字化人才培养方向；立足于专业技术与数字技术相结合的数字化人才培养规划，不断优化数字化人才结构；大力开展数据要素应用技能培训，实施分类分级精准培训制度，强化数字化人才专业技能建设。二是加强产学研合作交流。加大高层次数字化人才培养力度，加强国内外一流高校、科研机构与企业之间的沟通交流，完善国内外数字化专家人才资源库。同时要发挥企业对数字化人才培养的主体作用。例如，数字经济研究机构牵头建设数字化人才技能培训基地，针对区域与产业数字化发展特点，因地制宜地开展数字化人才培养和数字素养提升工作，为数字经济大力培养数字化人才。三是加大数字化人才激励力度。各地可以充分利用国家相关政策来优化人才引进和培养机制。例如，通过采取多样化的激励措施如开设专项基金、设立成果奖、给予生活补助、拓宽晋升通道等来吸引和培养重点领域的“高精尖缺”数字经济人才。

2. 开展以赛促用活动，加快竞赛成果转化

“数据要素×”竞赛能使数字化人才更好地了解市场行业需求和数据要素应用要求，反过来，优秀的竞赛项目也会促进数字产品和技术的创新研发。因此，要大力开展以赛促用活动，加快竞赛成果转化，孵化数字技术和数字产品，具体措施应从以下两方面进行。一是要鼓励企业、高校及科研机构等多方主体参与赛事。企业参与或赞助数字化赛事，不仅能提高企业外在声誉，还能在竞赛中明确行业数字化建设要求与市场需求，致力于寻找更有商业价值和应用前景的数字化项目。高校和科研机构作为数字化项目的孵化地，参与赛事有利于数字化项目的合作交流与落地见效。二是要加快竞赛成

果转化。成果转化基地是“以赛促用”最直接的阵地，为了让竞赛更好地服务数字化应用，竞赛委员会可以将基地设在数字技术研究所或大数据中心，为有价值的竞赛项目提供落地平台。同时要为竞赛项目提供一系列资金或资源支持，如产业政策、数据资源使用权益或创投基金投资机会等。

（四）夯实安全保障，行稳致远

1. 完善数据分类分级保护制度

2021 年 9 月正式颁布的《中华人民共和国数据安全法》是中国首部有关数据安全的基础性法律，标志着中国数据安全法规制度迈出重要的一步。然而，当前国家数据安全治理仍存在诸多问题，例如网络攻击造成的数据泄露、内部威胁引发的数据滥用、数据安全治理人员缺失等。因此，迫切需要完善数据安全管理制度，将数据全生命周期划分为不同环节，每个环节由相应的主体承担责任，共同构建数据安全治理体系。要坚持和落实各类各级数据安全保护制度，完善数据追责机制和数据隐私保护相关法律，严厉打击数据滥用、数据泄露、数据诈骗等行为，合理利用数字技术评估与监管数据安全，及时发现并防止数据的不正当使用。

2. 加强数据分类分级安全保障

首先，加强个人信息数据保护。社会各界要认真贯彻落实《个人信息保护法》相关法律法规，建立个人信息数据确权授权机制。对个人信息数据的采集或使用者应当依法进行授权访问，不得强制或过度使用数据。政府要创新数据保护与存储技术，研发设计受隐私保护与安全约束的新型技术范式，对个人信息数据进行分类管理，实现安全的个人信息数据防护与隐私计算。其次，加强企业商业数据保护。当前全球数据安全事件频发，主要原因有数据泄露、数据盗窃、技术攻击、网络钓鱼等。因此，企业应增强数据安全意识，及时建立全面的数据安全治理体系，从数据授权、管理到数据溯源、评估全方位地保障数据流通的安全性。同时企业也要提高自身数据安全治理能力。例如，设立数据安全监管部门对数据实时流向进行严格监控；引入数据安全保护技术如防火墙、入侵监测系统等以应对数据泄露或入侵等问题。最后，加强公共政务数据保护。在保证公共数据有序开放的同时，政府应构建完善的数据审查机制，规范政务数据的安全保护制度。例如，能源、交通、通信等公共事业行业承担着国家重大基础建设的任务，包含了大量敏感数据，这些数据对保障社会稳定、维护公共利益具有重要的作用。国家应从法律与技术层面保障数据的安全，加大对危害数据安全违法行为的追责和处罚力度，同时应用区块链、人工智能、云计算等数字技术融合加密技术对数据风险进行识别与防控。

数据安全保护是建设数据要素市场和实现数据要素价值化的重要基础与保障。安全保护各类各级数据有利于降低数据安全风险、保障人民权益、促进社会发展与维护国家安全。未来国家应在数据安全治理的基础上不断建设与完善数据要素市场，发挥数据要素的乘数效应，推动数字经济稳步前进。

参考文献

黄阳华：《基于多场景的数字经济微观理论及其应用》，《中国社会科学》2023 年第 2 期。

李军林、陆树檀、路嘉明：《推动数据流通交易：要素市场细分和基础制度建设》，《学术研究》2023 年第 11 期。

刘航、伏霖、李涛、孙宝文：《基于中国实践的互联网与数字经济研究——首届互联网与数字经济论坛综述》，《经济研究》2019 年第 3 期。

欧阳日辉、荆文君：《数字经济发展的“中国路径”：典型事实、内在逻辑与策略选择》，《改革》2023 年第 8 期。

欧阳日辉：《我国多层次数据要素交易市场体系建设机制与路径》，《江西社会科学》2022 年第 3 期。

续继、王于鹤：《数据治理体系的框架构建与全球市场展望——基于“数据二十条”的数据治理路径探索》，《经济学家》2024 年第 1 期。

杨东、赵秉元：《数据产权分置改革的制度路径研究》，《行政管理改革》2023 年第 6 期。

中国信息通信研究院：《全球数字经济白皮书（2023 年）》，2023 年 7 月。

B.3

数据要素与人工智能协同促进经济增长

徐翔　李帅臻*

摘　要：　“数据要素×”与“人工智能+”效应的叠加，为经济增长注入新质生产力。本文在深入总结数据要素和人工智能的核心特性后，探讨了它们如何与经济增长相互关联。进一步地，本文对比分析了生成式人工智能的新兴特性，并探讨了其对经济发展的潜在影响。应进一步发挥“数据要素×”和“人工智能+”促进中国经济增长作用，保障数据安全，保护个人隐私，确保新兴技术和要素与市场的实际需求紧密对接，并在充分的监管下促进其健康发展。第一，构建数据驱动的经济体系，保障数据安全和隐私权益。第二，促进人工智能技术创新与应用，构建高素质人才培养体系。第三，制定促进生成式人工智能发展促进性政策和监管框架，支持行业应用场景的开发，加强算力和基础设施建设。

关键词：　数据要素　人工智能　经济增长

进入21世纪以来，以大数据、人工智能、移动互联、云服务等技术为核心的数字经济发展迅猛，成为推动全球经济发展的新动能。根据国际数据公司IDC、浪潮信息和清华大学全球产业研究院联合编制的《2022~2023全球计算力指数评估报告》，数字经济在过去几年快速增长，2022年全球主要国家整体的数字经济规模占GDP的比重达到50.2%，且根据其预

* 徐翔，博士，中央财经大学经济学院教授，博士生导师，主要研究方向为数字经济、数据要素、智能经济、宏观经济等；李帅臻，中央财经大学经济学院博士研究生，主要研究方向为数字经济、智能经济。

测，未来数字经济仍将持续稳定增长，至 2026 年，这一比重有望达到 54%。自 2016 年 G20 杭州峰会数字经济首次成为应对经济增速低缓的全球性议题以来，中国、美国、欧盟等全球主要国家和地区相继发布了一揽子与数字经济发展相关的规划和战略，尽管不同国家和地区对于数字经济相关规划与策略的侧重点有所不同，但均极大地促进了数字经济的发展。值得注意的是，伴随着数字经济的蓬勃发展，全球经济结构和生产方式正在经历深刻变革，数据要素与数字技术的结合成为经济发展的新引擎。根据中商产业研究院测算，2022 年中国数据要素市场规模达 1273.4 亿元，此外，其预测 2023 年将达到 1273.4 亿元，2024 年更是有望达到 1591.8 亿元，实现行业整体快速发展。数字技术从消费、投资、生产制造等多个方面为经济发展带来了全新的增长空间，而在诸多数字技术中，人工智能，尤其是近年来爆火的生成式人工智能（ChatGPT）正迅速改变人们的生产生活方式，为经济增长提供新动能。

这种以数据为基本要素、以人工智能为主导技术的经济发展模式，正在引领新一轮的经济革命和产业升级。数据作为全新的生产要素，具有即时性、共享性、边际生产率递增等特征，为经济社会发展带来了新动能。人工智能，尤其是生成式人工智能模型（例如 GPT-4、Sora 等）相继问世，并快速迭代，不仅在文字、视频等内容创作上带来了创新，也在经济发展的多个领域产生了广泛影响。2023 年 12 月，国家数据局等 17 个部门联合印发《“数据要素×”三年行动计划（2024—2026 年）》，标志着我国对数据要素的放大、叠加、倍增作用的高度重视。2024 年政府工作报告中首次提到“人工智能+”行动，强调人工智能与实体经济深度融合，赋能各个行业与应用场景，提高传统行业智能化水平，培育推动经济增长的新动能。“人工智能+”与“数据要素×”效应的叠加，正逐渐成为我国培育新质生产力的关键力量。人工智能本身作为一种颠覆性创新技术，与数据要素这一新型生产要素结合，将有力推动产业向智能化转型升级，实现生产力质的跃迁和经济增长模式的创新。

一　数据要素与人工智能的主要特征

首先，本文从物理特征、技术特征和经济特征三个方面考察数据要素的主要特征。其中，数据要素的物理特征主要表现为如下几点。其一，虚拟性。已有研究普遍将数据的虚拟性视为该生产要素的一项核心特征①，是数据与其他传统生产要素的最主要差异。其二，高流动性。数据能够在网络空间无障碍流动，与传统生产要素不同，数据传输不会受到空间距离或物理地理以及国家边界或其他自然障碍的限制，点对点运输成本极低。其三，无限复制性。数据相对于同一主体而言，一旦产生便能够被无限次使用，数据的无限复制性使数据的边际成本几乎接近于零。其四，非均质性。数据要素的非均质性特征体现为数据的价值因数据质量、应用场景以及使用对象而异。

白永秀等②的研究归纳了数据要素的技术特征，将其概括为多元性、依赖性、渗透性三方面，此外，三方面特征又分别包含两重含义。其中，多元性一方面可以解释为数据要素种类及来源繁多，另一方面又可以解释为数据对于其使用者价值大小的多元；依赖性一方面可以解释为数据要素作为一种无形资产，其价值创造过程依赖其他生产要素，另一方面又可以解释为数据对于网络、算法、算力等技术的依赖；渗透性一方面可以解释为数据要素能够与其他生产要素相融合并发挥乘数效应，另一方面又可以解释为数据要素对社会生产、生活及各行业均具有强渗透的影响力。

除了上述物理特征和技术特征之外，数据要素还具有非竞争性、排他性、规模经济性、强正外部性、产权模糊性、衍生性以及风险隐匿性等经济特征。其一，非竞争性。与虚拟性并列，数据要素的非竞争性构成了其又一

① Jones C. I., Tonetti C., "Nonrivalry and the Economics of Data," *American Economic Review*, 2020, 110 (9): 2819-2858.

② 白永秀、李嘉雯、王泽润：《数据要素：特征、作用机理与高质量发展》，《电子政务》2022 年第 6 期。

项核心特征，具体来看，同一组数据可以同时被多个主体使用，一个额外的使用者不会减少其他现存数据使用者的效用。其二，排他性。不同于部分已有研究的观点，即数据要素可以实现多主体同时使用进而表现出非排他性的特征，本文认为，当数据的规模足够庞大、内容足够复杂和广泛时，数据要素就表现出高度的排他性。这一特征在现实中体现为拥有数据的企业和机构会选择“窖藏”而非分享数据，进而利用排他性获得收入。其三，规模经济性。数据规模越大、种类越丰富，产生的信息和知识就越多，进而呈现规模报酬递增的特点。如果数据对于整个行业乃至经济体的参与者开放，数据规模扩大带来的经济价值就将更为可观①。其四，强正外部性。数据的正外部性主要体现在数据收集型企业生产效率的提升以及通过改善运营、促进创新和优化资源配置等方法企业组织效率和用户体验上的提升②。其五，产权模糊性。数据要素在产权归属上存在一定的模糊性，其所有权和产生的各项产出在企业和消费者之间的分配尚不清晰。其六，衍生性。数据在大多数时候是经济活动衍生出的一种副产品，由于存在通过分析数据以协助投资决策的现实激励，即便与其主营业务无关，经济主体也会自发地记录、整理和存储各项经济活动的有关数据。其七，风险隐匿性。由于数据依赖网络、算法等信息技术，其涉及的范围更广且传播速度更快，由此引起的风险更具有隐匿性，譬如个人信息泄露和虚假信息传播等问题均发生于无形之中。此外，伴随着数据要素在经济发展过程中作用的不断凸显，市场主体凭借自身数据优势垄断市场等隐患更具隐匿性。

其次，人工智能与数据要素在技术—经济特征上具有共性，二者均能渗透到经济发展的各个领域，展现出渗透性、协同性、替代性、创新性和规模经济等一系列特征③。一是渗透性，人工智能作为通用目的技术，能

---

① Jones C. I. , Tonetti C. , “Nonrivalry and the Economics of Data,” *American Economic Review*, 2020, 110 (9): 2819-2858.

② 徐翔、田晓轩、厉克奥博、陈斌开：《中国数据要素规模估计与结构分析——基于信息价值链的视角》，《当代财经》2024 年第 4 期。

③ 郭朝先、方澳：《人工智能促进经济高质量发展：机理、问题与对策》，《广西社会科学》2021 年第 8 期。

够被广泛应用于经济社会发展的各个行业和领域。作为一个技术集群，人工智能包含的机器学习、计算机视觉、自然语言处理和机器人技术等分支能够应用于不同行业，提升行业生产效率。人工智能通过与其他技术相结合，发挥互补效应，实现技术进步。二是协同性，人工智能协同性是其渗透性的具体体现，是指人工智能在不同领域与其他技术、流程、系统、管理等活动相结合的能力。具体来看，在生产领域，人工智能能够与现有的生产线、供应链以及库存管理相结合，结合以往的生产情况数据，通过人工智能训练的预测模型来优化生产计划，并实现智能的库存管理；在创新领域，人工智能与研发人员的创造性思维相结合，加快新知识的生产和技术创新①。例如，在生命科学领域，人工智能协同科研人员通过训练神经网络模型来准确预测蛋白质的三维结构，突破了生物学 50 年来的重大挑战，为后续的药物研发、疫苗设计开辟了全新道路，极大地缩短了研发周期；在管理领域，人工智能能够协同管理人员进行决策支持，通过人工智能强大的信息挖掘和综合分析能力，为管理人员提供远高于人类洞察力的决策建议，大幅提高管理效率。三是替代性，人工智能不仅能够"赋能于人"，还可能替代劳动力②。从简单的体力劳动到复杂的脑力劳动，人工智能能够持续发挥对劳动要素的替代效应。郭朝先和方澳③的研究指出，伴随着人工智能作为独立要素的不断积累，其对经济发展的支撑作用也在不断强化。四是创新性，一方面，人工智能的创新性体现在其创造了新的劳动岗位上，虽然人工智能的应用改变了企业的生产方式和组织方式，对部分低技

---

① Li C., Xu Y., Zheng H., et al., "Artificial Intelligence, Resource Reallocation, and Corporate Innovation Efficiency: Evidence from China's Listed Companies," *Resources Policy*, 2023, 81: 103324.

② Qian C., Zhu C., Huang D. H., et al., "Examining the Influence Mechanism of Artificial Intelligence Development on Labor Income Share Through Numerical Simulations," *Technological Forecasting and Social Change*, 2023, 188: 122315.

③ 郭朝先、方澳：《人工智能促进经济高质量发展：机理、问题与对策》，《广西社会科学》2021 年第 8 期。

能、常规性、程序可编码的劳动力产生了替代[①]，但同时也创造了新的岗位需求，增加了对数字化技能要求高、难以被编程化以及人工智能辅助工作的劳动力需求[②]；另一方面，人工智能的创新性还体现在其对于新知识的创造。Paschen 等[③]的研究表明，人工智能能够从大量数据中提取新知识及改进现有知识，深化人类知识存量。五是规模经济特征，与数据要素类似，随着人工智能技术的发展和应用规模的扩大，特别是人工智能算法的复用以及算力基础设施的共享，人工智能的边际成本显著降低，产出效率也将显著提升。

二 数据要素与经济增长的关系

一方面，部分现有文献考察了数据要素的直接效应，将数据作为一种直接的要素投入纳入并拓展了经济增长模型，进而解释数据要素对经济增长的内生影响。Jones 和 Tonetti[④] 强调了数据要素的非竞争性，即数据可以在不损失质量的前提下被多个主体同时使用，这使数据的边际成本接近于零，导致规模报酬递增的现象，换言之，随着数据使用规模的扩大，单位数据的成本会下降，进而带来社会整体收益的增加。这体现了数据这一新的生产要素与其他竞争性的传统经济资源的主要差异。此外，他们还考量了数据所有权不同带来的影响，如果数据所有权归企业所有，可能造成数据的过度使用和消费者隐私权的侵害，企业还可能出于对创造性毁灭的担忧而选择“窖藏”

---

① Acemoglu D., Restrepo P., “The Race Between Man and Machine: Implications of Technology for Growth, Factor Shares, and Employment,” *American Economic Review*, 2018, 108 (6): 1488-1542；陈媛媛、张竞、周亚虹：《工业机器人与劳动力的空间配置》，《经济研究》2022 年第 1 期。

② 郭凯明：《人工智能发展、产业结构转型升级与劳动收入份额变动》，《管理世界》2019 年第 7 期。

③ Paschen U., Pitt C., Kietzmann J., “Artificial Intelligence: Building Blocks and an Innovation Typology,” *Business Horizons*, 2020, 63 (2): 147-155.

④ Jones C. I., Tonetti C., “Nonrivalry and the Economics of Data,” *American Economic Review*, 2020, 110 (9): 2819-2858.

而不是分享数据，进而导致数据使用效率低下，但同时，数据所有权分配给企业会增加企业对于创新和研发的激励，提升产品质量。而如果数据所有权归消费者所有，消费者会根据自己对隐私的关切程度来决定出售或分享数据的程度。因此，数据要素对经济增长促进作用的发挥需要在隐私保护和获得经济效益之间实现平衡。徐翔和赵墨非[①]基于产业组织的创新模型构建了数据资本的微观基础，将数据资本引入内生增长模型，分析了数据资本对经济增长的直接影响和溢出效应，证实了数据资本拉动经济增长的潜在能力。Cong 等[②]通过建立一个动态数据经济模型，探讨了数据在不同用途下的内生增长机制，他们发现，数据不仅在生产过程中发挥作用，也在创新过程中起到了关键性作用，且数据在创新部门的使用对经济增长的贡献要远大于其在生产部门的使用。原因在于，创新过程中实现了由数据到知识的“漂白”过程，实现了对于原始数据的“脱敏”，数据被转化为可以重复使用的新知识，这既能够避免数据在后续使用过程中产生的隐私问题，又将显著促进长期经济增长。

另一方面，还有部分文献考察了数据要素的间接效应。杨俊等[③]的研究充分考察了数据要素的乘数效应，其发现，在短期内，由于数据要素与其他要素之间存在“融合成本”，研发模式的转型抑制了经济增长；但是，从长期来看，数据要素能够充分发挥中间品质量提升和技术进步的提升效应，且随着数据要素应用程度的提升，其作用也将被进一步放大，为经济增长提供源源不断的新动能。此外，数据不仅作为一种要素投入生产过程，还能够作为“黏合剂”，通过要素驱动、融合激发、协同提升、反馈正配机制，推动经济运行微观基础变革，形成新的要素组合和要素结构，提升资源配置效

---

① 徐翔、赵墨非：《数据资本与经济增长路径》，《经济研究》2020 年第 10 期。

② Cong L. W. , Xie D. , Zhang L. , “Knowledge Accumulation, Privacy, and Growth in a Data Economy,” *Management Science*, 2021, 67 (10): 6480-6492. Cong L. W. , Wei W. , Xie D. , et al. , “Endogenous Growth under Multiple Uses of Data,” *Journal of Economic Dynamics and Control*, 2022, 141: 104395.

③ 杨俊、李小明、黄守军：《大数据、技术进步与经济增长——大数据作为生产要素的一个内生增长理论》，《经济研究》2022 年第 4 期。

率，以更好地赋能经济增长①。

上述观点不仅在理论研究上发现了数据要素促进经济增长的规律，还得到了实证层面的支撑。刘涛雄等②的研究发现，近 20 年来中国数据资本增速明显快于 GDP 增速，其对经济增长的产出弹性和对经济增长率的贡献在 2011 年后明显超过之前阶段，成为中国经济增长的重要动能之一。徐翔等③测算了 2012~2019 年中国各省份数据要素投资的规模，并充分证实了数据要素在经济增长中发挥的重要促进作用。刘满凤等④基于数据交易平台建立的准自然实验，证明了数据要素市场建设通过促进数实融合、提升要素配置效率等渠道显著推动了数字经济发展。杨飞虎等⑤基于政务数据公开的视角研究发现，政府数据的市场化通过提升数据财政的规模和质量进一步促进经济增长。

三　人工智能与经济增长的关系

随着人工智能技术的飞速发展，人工智能与经济增长的关系越发受到学界关注。技术—经济范式理论认为，技术进步是推动经济发展的关键因素。人工智能作为一项突破性创新技术，被视为新一轮科技革命和产业变革的重要驱动力量。但是对于人工智能究竟能否促进经济增长存在争议，Acemoglu 和 Restrepo⑥ 的研究表明，人工智能应用能够同时产生创造效应和替代效应，对于经济增长的促进或抑制效应取决于两种效应的大小。

① 王谦、付晓东：《数据要素赋能经济增长机制探究》，《上海经济研究》2021 年第 4 期。

② 刘涛雄、戎珂、张亚迪：《数据资本估算及对中国经济增长的贡献——基于数据价值链的视角》，《中国社会科学》2023 年第 10 期。

③ 徐翔、田晓轩、厉克奥博、陈斌开：《中国数据要素规模估计与结构分析——基于信息价值链的视角》，《当代财经》2024 年第 4 期。

④ 刘满凤、杨杰、陈梁：《数据要素市场建设与城市数字经济发展》，《当代财经》2022 年第 1 期。

⑤ 杨飞虎、王志高、余炳文：《数据要素、数据财政与经济增长》，《当代财经》2022 年第 11 期。

⑥ Acemoglu D.，Restrepo P.，“The Race between Man and Machine：Implications of Technology for Growth，Factor Shares，and Employment，” *American Economic Review*，2018，108（6）：1488-1542.

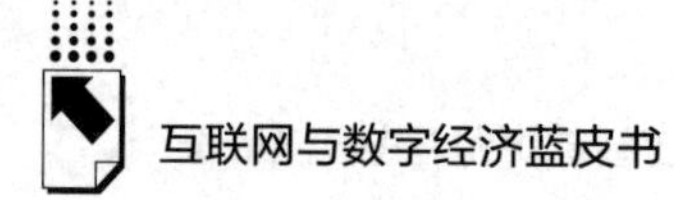

一些学者对人工智能的发展产生了“生产率悖论”的质疑，即认为人工智能的应用并没有对经济增长产生影响。Gordon 是持有这类观点的代表性人物，其在研究中指出，人们对于人工智能作用期盼过高，[①] 他通过比较 2006~2016 年与 1970~2006 年一系列经济特征，发现自动化导致的失业以及日益加剧的不平等是造成实际经济增速出现下降的重要原因。此外，也有学者认为，当前人工智能发展还处于初期阶段，新技术作用的发挥需要配套技术、基础设施以及相应的管理和组织模式的调整。然而，相对于人工智能的快速发展，上述配套工作相对滞后，因此，在短期内，人工智能可能表现出“生产率悖论”。部分已有研究为人工智能的“生产率悖论”提供了实证层面的证据。Du 和 Lin[②] 以中国省级数据为研究样本，考察了工业机器人应用对全要素生产率的影响，他们发现，工业机器人应用量与全要素生产率之间存在“U”形关系，且这一效应在局部地区仍然十分显著。Zhao 等[③]同样基于中国省级数据研究发现，人工智能对于绿色全要素生产率也具有显著的“U”形影响，在资源密集型和劳动密集型行业，人工智能呈现显著的“生产率悖论”效应。

相反地，一些学者对于人工智能“生产率悖论”这一观点表达了旗帜鲜明的反对意见。Brynjolfsson 和 Rock[④] 指出，统计数据的测量误差是造成人们对于人工智能的经济增长促进作用低估的重要原因。陈彦斌等[⑤]构造了包含人工智能和老龄化的动态一般均衡模型发现，人工智能能够不断提高生产的自动化和智能化程度，促进全要素生产率的提升，并提高资本回报率，

---

① Gordon R. J. , “Declining American Economic Growth Despite Ongoing Innovation,” *Explorations in Economic History*, 2018, 69 (2018): 1-12.

② Du L. , Lin W. , “Does the Application of Industrial Robots Overcome the Solow Paradox? Evidence from China,” *Technology in Society*, 2022, 68: 101932.

③ Zhao P. , Gao Y. , Sun X. , “How does Artificial Intelligence Affect Green Economic Growth? —Evidence from China,” *Science of The Total Environment*, 2022, 834: 155306.

④ Brynjolfsson E. , Rock D. , Syverson C. , “Artificial Intelligence and the Modern Productivity Paradox,” *The Economics of Artificial Intelligence: An Agenda*, 2019, 23: 23-57.

⑤ 陈彦斌、林晨、陈小亮：《人工智能、老龄化与经济增长》，《经济研究》2019 年第 7 期。

在对冲老龄化带来的负面冲击的同时，促进经济增长。Lu① 针对人工智能的自我积累和非竞争性特点，建立了三部门内生增长模型，发现人工智能的发展可以沿着转型动态路径促进经济增长。Korinek 和 Stiglitz② 的研究认为，人工智能及其相关新技术的进步能够产生节约劳动力和资源的趋势，进而为能够普遍采用该技术的国家带来经济增长。Babina 等③基于美国企业层面的数据实证检验了人工智能使用的经济影响，他们发现，人工智能可以通过推动产品创新这一作用渠道促进经济增长和超级明星公司的形成。马骁等④的研究则基于中国省级和地级市层面的数据，证实了人工智能在大数据环境下的“干中学”效应对于拉动宏观经济发展和全要素生产率提升发挥的重要作用。曹静和周亚林⑤的研究指出，人工智能能够通过智能自动化效应、提升劳动力能力和资本效率及创新扩散效应促进经济增长。

除此之外，还有一些学者探讨了人工智能是否会带来“经济奇点”，即人工智能技术发展到某个临界点之后，可能引起生产方式的剧烈变革，实现经济增长率的激增，在这个临界点之后，经济增长的主要来源将会是以人工智能为代表的智能资本的积累，而非其他传统生产要素。Aghion 等⑥从理论层面对“经济奇点”进行了分析，他们认为，人工智能能否带来“经济奇点”取决于其能否突破知识生产的瓶颈。陈永伟⑦指出，人工智能只有达到替代人类从事创意工作并进行知识生产时，才有可能突破知

① Lu C. H.，“The Impact of Artificial Intelligence on Economic Growth and Welfare,” *Journal of Macroeconomics*，2021，69：103342.

② Korinek A.，Stiglitz J. E.，“Artificial Intelligence，Globalization，and Strategies for Economic Development,” *National Bureau of Economic Research*，2021.

③ Babina T.，Fedyk A.，He A.，et al.，“Artificial Intelligence，Firm Growth，and Product Innovation,” *Journal of Financial Economics*，2024，151：103745.

④ 马骁、王军、张毅：《大数据环境下人工智能的“干中学”效应研究》，《华中科技大学学报》（社会科学版）2024 年第 2 期。

⑤ 曹静、周亚林：《人工智能对经济的影响研究进展》，《经济学动态》2018 年第 1 期。

⑥ Aghion P.，Jones B. F.，Jones C. I.，*Artificial Intelligence and Economic Growth*，Cambridge，MA：National Bureau of Economic Research，2017.

⑦ 陈永伟：《人工智能与经济学：近期文献的一个综述》，《东北财经大学学报》2018 年第 3 期。

识生产的瓶颈。尽管当前的人工智能发展还未达到这一水平，但是伴随着生成式人工智能的出现及快速迭代，为突破知识生产瓶颈创造了可能。葛伟和肖涵[①]按照生成式人工智能出现之前的状况估计发现，我国将于2070年前达到“经济奇点”，但随着人工智能技术的快速迭代，这一时间点也将大幅提前。

四　生成式人工智能与经济增长的关系

生成式人工智能与传统人工智能在多个层面上呈现不同的特征和发展趋势。首先，从两者的工作原理来看，传统人工智能依赖于预先设定的程序和算法，于固定的规则和逻辑来完成特定的任务，虽然具有较强的逻辑推理和决策能力，但仍在人类预设的知识池范围内；生成式人工智能则是通过学习大量的数据集来生成新的、原创性的内容，基于深度学习技术，其能够从已有大量数据中自动学习和提取知识，而无须程序员的显式编程，通过算法模型实现自我学习和优化。其次，从具体的应用场景来看，传统人工智能以专家系统、数据分析、智能推荐和自动化为主，而生成式人工智能则应用于娱乐、设计和创意产业的文本、音乐、艺术作品、图像和视频的生成，以及在科学研究中发挥科研辅助的作用。最后，从社会影响来看，传统人工智能更加强调对于现有生产过程的优化和协同作用，发挥其提高生产效率、优化要素资源分配的作用，但是过高程度的自动化可能会引起就业替代问题；生成式人工智能则可能会全面重塑创意产业，为服务个性化和定制化提供新的可能性，但可能引发人们对于知识溯源、知识产权和真实性的担忧。综上所述，相较于传统人工智能，生成式人工智能在创造性任务上更具优势，能够在新兴领域和创意产业中展现出潜力，可以根据用户的偏好生成定制化的内容，具有广阔的应用前景。但同样在内容监管、版权问题、算法歧视、虚假

---

① 葛伟、肖涵：《人工智能、居民消费与经济奇点——基于优化再分配政策的视角》，《中国管理科学》2022年11月。

信息等方面带来诸多挑战。

作为人工智能的一个全新领域，由于其出现时间较短且仍处在技术快速迭代过程中，研究其对经济增长影响的文献相对较少。普遍认为，生成式人工智能在信息处理、认知功能和文本信息提取等诸多方面具有显著作用①。Noy 和 Zhang② 以 453 名受过大学教育的专业人士为实验对象，通过分配特定于职业的激励性写作任务，考察了生成式人工智能在中级专业写作任务中对生产力的影响，结果表明，ChatGPT 显著提高了生产力，表现为写作平均用时的缩短和作品质量的提升。Xiao 等③则证实了人工智能模型（GPT-4）在文本信息处理和知识挖掘方面的巨大潜力，并应用于生物学研究领域，极大地促进了发酵预测和生物制造领域的发展。

然而，生成式人工智能的发展也引发了一系列关于社会公平和信息安全的担忧。首先，并非所有人都能平等地享受生成式人工智能带来的好处，特别是在发展中国家，获得这一新技术使用的机会有限且基础设施不足。其次，尽管在工作场景中的生成式人工智能可以提高生产力并创造新的就业机会，但可能存在收益分配不均的问题。最后，尽管生成式人工智能改善了信息可及性问题，但可能扩大了错误信息的产生与扩散④。

---

① Acemoglu D.，Restrepo P.，"The Race Between Man and Machine: Implications of Technology for Growth, Factor Shares, and Employment," *American Economic Review*, 2018, 108（6）: 1488-1542.

② Noy S.，Zhang W.，"Experimental Evidence on the Productivity Effects of Generative Artificial Intelligence," *Science*, 2023, 381（6654）: 187-192.

③ Xiao Z.，Li W.，Moon H.，et al.，"Generative Artificial Intelligence GPT-4 Accelerates Knowledge Mining and Machine Learning for Synthetic Biology," *ACS Synthetic Biology*, 2023, 12（10）: 2973-2982.

④ Mannuru N. R.，Shahriar S.，Teel Z. A.，et al.，"Artificial Intelligence in Developing Countries: The Impact of Generative Artificial Intelligence（AI）Technologies for Development," Information Development, 2023: 02666669231200628. Capraro V.，Lentsch A.，Acemoglu D.，et al.，"The Impact of Generative Artificial Intelligence on Socioeconomic Inequalities and Policy Making," *arXiv preprint arXiv*: 2401. 05377, 2023.

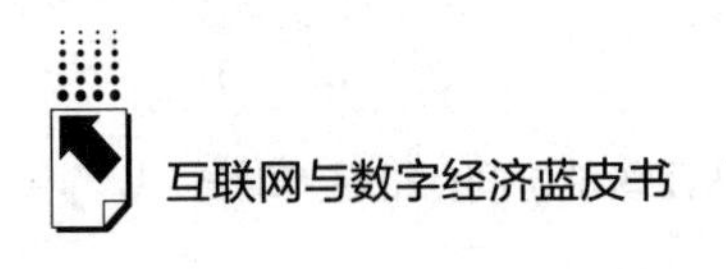

五　对策建议

本文系统分析了数据要素、人工智能与经济增长之间的关系。从多个方面考察了数据要素和人工智能的主要特征。在此基础上，阐述了数据要素、人工智能与经济增长的关系。在对人工智能的经济效应分析过程中，分析了人工智能“生产力悖论”以及能否带来“经济奇点”等比较有争议性的问题。还探讨了生成式人工智能的特征以及其在经济增长过程中发挥的作用及引发的挑战。

应进一步发挥“数据要素×”和“人工智能+”促进中国经济增长作用，保障数据安全和个人隐私，确保新兴技术和要素与市场的实际需求紧密对接，并在充分的监管下促进其健康发展。具体来说，应重点开展以下三个方面的工作。

第一，构建数据驱动的经济体系，保障数据安全和隐私权益。通过顶层设计与实践探索相结合，形成系统化的数据治理框架，促进数据要素的市场化流通和创新利用，建立健全数据要素市场规则，形成确权、定价与交易等方面的国内标准，提升数据供给水平，优化数据流通环境，明确数据要素的安全责任，尽可能与国际标准接轨乃至参与国际标准制定。与此同时，利用区块链等数字技术，保障数据安全，保护个人隐私，通过数据“脱敏”和“漂白”，实现数据到可重复利用知识的转化过程，避免数据滥用和隐私泄露的风险。

第二，促进人工智能技术创新与应用，构建高素质人才培养体系。支持人工智能基础理论研究和关键技术研发，提高科技自立自强能力，通过产学研合作模式促进技术要素的流动与转化，充分发挥人工智能规模经济的特性，赋能产业升级。考虑到人工智能效应的发挥可能存在滞后性，相关政策应当保持长期的政策力度。在大力发展人工智能应用和人工智能产业的同时，加强数字技能、人工智能配套技能等高技能劳动力的培养。现阶段应当尤其关注易被人工智能替代的常规性劳动者的技能培训工作，避免人工智能应用后出现的技术性失业问题。

第三，制定促进生成式人工智能发展促进性政策和监管框架，支持行业应用场景的开发，加强算力和基础设施建设。出台相关政策，鼓励生成式人工智能的健康发展和规范应用，同时维护国家安全、社会公平及公共利益，鼓励各行各业探索、搭建并优化生成式人工智能的应用，形成技术生态系统。同时，推动算力平台、行业训练数据集、算法等基础设施资源的开放共享，降低使用成本。

参考文献

Alavi M., Leidner D. E., Mousavi R., "A Knowledge Management Perspective of Generative Artificial Intelligence," *Journal of the Association for Information Systems*, 2024, 25 (1): 1-12.

李春顶：《中国企业"出口-生产率悖论"研究综述》，《世界经济》2015年第5期。

孙宝文、欧阳日辉、李涛：《把握数字经济的技术经济特征》，《光明日报》2021年12月14日。

B.4 数字经济和实体经济深度融合的研究进展

史宇鹏 *

摘　要： 本文系统梳理了2022~2023年国内关于数字经济与实体经济深度融合的研究进展，重点分析了农业、工业和服务业数字化转型的影响因素与经济效应。农业数字化转型受到基础设施建设不足、信息化水平有限和现代化程度不高的影响，但仍显著提高了农业生产效率和农民收入；工业数字化转型促进了产业链升级和区域创新，而服务业数字化转型则面临着战略规划不足和服务标准不统一等问题。各产业与数字经济融合情况存在差异，但整体上均为实体经济发展注入新活力。

关键词： 数字经济　实体经济　数字化转型

随着数字技术的飞速发展与迭代，数字技术的应用成本与技术门槛在不断降低，数字经济已经成为推动我国经济高质量发展的重要引擎。在农业、工业和服务业等传统三次产业领域，数字经济与实体经济深度融合不仅促进了产业的数字化转型，而且为实体经济的创新发展提供了新方向和新动能。

一　数字经济与农业经济深度融合研究进展

（一）数字经济与农业经济深度融合的影响因素研究

党的二十大报告强调要“加快建设数字中国”，并“强化农业科技和装

---

* 史宇鹏，博士，中央财经大学经济学院教授，中央财经大学中国互联网经济研究院副院长，主要研究方向为数字经济、产业经济。感谢斯琴、马泽雯、王昱洁、白晨雯4位同学的助研工作。

备支撑”。2024年中央一号文件明确指出要“持续实施数字乡村发展行动，发展智慧农业”。陈珏颖和潘启龙[①]研究表明农业数字化将助力传统农业迅速向现代农业转型升级发展，这是数字经济时代赋予农业强国的新路径。其中，数字经济与农业经济深度融合是农业现代化的关键步骤，涉及将数字技术融入农业生产的各个方面，从而提高农业生产效率、降低成本、增强农产品的市场竞争力，并促进可持续发展。农业数字化转型的影响因素可以从多个维度进行分析。

1. 数字农业基础设施

《2023年数字乡村发展工作要点》提出，到2023年底，农村宽带接入用户数要超过1.9亿，5G网络基本实现乡镇级以上区域和有条件的行政村覆盖，农业生产信息化率达到26.5%，农产品电商网络零售额突破5800亿元，全国具备条件的新型农业经营主体建档评级基本全覆盖。但需要看到，农业数字基础设施方面虽然投入较大，但是收效不高。我国还未形成统一的农业标准，互联互通性不足，各部门主体之间未形成有效的信息链。曾博[②]指出，我国数字农业基础设施建设还处于起步阶段，完善硬件基础设施建设尚需时日。李颖和贺俊[③]表示，数字经济和实体经济有机融合所依赖的关键核心技术很难通过扩散和模仿获取，必须坚持不懈地进行自主研发和突破，这样才能建立起中国在数字经济时代的技术优势，使数字经济和尖端实体产业成为我国技术优势行业。

2. 政府治理水平

梁惟[④]认为，农村治理主体上下协同出现适配不合理问题。基层部门在自治和行政中间的践行范畴被持续挤压，治理责权体系失衡。吴信科[⑤]明确

① 陈珏颖、潘启龙：《加快数字化转型建设数字农业强国》，《中国农村科技》2023年第4期。
② 曾博：《农业数字化转型的理论逻辑、推进路径与现实挑战》，《黑龙江社会科学》2023年第1期。
③ 李颖、贺俊：《数字经济赋能制造业产业创新研究》，《经济体制改革》2022年第2期。
④ 梁惟：《乡村治理数字化转型的创新逻辑与取向》，《农业经济》2023年第7期。
⑤ 吴信科：《乡村振兴战略下我国传统农业数字化转型的现状、问题及对策研究》，《农业经济》2023年第10期。

表示政府的政策导向对农业数字化转型具有重要影响。政策支持包括提供财政补贴、税收优惠、技术研发资金、建立示范区，以及建立相关的法律法规等。政府可以通过这些措施来激励和引导农业企业与农民采用数字技术，推动农业的数字化转型，促进农业数字化发展。中央政策是农业数字化转型工作的行动指导，一方面要加大政府政策扶持力度，另一方面可以在专门的试点地区打造数字化先行示范基地。所以，良好的基础设施是农村数字化转型的基础，数字化转型也为改善乡村治理和服务提供了新的机遇。政府可以通过政策引导，促进农业、科技、教育、金融等不同领域的合作，推动跨界创新。

3. 人力资本情况

郑康和郑月波[①]表明，目前，我国农业基本上还是分散生产的农户占了绝大多数。社会文化价值观决定了农民和农业企业对新技术的态度。如果社会文化鼓励创新和效率，那么农民更可能接受和采用数字技术。相反，如果存在对新技术的怀疑或恐惧，这可能会阻碍技术的采纳。因此，培养积极的价值观和认知对于推动农业数字化转型至关重要。在各种不同形式的涉农培训中，徐橙红[②]指出数字技术培训所占的比重还不够大，所以导致数字技术培训与数字技术推广尚未形成有效对接，农民面对陌生的数字技术时容易产生抵触和畏难情绪。因此，为了农业数字化转型，全国各地区今后要在人才培养方面下功夫。政府应出台更多支持政策，如税收优惠、补贴政策和人才培养计划，引导和鼓励人才流向农业领域。

（二）数字经济与农业经济深度融合的经济影响研究

随着信息技术的飞速发展，数字经济与实体经济的深度融合已经成为推动全球经济增长的新动力。现阶段，农业数字化转型作为连接数字经济与实体经济的重要桥梁，正在逐步改变传统农业的面貌，并对农业经济产生深远

---

① 郑康、郑月波：《农业数字化转型发展的困境及路径探析》，《山西农经》2023 年第 18 期。

② 徐橙红：《数字乡村背景下中年农村居民数字素养提升模式研究》，郑州航空工业管理学院硕士学位论文，2023。

影响。

1. 农业生产效率提升

梁琳[1]指出，近年来，农业数字化转型通过引入先进的信息技术和智能化设备，实现了农业生产的精准化管理和自动化操作，同时生产效率也在提升。例如，智能灌溉系统可以根据作物的实际需求和土壤条件自动调节水分供给，从而提高水资源的利用效率；遥感技术和无人机的应用使农民能够实时监测作物生长状况和病虫害情况，及时采取防治措施。利用全球定位系统（GPS）、遥感技术和传感器数据，农业数字化可以实现精准农业管理，包括精准播种、施肥、灌溉和收割。金建东和徐旭初[2]从农业生产环节方面分析发现，数字技术可以实现对养殖技术整个实践过程动态持续监测，实时反映现实情况，及时进行调整。匡远配和易梦丹[3]指出，通过应用物联网技术等，自建或者与气象部门共享自然灾害预警系统，实现对大气环境、水环境和其他突发状况的感知，从而对各类自然灾害实现应对，降低自然灾害风险。陈杨和郭庆然[4]表示，农业数字化转型还可以改善农业金融服务，通过大数据分析，金融机构可以更准确地评估农民的信用和贷款风险，提供更加灵活和合适的金融产品，支持农业生产的持续发展。

2. 农民收入增加

史贤华和台德进[5]发现，农业数字化转型为农民提供了新的收入来源和增长点。通过数字化管理，农民能够更好地控制生产过程，提高农产品的质量。高质量的农产品在市场上通常能获得更好的价格，从而有助于提高农民的销售收入。数字技术可以帮助农民更有效地管理资源、减少浪费。例如，

---

① 梁琳：《数字经济促进农业现代化发展路径研究》，《经济纵横》2022 年第 9 期。

② 金建东、徐旭初：《数字农业的实践逻辑、现实挑战与推进策略》，《农业现代化研究》2022 年第 1 期。

③ 匡远配、易梦丹：《精细农业推进现代农业发展：机理分析和现实依据》，《农业现代化研究》2018 年第 4 期。

④ 陈杨、郭庆然：《数字普惠金融发展、经济增长与农民增收》，《河南科技学院学报》2023 年第 3 期。

⑤ 史贤华、台德进：《数字经济促进农民增收的机制研究》，《滁州学院学报》2023 年第 1 期。

通过数据分析优化灌溉和施肥，可以降低水肥成本。此外，智能设备和自动化技术的应用也可以减少人工成本。张广辉和乔可可[①]认为，数字技术的应用促进了农产品的电子商务发展和在线营销，拓宽了销售渠道，减少了中间环节，提高了产品的附加值，从而增加收入。电子商务和在线销售平台的兴起为农产品提供了更广阔的市场，提高了农产品的市场竞争力。此外，农民可以通过参与农业数字化项目，接受相关的技术培训和咨询服务，提升自身的技能和知识水平，从而在农业产业链中获得更多的增收机会。比如，数字技术为农村地区提供了新的创业机会。农民可以利用互联网开展农家乐、乡村旅游、在线教育等多元化经营，拓宽收入来源。另外，王天娇和张紫微[②]指出，数字金融有利于增加农民收入，同时，缩小城乡收入差距，缩小农村内部收入差距。

3. 农业产业链优化

农业数字化转型推动了农业产业链的整合和优化，数字化融入农业产前、产中与产后，提升了全链条管理的精细化水平和各环节的联结度。王家兴[③]认为，通过数字平台和网络技术，农业生产者、加工企业、物流公司、销售商和消费者之间的信息流通更加顺畅，交易成本降低，供应链管理更加高效。马源等[④]提出农业产业链的数字化为农业金融服务提供了新的机遇。这有助于降低农业经营的风险，吸引更多的资本投入农业产业。夏杰长和孙晓[⑤]指出，农业产业的全链路数字化和有效贯通，推动农业降本增效提质和农民增收，是现代农业发展的必然趋势。

---

① 张广辉、乔可可：《数字乡村建设影响农民收入的内在机理与创新探索》，《山东行政学院学报》2023 年第 4 期。

② 王天娇、张紫微：《数字普惠金融发展的农民增收效应及其传导机制》，《华北金融》2023 年第 5 期。

③ 王家兴：《我国传统农业产业链的优化改良途径》，《农机市场》2023 年第 1 期。

④ 马源、毕丝竹、李萍：《数字金融提升农业产业链韧性的优化路径探讨》，《南方农业》2023 年第 2 期。

⑤ 夏杰长、孙晓：《数字化赋能农业强国建设的作用机理与实施路径》，《山西大学学报》（哲学社会科学版）2023 年第 1 期。

4. 整体经济发展

马亮亮等[①]指出，农业数字化转型对整体经济发展具有积极的推动作用，数字技术对农村经济社会发展具有放大、叠加、倍增作用。首先，农业作为国民经济的基础产业，其数字化转型有助于提高农业产值，增加国家的财政收入和外汇储备。其次，农业数字化转型有助于提升农村地区的经济活力，通过引入新技术和新业态，创造更多的就业机会，提高农民收入，缩小城乡差距。赵纯凤[②]提出，要以农业全产业链思维补齐短缺链条环节，围绕品牌、科技等强链，推进产业融合等延链，规避多重风险保链等措施来做强特色优势农业产业。数字化转型也促进了农村与城市之间的信息交流和资源共享，推动了城乡一体化进程。

二　数字经济与工业经济深度融合研究进展

（一）数字经济与工业经济深度融合的影响因素研究

随着数字经济的发展，大数据、人工智能、区块链、云计算、物联网等新兴技术在社会各领域都得到广泛应用，数字经济已经成为企业实现价值增值、国家经济实现高质量发展的重要驱动力。工业作为实体经济的主要载体，在数字经济与实体经济的融合发展中起重要作用。党的二十大报告中明确指出，我们要“坚持把发展经济的着力点放在实体经济上，推进新型工业化，加快建设制造强国、质量强国、航天强国、交通强国、网络强国、数字中国”。这一战略导向不仅凸显了工业数字化转型的紧迫性和重要性，同时也将工业数字化转型推向了学术界关注的焦点，成为当前研究领域的热点问题。通过对相关文献的梳理可以发现，学者们普遍将工业数字化转型的影

① 马亮亮、贾国强、雷骁勇：《辽宁省数字农业全链条服务管理对策研究》，《农业经济》2023 年第 11 期。

② 赵纯凤：《以全产业链做强特色优势农业产业路径探究》，《智慧农业导刊》2023 年第 17 期。

响因素划分为企业内部因素和企业外部因素两个方面。

1. 内部因素

基于企业内部视角，学者们重点关注了管理层认知转变、管理模式变革、组织架构重塑以及人力资本优化等因素对工业数字化转型的驱动作用。李瑞茜[①]以中国 A 股制造业上市企业为研究样本，采用 Heckman 两阶段模型，研究发现管理层激励与企业数字化转型之间呈正相关关系。蒋兵等[②]以角色理论为切入点，通过对我国上市公司高管履历数据进行实证分析发现，高层管理团队数字知识对企业数字化转型具有显著的促进作用。李煜华等[③]结合“技术—组织—环境”理论和 fsQCA 方法对收集到的 27 份先进制造业企业数据进行了组态分析，研究结果表明，尽管管理模式变革是先进制造业数字化转型的核心条件，但只有多因素组合路径才能更有效地推动企业进行数字化转型。张建宇等[④]基于注意力基础观和动态能力视角，深入研究了组织意义建构与数字化转型之间的关系，结果显示，组织意义建构对企业数字化转型具有显著的正向促进作用。姚小涛等[⑤]指出，转变组织文化是企业进行数字化转型的前提，匹配的组织设计是影响企业数字化转型的关键因素。宣烨和傅晨[⑥]研究发现，劳动力成本的上升可以显著提高企业的研发投入和创新产出，也能促进企业的人力资本结构优化，这些都可以推动企业进行数字化转型。何威风和姚文博[⑦]表示人力资本作为企业数字化转型的驱动因

① 李瑞茜：《管理层激励对企业数字化转型的影响研究》，《技术经济与管理研究》2023 年第 5 期。

② 蒋兵、李天旭、丁西林：《高层管理团队数字知识与企业数字化转型——基于角色理论视角》，《华东经济管理》2024 年第 1 期。

③ 李煜华、舒慧珊、向子威：《数字原生企业与非原生企业数字化转型组态路径研究——基于“技术—组织—环境”理论框架》，《软科学》2023 年第 7 期。

④ 张建宇、林香宇、杨莉等：《意义建构对企业数字化转型的影响机制研究——组织能力的中介作用》，《科学学与科学技术管理》2023 年第 9 期。

⑤ 姚小涛、亓晖、刘琳琳等：《企业数字化转型：再认识与再出发》，《西安交通大学学报》（社会科学版）2022 年第 3 期。

⑥ 宣烨、傅晨：《劳动力成本上升与企业数字化转型——来自制造业上市公司的经验证据》，《工业技术经济》2023 年第 9 期。

⑦ 何威风、姚文博：《企业人力资本与数字化转型》，《财会月刊》2023 年第 22 期。

素，有助于企业提升研发与创新能力，抑制管理层短视，从而促进企业数字化转型进程。

2. 外部因素

基于企业外部视角，学者们对工业数字化转型的影响因素研究主要围绕着技术冲击、市场需求、制度环境、竞争格局和资本市场等方面。卢宝周等[①]认为，数字技术具有强大的融合与颠覆能力，能够赋予企业应对多变环境的动态能力，为企业进行数字化转型奠定了一定的技术基础。孙忠娟和卢燃[②]认为，数字技术是驱动企业进行数字化转型的核心因素，企业应全面、合理地评估自身的数字技术能力，以便有针对性地进行数字化投资，从而保持并提高企业的数字化能力，打造其数字竞争力。韩佳平和李阳[③]指出，传统企业只有把握住消费需求的变化趋势，对企业进行数字化变革才能增强消费者黏性，从而提高企业营收。林舒婷和沈克印[④]指出，受市场需求变革的深刻影响，传统的体育用品制造业已无法继续其粗放的发展方式，为促进新发展格局的构建，助力体育产业高质量发展的实现，进行数字化转型已经迫在眉睫。这一转型举措不仅顺应时代发展的趋势，也是体育用品制造业未来发展的必然选择。夏常源等[⑤]研究了社保缴费如何促进制造业企业管理数字化，发现在政府不断加大社保征缴力度和违规处罚力度的制度环境下，企业可以通过管理数字化来替代重复性工作的劳动力，降低人力成本，维持经营绩效。龚新蜀和靳媚[⑥]使用文本分析法构建企业数字化转型指标，发现法治

---

① 卢宝周、尹振涛、张妍：《传统企业数字化转型过程与机制探索性研究》，《科研管理》2022 年第 4 期。

② 孙忠娟、卢燃：《企业数字化转型的研究述评与展望》，《首都经济贸易大学学报》2023 年第 6 期。

③ 韩佳平、李阳：《我国企业数字化转型：特征分析、发展规律与研究框架》，《商业经济研究》2022 年第 6 期。

④ 林舒婷、沈克印：《体育用品制造业服务化的模式创新与实现路径》，《体育科研》2023 年第 2 期。

⑤ 夏常源、毛谢恩、余海宗：《社保缴费与企业管理数字化》，《会计研究》2022 年第 1 期。

⑥ 龚新蜀、靳媚：《营商环境与政府支持对企业数字化转型的影响——来自上市企业年报文本挖掘的实证研究》，《科技进步与对策》2023 年第 2 期。

建设环境与政府治理环境的优化可以显著促进企业数字化转型。李倩等①指出行业竞争是企业决定进行数字化转型的重要原因，并且会存在同群效应。周琦玮等②表示，企业在面对外部激烈的市场竞争压力时，会积极寻求数字化的创新合作，提高技术资源共享程度。唐松等③的研究表明，高质量的金融资源供给可以为企业数字化转型提供充足的资金支持，对企业数字化转型具有显著的驱动作用。

（二）数字经济与工业经济深度融合的经济影响研究

工业是立国之本、强国之基。作为国民经济的支柱产业，工业高质量发展是建设现代化经济体系的基础与前提，是促进技术革新、推动社会进步、维护国家经济持续发展的关键力量。而数字化转型作为推动企业转型升级的重要抓手，近年来更是受到学界的广泛关注。目前，关于工业数字化转型的经济影响，学者们主要聚焦于微观、中观和宏观三个层面。

1. 微观层面

在微观层面，既有文献主要围绕公司治理、企业绩效、企业创新、全要素生产率和资源配置效率等方面展开研究。马德芳等④的研究揭示，数字化转型主要通过提升会计信息透明度和内部控制质量来有效抑制企业信息披露违规行为，这一举措不仅有助于资本市场的深化改革，更能服务经济的高质量发展，推动社会经济的稳步发展。武立东等⑤利用 fsQCA 方法对 80 家 A 股制造业上市公司样本进行了多因素组态分析，研究表明，中国制造业企业

---

① 李倩、王诗豪、邓沛东等：《企业数字化转型的同群效应》，《科技进步与对策》2023 年第 17 期。

② 周琦玮、刘鑫、李东红：《企业数字化转型的多重作用与开放性研究框架》，《西安交通大学学报》（社会科学版）2022 年第 3 期。

③ 唐松、李青、吴非：《金融市场化改革与企业数字化转型——来自利率市场化的中国经验证据》，《北京工商大学学报》（社会科学版）2022 年第 1 期。

④ 马德芳、李良伟、王梦凯：《数字化转型的治理效应——基于企业信息披露违规的视角》，《财经问题研究》2023 年第 11 期。

⑤ 武立东、李思嘉、王晗等：《基于“公司治理-组织能力”组态模型的制造业企业数字化转型进阶机制研究》，《南开管理评论》2023 年 9 月。

数字化转型是一个循序渐进的过程，需要按照“情境—行政—生态”的驱动路径逐步实现转型进阶。在这一过程中，任何单一因素都无法独立推动转型的进阶，只有这些机制路径协同作用，才能共同促进企业数字化转型深入发展。李寿喜等①以价值链理论为切入点，分析了价值链各环节数字化转型对制造企业绩效的影响效果，研究发现，研发、生产、运营和营销环节的数字化均对企业绩效提升具有显著的促进作用。靳毓等②的研究指出，提升成长能力、弱化代理冲突和缓解融资约束是数字化转型促进企业绿色创新的三条主要路径，而且在非高新技术企业和重污染行业企业中，数字化转型能够更加显著地促进企业绿色创新。贺正楚等③分别从商业模式和制造过程两个方面考察了数字化转型对制造企业创新效率的影响，研究结果表明：企业在制造过程层面的数字化转型对制造企业创新效率的促进作用十分显著；在商业模式层面的数字化转型虽然短期内能够提升制造企业创新效率，但长期对创新效率的影响为负。任志成和赵梓衡④聚焦于数字化转型与企业全要素生产率之间的关系，运用双重差分模型和 PSMDID 方法对二者进行实证研究，结果发现，数字化转型对制造业企业全要素生产率的提升效果十分显著，相较于未转型企业，生产率的提升效力高达 57.0%左右。韦庄禹⑤以制造业企业为研究样本，通过构建企业资源配置效率测算框架，验证了数字化转型在矫正企业产出扭曲和资本投入扭曲、提升企业资源配置效率方面的积极作用。吕可夫等⑥从投资效率、交易成本、客户渠道和创新能力四个维度深入

① 李寿喜、赵帅、岳成浩：《数字化转型与企业绩效——来自制造业的经验证据》，《工业技术经济》2023 年第 6 期。

② 靳毓、文雯、何茵：《数字化转型对企业绿色创新的影响——基于中国制造业上市公司的经验证据》，《财贸研究》2022 年第 7 期。

③ 贺正楚、潘为华、潘红玉等：《制造企业数字化转型与创新效率：制造过程与商业模式的异质性分析》，《中国软科学》2023 年第 3 期。

④ 任志成、赵梓衡：《人才集聚效应与经济增长综合质量——基于省级面板数据的空间研究》，《金融理论与教学》2023 年第 2 期。

⑤ 韦庄禹：《数字化转型对企业资源配置效率的影响》，《技术经济与管理研究》2023 年第 2 期。

⑥ 吕可夫、于明洋、阮永平：《企业数字化转型与资源配置效率》，《科研管理》2023 年第 8 期。

检验并发现了数字化作用于企业资源配置效率的具体路径，这一研究不仅为理论界提供了新的视角，也为实务界提供了经验证据。

2. 中观层面

从中观层面来讲，工业数字化转型的经济影响主要体现在产业链升级、产业结构优化和区域创新等方面。董丽和赵放①分别从抵抗力、恢复力和转型力三个维度证明了数字化转型可以显著促进制造业产业链韧性的提升。焦云霞②指出，数字平台可以赋能制造业产业集群发展，数字网络能够加速制造业产业生态系统的重塑，数字技术可以促进制造业产业链重构升级，数据要素能够优化升级制造业资源配置。陈晓峰③基于省际面板数据，系统考察了数字经济发展对我国制造业升级的影响效果及作用机制，研究发现，数字经济发展对中国制造业升级具有显著的直接驱动作用，技术创新增加、企业成本降低和人力资本积累在其中发挥了部分中介作用。习明明等④从产业链供应链结构优化视角出发，运用多维固定效应模型和多期 DID 的稳健估计方法，实证研究了主体企业数字化转型对产业链供应链结构的影响。研究发现，主体企业数字化转型能够显著促进产业链供应链结构多元化发展。霍春辉等⑤指出，数字化转型存在显著的行业同群效应与地区同群效应，且二者通过不同路径推动制造企业高质量发展。张万里⑥研究发现，数字化转型可以优化劳动力结构和资本结构，进而促进区域技术创新。

3. 宏观层面

在宏观层面，学者们主要从社会责任、消费升级和资本市场表现等方面

---

① 董丽、赵放：《数字经济驱动制造业产业链韧性提升的作用机理与实现路径》，《福建师范大学学报》（哲学社会科学版）2023 年第 5 期。

② 焦云霞：《数字化驱动制造业升级的机制、困境与发展路径》，《价格理论与实践》2023 年第 5 期。

③ 陈晓峰：《数字经济发展对我国制造业升级的影响——基于省际面板数据的经验考察》，《南通大学学报》（社会科学版）2022 年第 3 期。

④ 习明明、倪勇、刘旭妍：《中国产业数字化对供应链结构的影响——基于 A 股上市公司的行业异质性分析》，《福建论坛》（人文社会科学版）2023 年第 5 期。

⑤ 霍春辉、吕梦晓、许晓娜：《数字化转型“同群效应”与企业高质量发展——基于制造业上市公司的经验证据》，《科技进步与对策》2023 年第 4 期。

⑥ 张万里：《数字化转型对区域技术创新的影响机制研究》，《经济体制改革》2023 年第 6 期。

展开研究。李季鹏和王宝娟[①]研究发现，在制造业企业中，数字化转型在赋能社会责任方面会展现出更为显著的作用。赵宸宇[②]表明，数字化转型主要通过提升企业的服务意识、增强企业的总体创新和绿色创新能力来优化企业在社会责任方面的表现。时大红和蒋伏心[③]经过实证检验，深入探讨了我国企业数字化转型对不同区域与消费群体居民消费升级的影响机制。研究结果显示，企业数字化转型能够积极推动居民消费升级，且高端产品供给不足是我国居民消费升级面临的关键制约因素之一。王森和李金叶[④]基于制造业数字化转型视角，深入剖析了区域市场势力所引发的产品市场扭曲现象对居民消费潜力的影响。研究结果表明，数字化转型的调节效应显著，能够有效削弱产品市场扭曲对居民消费潜力的抑制效应。田毕飞和李彤[⑤]以多国自由资本模型框架为切入点，探究了工业数字化对 FDI 的影响效应及作用机制，研究结果表明：工业数字化对 FDI 的流入具有显著的促进作用。余艳等[⑥]运用固定效应模型，探讨了企业数字化转型披露的信号效应与资本市场定价之间的关系，结果表明，制造企业数字化转型的信息披露能够显著提升资本市场定价，基于新兴数字技术的数字化转型效果尤为显著。

三　数字经济与服务业经济深度融合研究进展

党的二十大报告中提到，“高质量发展是全面建设社会主义现代化国家

① 李季鹏、王宝娟：《企业数字化转型促进企业积极承担社会责任了吗》，《财会月刊》2023 年第 18 期。

② 赵宸宇：《数字化转型对企业社会责任的影响研究》，《当代经济科学》2022 年第 2 期。

③ 时大红、蒋伏心：《我国企业数字化转型如何促进居民消费升级?》，《产业经济研究》2022 年第 4 期。

④ 王森、李金叶：《产品市场扭曲对居民消费潜力的影响研究——基于制造业数字化转型视角》，《技术经济》2023 年第 10 期。

⑤ 田毕飞、李彤：《中国城市工业数字化能否促进 FDI 流入》，《国际经贸探索》2022 年第 12 期。

⑥ 余艳、王雪莹、郝金星等：《酒香还怕巷子深？制造企业数字化转型信号与资本市场定价》，《南开管理评论》2023 年 8 月。

的首要任务”。我国经济正从高速发展转向高质量发展，亟须现代化产业带动我国经济向高质量阶段发展。第三产业是我国当前经济增长的重要驱动力，服务业的技术创新、结构变革有待进一步加快，生产效率有待进一步提升。数字经济的诞生使服务业发生了颠覆性的变革，数字经济与服务业深度融合破解了服务业“成本病”以及服务业数字化转型升级难两大问题，服务业数字化转型成为我国经济高质量发展过程中不可或缺的动能和增长点。

（一）数字经济与服务业经济深度融合的影响因素研究

徐圆和张为付[①]以江苏省为例的研究表明，目前江苏省全面实施强省战略，江苏省现代服务业的市场主体规模较小、服务标准不统一，中小企业的资金、人力不足，因此企业的数字化转型意愿低。王婷婷等[②]也以江苏省服务业发展为例，指出数字化转型是服务业未来发展的必由之路，要勇于创新，服务业数字化、人才供给和数字技术跟上数字化转型速度，开放数据，加强监管，积极促进产业融合。孙千驰[③]基于 2010~2020 年 30 个省份的数据，运用空间杜宾模型和中介效应模型验证了数字经济对中国服务业高质量发展的空间溢出效应及影响，研究发现，数字经济与服务业高质量发展存在显著的正向空间自相关，二者发展水平均有提升趋势，数字经济的发展带动了服务业的发展，也同步促进了服务业数字化转型。姚惠娴[④]指出，随着数字经济的快速发展，信息安全问题、地区之间的经济发展差距等都会影响服务业数字化转型的速度；部分企业的重视程度不够、信息保护意识不强导致信息泄露等，也影响了服务业数字化转型速度。吕萍、孔凤竹[⑤]用服

① 徐圆、张为付：《现代服务业与数字经济深度融合的路径》，《群众》2022 年第 4 期。

② 王婷婷、王铁铮、徐宁馨等：《江苏服务业数字化转型新出路》，《中国电信业》2023 年第 11 期。

③ 孙千驰：《数字经济对中国服务业高质量发展的空间溢出效应及影响路径》，《中国科技产业》2023 年第 12 期。

④ 姚惠娴：《数字经济对我国服务业的影响探究》，《商讯》2022 年第 10 期。

⑤ 吕萍、孔凤竹：《数字经济推动服务业转型升级的影响机理及实现路径》，《知与行》2023 年第 3 期。

务业的内外部融合、服务业的创新升级、服务业的效率提升以及服务业的供需两端重塑四个维度分析了服务业数字化的影响机理，提出应通过完善服务业数字化基础设施的建设、培养“数字经济+服务”型人才、加强数字经济相关的法律法规建设、加强数字经济区域间的合作等路径实现服务业数字化转型。强永昌、李嘉晨[①]利用多期 DID 和合成 DID，以 2008~2021 年 992 家服务业上市公司数据作为样本，检验了服务贸易创新试点政策是否对服务企业的数字化转型有影响，认为服务贸易创新政策对生产性服务企业的促进作用比消费和公共企业的促进作用更为显著，此政策主要以降低综合税率和降低短期借款依赖度，进而促进生产性服务企业的发展。张媛媛[②]分析了服务业与数字经济深度融合的路径，归纳出目前路径主要包括制定中短期服务业数字化发展计划、建设数字基础设施、组织行业协会保护数字技术、加大对中小企业的政策支持力度、加强生活性服务业的应用场景建设等。

（二）数字经济与服务业经济深度融合的经济影响研究

近年来，我国数字经济发展较快，数字技术已融入我国人民的日常生活，还成为服务业经济的主要助推力。研究者发现，服务业与数字经济融合，不仅能降低运营成本，而且还能促进地区整体经济发展。唐静、冯思允[③]利用 2008~2012 年沪深 A 股服务业上市公司的数据，通过多元回归模型，实证检验得出数字化转型对服务业全要素生产率的影响。回归结果显示，服务业数字化转型和服务业企业全要素生产率之间呈现 U 形关系，并不是简单的线性关系。服务业数字化转型降低了数字化企业交易成本，从而提升了服务业企业全要素生产率。此外，服务业数字化转型通过规模经

① 强永昌、李嘉晨：《服务贸易创新与服务企业数字化转型研究》，《亚太经济》2023 年第 6 期。

② 张媛媛：《浅析现代服务业与数字经济深度融合的路径》，《企业改革与管理》2023 年第 24 期。

③ 唐静、冯思允：《数字化转型对服务业企业全要素生产率影响研究》，《国际商务（对外经济贸易大学学报）》2023 年第 3 期。

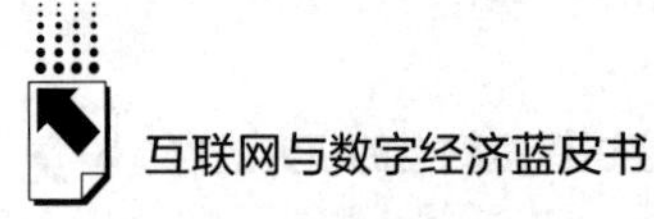

济效应和提高生产性服务业的占比，进而提高服务业企业全要素生产率以及优化服务业的内部结构。刘览、孔原[①]分析了无锡市现代服务业 10 个细分行业 2014~2021 年的数据，用 Malmquist 指数方法，动态计算了无锡市现代服务业的演进过程，用 Tobit 模型分析了服务业数字化转型的影响因素，并指出信息技术增加了知识密集型的岗位，招募更多的是拥有信息技术的相关人员，从而减少了低水平重复劳动力人数。黄浩哲等[②]研究雄安新区金融服务业数字化转型，认为数字化转型对雄安新区金融服务业发展具有不可或缺的作用。姚惠娴[③]指出在农业、工业、服务业等三大产业中，服务业的数字经济渗透率远超过其他两个产业，因此融合程度、密切程度也很高。数字技术的发展打破了服务业的时间和空间阻碍，实现了非同步、跨地域的交易，实现了降低成本、增加利润的目的。张敏等[④]认为我国面临老龄化问题，养老服务业数字化转型为养老问题带来了机遇。姜达洋等[⑤]认为，天津作为我国北方经济重要地区，经济由第二产业主导转向服务业支撑，离不开数字经济的赋能。数字化发展加快了信息技术在天津各种服务业中的广泛应用，形成了“数字天津”“智慧天津”的助推力，推动着天津经济高质量发展。张署明、杨熙[⑥]指出服务业是浙江的主要驱动力产业，并指出浙江服务业数字化转型成效特别显著。浙江的生活性服务业数字化、生产性服务业数字化引领着全国，从吃、住、游、购、医、学到各种服务型产业都发挥了服务业数字化的优势，由此浙江成为省级数字贸易示范区。姜红德[⑦]指出，服务业企业要注重平台经济的引领作用，美团、蚂蚁集团等服务业数字

① 刘览、孔原：《数字化转型背景下无锡市现代服务业生产效率及影响因素研究》，《改革与开放》2023 年第 2 期。

② 黄浩哲、梁硕、王贵兴等：《雄安新区金融服务业数字化转型研究》，《产业与科技论坛》2022 年第 11 期。

③ 姚惠娴：《数字经济对我国服务业的影响探究》，《商讯》2022 年第 10 期。

④ 张敏、孟佳、周莉欣等：《养老服务业数字化转型思考》，《合作经济与科技》2023 年第 20 期。

⑤ 姜达洋、郝新月、赵振兴：《数字经济助推天津服务业转型实现经济高质量发展》，《产业创新研究》2022 年第 13 期。

⑥ 张曙明、杨熙：《推动浙江服务业数字化转型》，《浙江经济》2023 年第 5 期。

⑦ 姜红德：《互联网平台引领民营服务业数字化转型》，《中国信息化》2023 年第 8 期。

化企业要起到引领其他服务业企业发展的作用，进而促进我国经济高质量发展。

参考文献

《中华人民共和国2022年国民经济和社会发展统计公报》，国家统计局官网，2023年2月28日。

金铭：《乡村振兴战略背景下数字乡村新模式探析》，《经济研究导刊》2022年第7期。

李丽、张东旭、薛雯卓等：《数字经济驱动服务业高质量发展机理探析》，《商业经济研究》2022年第3期。

谭永生：《数字赋能助推现代化产业体系建设研究》，《宏观经济研究》2024年第1期。

中国社会科学院信息化研究中心：《乡村振兴战略背景下中国乡村数字素养调查分析报告》，http://iqte.cssn.cn/yjjg/fstyjzx/xxhyjzx/xsdt/，2021年3月。

钟真、刘育权：《数据生产要素何以赋能农业现代化》，《教学与研究》2021年第12期。

B.5

2022~2023年数字经济治理研究进展

金星晔*

摘　要：　本文分析了2022~2023年中国数字经济治理研究情况。近两年数字经济治理的特征为以数据治理为核心研究内容、研究议题多样化、关注技术与法律双重治理手段等。当前学术研究仍存在不足，如理论研究不完善、法治体系研究有欠缺、学科融合不足等。为此，未来数字经济治理研究应趋向体系化、深入化、多元化与全球化，应更加注重维持治理的动态平衡，积极探索柔性治理理念，持续关注数据要素，聚焦平台领域，进而推动构建国际数字经济治理体系。最后，本文给出了数字经济治理研究的对策建议：丰富数字经济治理的理论研究，重点研究如何把握数字经济治理的平衡点，关注数字经济治理主体的具体调整方式，深入研究数字经济法治化，在单一领域继续深入研究数字经济治理，深化跨学科创新研究，并侧重将其应用于数字经济治理实践中，为全球数字经济治理贡献中国智慧。

关键词：　数字经济治理　数据要素　平台经济

随着信息技术的迅猛发展，数字经济已成为推动我国经济增长的主要引擎之一。中国信息通信研究院数据显示，2022年，我国数字经济规模达50.2万亿元，同比增长10.3%，占GDP比重达41.5%。2025年有望达到70.8万亿元。然而，数字经济的快速崛起也给政府治理带来了一系列挑战，平台垄断、数据安全、数字鸿沟等问题层出不穷，若想不断做强做优做大数

* 金星晔，博士，中央财经大学经济学院副教授，硕士生导师，主要研究方向为中国经济史、数字经济、文化经济学、ESG治理等。

字经济，必须加快完善数字经济治理体系。习近平总书记指出，“要健全法律法规和政策制度，完善体制机制，提高我国数字经济治理体系和治理能力现代化水平”①。在此背景下，学界关于数字经济治理的研究也日益活跃。2022~2023年，学者们从不同角度出发，深入研究了数字经济治理的内涵、挑战、改革，广泛探究了数字经济治理的不同议题，为建立中国特色数字经济治理体系作出理论贡献，为数字经济的繁荣发展提供了有力保障。

一 2022~2023年数字经济治理研究情况

自2022年起，我国陆续推出了一系列与数字经济相关的政策举措，不仅为数字经济的稳健发展提供了有力支撑，更在推动数字经济治理研究方面发挥了积极作用。2022年1月发布的《“十四五”数字经济发展规划》明确提出完善数字经济治理体系和安全体系；12月出台“数据二十条”，以六个方面（总体要求、数据产权、流通交易、收益分配、安全治理及保障措施）20条制度架构进行了制度设计；2023年《数字中国建设整体布局规划》指出要建设公平规范的数字治理生态。在此基础上，我国举办了一系列数字经济治理相关会议，首次发起设立中国数字经济发展和治理学术年会，继续举办全球数字经济大会、中国数字经济创新发展大会。此外，学者们围绕数字经济治理进行了深入研究，相关论文数量呈现迅猛增长态势，为中国数字经济治理体系的构建奠定了坚实的理论基础。

（一）学术会议

2022年7月，在2022全球数字经济大会成果发布会上，北京联合国内外著名高校、科研院所和业界重要研究机构发起设立“中国数字经济发展和治理学术年会”。2023年7月，第一届中国数字经济发展和治理学术年会在清华大学举行。大会以“数据要素治理，数据价值释放，数字

① 习近平：《不断做强做优做大我国数字经济》，《求是》2022年第2期。

经济创新”为主题，探讨数字经济发展和治理的前沿、共性、焦点问题。会议聚焦数据要素，将数据纳入经济学分析体系，探究其如何影响治理模式，如何重塑政府、市场、社会多方面关系。梅宏院士指出形成基于数字对象网络的一体化数据空间，培育创新治理体系；邱泽奇教授将数字治理分为理论维度和实践维度，从理论维度看数字治理是治理主体、治理逻辑、治理工具、治理过程和治理改进整体的数字化进程，从实践维度提出了分布式赋能和迭代式创新，以解决数字治理赋能难题、提高治理效能；孟庆国教授探讨了在数字政府建设中如何推进一体化政务数据体系建设问题，认为核心解决方案在于依托“职责—业务—数据”分析框架，明确政府部门的职能、业务与数据的内在联系，从而推动一体化政务数据体系的建设。

除此之外，在每年一度的全球数字经济大会、中国国际数字经济博览会、中国数字经济创新发展大会中，学者们就数字经济治理的体制机制、发展模式、政策法规、数据安全与隐私保护等方面进行了探讨，发出了数字经济治理的中国声音。

（二）发表文章

自 2018 年以来，随着数字经济的迅猛发展，以数字经济治理为主题的学术论文数量也开始迅速攀升。如图 1 所示，2022 年中国知网中以数字经济治理为主题的学术论文已达 311 篇，同比增长 76. 7%，2023 年论文数量虽未有大幅增长，但论文发表篇数已经是 2018 年的 20 余倍。其中，发表在北大核心期刊的学术论文也有着相同的发展趋势。数字经济治理论文数量与质量的双重增长，表明学术界对于数字经济治理领域的关注度在不断提高，社会对数字经济治理问题的研究需求不断增加。

数字经济治理的研究涉及多学科，涵盖多议题。2022~2023 年，在以数字经济治理为主题的论文中，50%的研究学科为信息经济与邮政经济，此外还包含经济体制改革、财政与税收、贸易经济等多学科。数字经济治理子议题丰富多样，包括数据治理、平台经济、税收治理等（见表 1）。

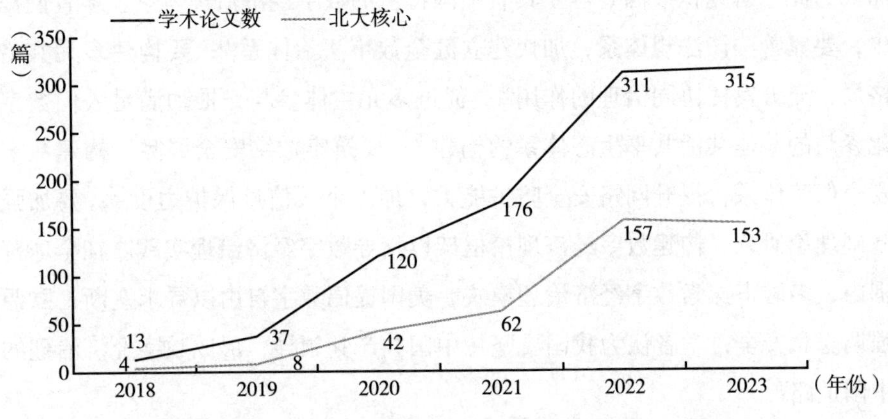

图 1　2018~2023 年中国知网数字经济治理主题论文篇数

表 1　2022~2023 年中国知网数字经济治理主题论文主要学科与议题分布

序号	主要学科	议题分布
1	信息经济与邮政经济	数据治理
2	经济体制改革	平台经济
3	财政与税收	税收治理
4	行政学及国家行政管理	治理研究
5	贸易经济	数据安全
6	计算机软件及计算机应用	经济发展规划
7	企业经济	治理路径
8	农业经济	全球经济治理

一方面，学者们对数字经济治理进行了全面而深入的整体分析。首先，数字经济的主要特点是数字技术渗透并延伸进各个产业，数字经济治理则聚焦于政府如何运用新一代信息技术，高效管理信息数据资源，构建完善机制，进而实现数字经济善治①。然而研究发现，我国政府对数字经济的治理能力和治理有效性受到了挑战②，尤其是在合作治理、反垄断、数据共享方

① 杜宇、侯庆海：《我国政府数字经济治理问题研究》，《理论观察》2022 年第 12 期。

② 任保平：《数字经济赋能高质量发展的现代化治理体系研究》，《学术界》2022 年第 12 期。

面。为此，研究积极倡导建立具有中国特色的数字经济治理体系。学者们提出，要完善法律法规体系，加快建立健全数字法治体系[①]；要构建多元共治格局，充分发挥协同治理的作用[②]，促进多元主体参与，推动满足人们数字化参与的共建共治共享生态体系的构建[③]；要筑牢数字安全屏障，构建数字安全保障体系，提升网络安全防护能力，加大个人信息保护力度[④]；要加强基础理论研究，构建数字经济理论框架以指导数字经济治理实践。在全球范围内，多国正探索数字经济治理模式，美国提倡数字自由以寻求垄断；欧盟强调隐私安全；学者认为我国要坚持中国共产党领导，形成数字经济治理的中国道路[⑤]。

另一方面，学者们对数字经济治理的多个领域进行了详细且细致的研究。对不同的治理主体来说，政府治理的变革要求政府明确新时代的定位、转变角色，实现市场作用与政府作用的有机统一，从而推动政府治理创新[⑥]；公司治理应遵循"技术赋能—数据驱动—治理重构"的逻辑，形成新型公司治理模式和机制[⑦]；城市治理要推动敏捷治理，提高城市治理的感知力、回应力和处理力[⑧]。在治理手段方面，秦光远等[⑨]提出将数字技术创新成果应用到信用社会的建设和治理中，建设新型社会信用体系，杨世鉴[⑩]认

---

① 张昉骥、肖忠意：《数字经济法治体系建设重点领域与有效路径》，《人民论坛》2022 年第 5 期。

② 陈国生：《多元主体参与视域下数字经济协同治理的理论逻辑和实践路径研究》，《湖南社会科学》2023 年第 6 期。

③ 苏德悦：《数字经济与实体经济融合发展将成为经济增长强劲动力》，《人民邮电报》2022 年 11 月 14 日。

④ 封世蓝：《关于科技创新驱动数字经济发展的研究》，《经济研究参考》2022 年第 12 期。

⑤ 张蒄洺、代伟：《中国特色数字经济治理体系构建》，《社会科学战线》2023 年第 4 期。

⑥ 孟庆国、王友奎：《数字经济视域下政府治理创新的取向与逻辑》，《行政管理改革》2023 年第 12 期。

⑦ 陈德球、胡晴：《数字经济时代下的公司治理研究：范式创新与实践前沿》，《管理世界》2022 年第 6 期。

⑧ 谢小芹、任世辉：《数字经济时代敏捷治理驱动的超大城市治理——来自成都市智慧城市建设的经验证据》，《城市问题》2022 年第 2 期。

⑨ 秦光远、张嘉一、刘伊霖：《社会信用体系数字化转型：一个文献评述》，《农村金融研究》2022 年第 12 期。

⑩ 杨世鉴：《数字经济下的中国税制改革：从税收管理到税收治理》，《当代经济管理》2023 年第 4 期。

为数字经济时代，税收治理需要向多主体、精细化治理转变，实现“以数治税”。针对平台经济问题，学者们对平台经济反垄断、反不正当竞争等进行了深入研究，认为不仅要科学立法，更要在执法过程中积极调动社会各界参与举证和辩论，引导平台企业自主合规、互联互通[①]。针对元宇宙问题，刘艳红[②]研究指出应形成数据治理、风险治理、多元共治的秩序格局，从而实现面向元宇宙时代的良法善治。在乡村层面，数字乡村治理观念与制度须改革，数字乡村标准体系有待完善[③]。在全球层面，我国可借助《数字经济伙伴关系协定》，加强数字经济国际合作、深入参与数字经济国际治理[④]，打破跨境数据流动治理困境，提出中国方案[⑤]。

总而言之，我国数字经济治理研究正呈现蓬勃发展的强劲势头。在数字经济政策推动下，学术会议与交流平台增多，学术论文数量与质量攀升，数字经济治理在研究深度与广度上有着很大突破。

二　2022~2023年数字经济治理研究特征

随着数字经济治理研究的不断深入，近两年来相关研究呈现以下几点特征。

一是以数据治理为核心研究内容。数字经济时代，数据作为新型生产要素，已快速融入生产、分配、流通、消费等经济活动环节，基于数据及数据本身应用带来的问题是政府对数字经济治理的主要内容[⑥]。新一轮机构改革

---

① 李三希、张明圣、陈煜：《中国平台经济反垄断：进展与展望》，《改革》2022年第6期。

② 刘艳红：《数字经济背景下元宇宙技术的社会安全风险及法治应对》，《法学论坛》2023年第3期。

③ 易继承、罗治情、陈娉婷、官波、马海荣、郑明雪、孙瑾：《数字乡村建设发展困境及路径优化研究》，《湖北农业科学》2022年第S1期；丁波：《数字赋能还是数字负担：数字乡村治理的实践逻辑及治理反思》，《电子政务》2022年第8期。

④ 李猛：《我国对接DEPA国际高标准数字经济规则之进路研究——以参与和引领全球数字经济治理为视角》，《国际关系研究》2023年第3期。

⑤ 徐伟功、贾赫：《RCEP背景下跨境数据流动治理规则比较研究与中国方案》，《广西社会科学》2022年第12期。

⑥ 杜宇、侯庆海：《我国政府数字经济治理问题研究》，《理论观察》2022年第12期。

组建了国家数据局，《关于构建数据基础制度更好发挥数据要素作用的意见》初步构建了我国数据基础制度，一系列举措引导学者们的目光聚焦到数据治理上。首届中国数字经济发展和治理学术年会的主题是数据要素治理，可见数据的重要性已得到广泛认同。与此同时，胡剑和戚湧①基于区块链技术构建出数字经济背景下新数据治理框架与模式；闫夏秋和孙瑜②探讨开放平台数据共享的制度困境与法律应对；丁晓东③通过比较分析不同国家对数据公平利用，提出重构数据利用制度，有效平衡各方主体间的利益关系。随着一系列研究的深入，学者们的目光愈加聚焦于数据要素，为未来的数据治理实践提供了有力支撑和指引。

二是研究议题多样化。数字经济的特性及其快速发展为数字经济治理带来了诸多研究方向。数字经济的发展由产业数字化和数字产业化共同驱动，产业数字化需要制定科学合理的传统产业转型政策，大量传统产业转型中收集、存储和处理的数据带来了数据安全与隐私保护问题，各产业间的数据共享导致数字基础设施互联互通成为问题；数字产业化带来了更多新兴议题，包括对人工智能、元宇宙等新兴数字产业的监管与规范，对平台企业垄断、不正当竞争的治理，对数字知识产权纷争的解决，对数据跨境流动与数字税制度的建构等。更重要的是，数字经济具有很强的跨界跨学科性，打破了传统行业运行模式，使治理问题变得更复杂。此外，数字经济的快速增长不仅带来了更多关于公平、正义、伦理的讨论，如算法歧视、数字鸿沟等问题，还引发了更多的社会舆论争议。这些问题对数字经济治理提出了更高的要求，需要我们加强理论研究，采取更加科学、准确、迅速的治理措施，以提升数字经济治理能力。

三是强调多主体协同参与治理。数字经济治理已经突破传统的政府干预

---

① 胡剑、戚湧：《基于区块链跨链机制的政务数据安全治理体系研究》，《现代情报》2023年第9期。

② 闫夏秋、孙瑜：《开放平台数据共享的制度困境与法律应对》，《西南金融》2023年第3期。

③ 丁晓东：《论“数字人权”的新型权利特征》，《法律科学》（西北政法大学学报）2022年第6期。

模式和治理机制，传统单一主体的治理模式无法应对跨界融合的数字经济，需要众多利益相关方的共治。因此，无论是在数字经济治理体系的整体研究中，还是在某一具体领域的治理中，学者们都开始强调多主体合作治理、协同治理[①]。一方面，政府要转变自身角色定位，从主导者转变为数字经济监督者、治理引导者，同时实现区域政府的协同配合，推进数字政府建设[②]；另一方面，要形成政府领导、企业和公众等多行为主体参与的多元化治理体系，形成相互监督、相互制约的机制，激发各方创新活力，从政府与社会、公权力与私权利对立的二元构架模式转向三元构架，进而形成新型的治理策略与机制[③]，提升我国数字经济治理效能。

四是关注技术与法律双重治理手段。数字经济的发展依赖于数字技术的突破与革新，同样数字经济治理的变革也离不开数字技术的运用与推动。学者们一致认为，不仅要推动数字技术同经济社会发展重点领域深度融合，更要加强数字技术的应用[④]。政府能够利用大数据技术进行决策支持，更加科学精准地进行决策；能够推进政务服务数字化，通过建设数字化平台，提升公共服务能力。技术手段为数字经济治理提供了新思路，但法律规制手段的稳定性、长效性和强制性同样不能忽视，数字经济治理必须坚持技术维度与法治维度并重。多项研究表明，传统的监管体系、法律法规无法适应数字经济时代的飞速发展，因此要加强法律法规行政手段的创新构建[⑤]，强化法治化治理效能[⑥]。

五是关注隐私保护、数据安全问题。数据安全是数字政府的生命线，个

---

① 丁赛姮：《数字经济发展中多元主体协同治理模式探究》，《沈阳干部学刊》2022 年第 1 期。

② 杜宇、侯庆海：《我国政府数字经济治理问题研究》，《理论观察》2022 年第 12 期。

③ 马平川：《数字经济的治理转型与秩序塑造》，《法制与社会发展》2023 年第 1 期。

④ 佟家栋、张千：《数字经济内涵及其对未来经济发展的超常贡献》，《南开学报》（哲学社会科学版）2022 年第 3 期；张蕴萍、栾菁：《数字经济赋能乡村振兴：理论机制、制约因素与推进路径》，《改革》2022 年第 5 期。

⑤ 李韬、冯贺霞：《数字治理的多维视角、科学内涵与基本要素》，《南京大学学报》（哲学・人文科学・社会科学）2022 年第 1 期；孙跃：《数字经济司法治理的目标及其实现路径》，《学术探索》2022 年第 9 期。

⑥ 陈岳飞、赵鑫、于连超：《数字经济风险防范方略：法治化治理》，《上海经济研究》2022 年第 5 期。

人信息保护是数字经济的底线[①]。数字经济时代，随着大数据、云计算等技术的广泛应用，大量的个人隐私信息被收集和处理，使数据滥用和泄露的风险提升，学者们关注个人隐私保护的目的是保护个人的生命财产安全。研究发现我国个人信息保护从最初的缺乏保护措施，逐渐过渡到关注隐私权保护，以及如今的信息权保护[②]。学者们关注隐私保护和数据安全更是为了维护国家安全和社会稳定。徐阳洋和陆岷峰[③]提出要对数据的权属关系进行区分，筑牢防数据泄露的“防火墙”，郎平和郎昆[④]则提出要平衡发展与安全，在共治共享中实现数字经济高质量发展和高水平安全的动态平衡。

六是关注不平衡带来的数字鸿沟问题。技术发展推动了社会进步，但不同地区、行业之间经济发展水平、技术条件、政策支持等存在差异，导致信息落差和贫富进一步两极分化的趋势，从而形成了数字鸿沟。在以共同富裕为目标的中国式现代化进程中，数字经济治理研究关注不平衡、不均等带来的数字鸿沟等问题。对此，学者们提出了针对性的建议，主张以法律为强制保障，结合税收、财政转移支付等有效措施，共同推动数字鸿沟的弥合，进而规范数字经济的发展[⑤]。

三　中国数字经济治理研究存在的不足

我国在数字经济治理领域虽已取得一定的研究成果，但仍存在一定的不

① 封世蓝：《关于科技创新驱动数字经济发展的研究》，《经济研究参考》2022 年第 12 期。

② 王叶刚：《企业数据权益与个人信息保护关系论纲》，《比较法研究》2022 年第 4 期；李强：《中国数字经济治理体系嬗变轨迹》，《哈尔滨工业大学学报》（社会科学版）2023 年第 5 期。

③ 徐阳洋、陆岷峰：《关于商业银行数字化转型模式实践与创新路径的研究——基于近年来部分 A 股上市银行年报分析》，《西南金融》2022 年第 8 期。

④ 郎平、郎昆：《统筹发展和安全视野下的数字经济治理绩效研究》，《世界经济与政治》2023 年第 8 期。

⑤ 张永忠、张宝山：《算法规制的路径创新：论我国算法审计制度的构建》，《电子政务》2022 年第 10 期；杜宇、侯庆海：《我国政府数字经济治理问题研究》，《理论观察》2022 年第 12 期。

足之处。

第一，数字经济治理的理论研究尚不完善。首先，由于数字经济是新型经济形态，我国自2017年以后才开始集中研究数字经济治理问题，研究基础比较薄弱。其次，现有的研究多侧重于某一具体领域，未形成完整、系统的理论体系，导致在数字经济治理实践中，缺乏统一的理论指导。最后，数字经济治理框架中的评价体系没有系统研究，导致缺乏全面、准确的指标来有效评估治理效果，不同主体的利益诉求各异也给评价体系的统一建立带来了困难，且数字经济发展迅猛，数字经济治理策略需不断动态调整，然而，现有的数字经济治理评价体系缺乏足够的科学性、统一性、动态性，其在实践中的可操作性和实用性也亟待进一步深入研究。

第二，数字经济法治体系研究尚有欠缺。一方面，我国数字经济立法虽经历了从无到有的过程，但数字经济法治体系建设、数字经济治理研究也存在不足。具体而言，对配套法律制度的研究不够及时，未能及时把握数字经济发展趋势。另一方面，研究仍未提出适应数字经济时代的执法方式。尤其是对平台企业的严格执法仍属于依据工业时代反垄断和反不正当竞争法律制度实施的传统反垄断监管①，运动式执法和选择性执法不能满足新时代监管要求，相应的研究也仅仅是引出了话题，没有进行系统分析与实践指导。

第三，单一领域的数字经济治理有待进一步深入研究。数字经济治理涵盖众多领域与议题，两年时间内学者们扩充了数字经济治理内涵，研究遍及多学科，但目前数字经济治理存在的问题，反映出相关研究仍有不足。首先，信息技术的创新是数字经济发展的基础，面对人工智能、云计算等带来的新业态和新模式，数字经济治理研究缺乏深入的分析和探讨，导致数字经济治理在新兴技术带来的挑战前难以有效应对。其次，数据是数字经济治理的核心，但目前对数据交易规则、数据开放和利用标准的研究不清晰，对数据交易中心的研究不全面，导致数字经济治理无法有效解决数据垄断、安全与隐私等问题。此外，尽管学者们已经开始逐渐关注数字资本过度集聚所导

---

① 王世强：《平台化、平台反垄断与我国数字经济》，《经济学家》2022年第3期。

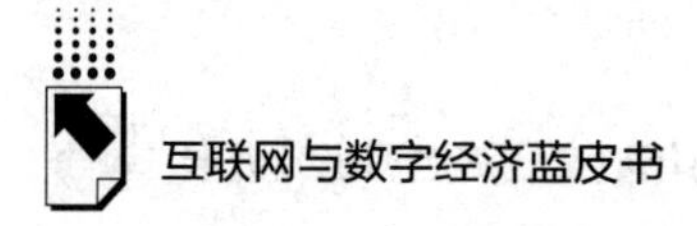

致的垄断问题，并努力剖析其内在机理，但在预防和治理这一问题的深入研究方面仍显不足。特别是，算法治理研究的缺失可能会引发市场失序①，这亟待进一步加大研究力度。

第四，数字经济治理研究的学科融合不足。数字经济打破了单一学科的限制，会聚经济学、法律、计算机、社会学等多学科。数字经济治理的多变和复杂为研究工作带来了困难与挑战，需要跨学科、跨领域的综合性研究。然而，目前的研究往往聚焦于某一学科领域，导致特定的研究成果具有片面性。例如大数据、人工智能等计算机技术助力平台经济的技术和应用创新，但由于缺乏对平台商业模式和政策的了解，创新技术难以为平台监管赋能；从经济学角度探讨数据利用，往往更关注经济效率，而无法同时从法律视角关注数据隐私保护。单一学科的深入分析无法适应数字经济跨界的特性，导致数字经济治理存在实践难题。

第五，数字经济治理的理论研究与实践存在脱节。在发表的学术论文中，更多的研究集中在政策、行业的开发研究。在中国知网有研究层次分布标签的论文中，2022 年超过 60%的论文都属于开发研究，2023 年开发研究的论文占比也达到了 58.4%，尤其是在数据治理领域，目前的研究精力大多放在了数据治理的概念梳理和界定上，缺乏关于数据治理在数字经济治理中的应用研究，并缺少关于数字经济治理能力提升路径的相关研究②。过于理论化的研究成果导致其实践性和可操作性的缺乏，同时学者们也未能及时捕捉实践中的问题和需求，这制约了数字经济治理的实践。此外，由于数字经济发展时间有限，目前我国数字经济治理实践中的经验和案例不够丰富，导致学者们在研究过程中缺乏足够的参考，影响了数字经济治理研究的进一步发展。

第六，数字经济治理的国际比较研究不足。蓬勃发展的数字经济成为国际竞争的新赛道，数字经济发展水平成为衡量国家实力的新指标。各国在数

---

① 李三希、张明圣、陈煜：《中国平台经济反垄断：进展与展望》，《改革》2022 年第 6 期。

② 高志豪、郑荣、魏明珠、王晓宇、雷亚欣：《基于“三元世界”理论的区域数字经济治理能力提升路径研究》，《情报科学》2022 年第 11 期。

字经济发展中的治理策略不同，实践经验值得总结借鉴。然而，当前研究集中在美国、欧盟等少数发达国家或地区，对新兴国家、发展中国家的比较研究较少，导致全球数字经济治理研究缺乏整体性；研究方法和技术手段也存在局限，目前大多数研究为定性分析和案例研究，缺乏定量分析和实证研究的支持。在此基础上，数字经济治理的中国方案不够完善，与国际其他国家的治理交流不够深入，不利于全球数字经济治理的进一步发展。

四　数字经济治理研究的未来趋势

数字经济治理研究正伴随数字经济飞速增长的步伐，不断壮大完善，未来研究将趋向体系化、深入化、多元化与全球化。

第一，数字经济治理研究正逐步走向体系化，形成更为完整和丰富的研究框架。数字经济治理体系是一个复杂的系统，张新红[①]提出其包括多元共治的组织体系、良法善治的规则体系、精准高效的方法体系和完整有序的评价体系四个子系统，李晴和郁俊莉[②]指出数字经济治理重点突出源头治理、综合治理、系统治理。不同学者对数字经济治理体系的具体剖析存在差异，但共识正逐渐形成，趋向于以数据为核心治理对象、强调多元协同共治以及数字与法律协同赋能等方面。未来学界会继续深入研究数字经济治理的基本理论，用系统框架指导数字经济治理实践。

第二，数字经济治理研究正更加注重维持治理的动态平衡。随着数字经济大力监管，发展活力减弱的问题开始出现，学者们逐渐认识到治理并非与发展对立，而是为了使其更好地发展，因此，越来越多的研究聚焦于探寻政府参与数字经济治理的平衡点。研究将侧重如何平衡创新与监管，在包容审慎、明晰底线的基础上，不设立过于严格的适用标准，不过度执法，也不能

① 张新红：《健全完善数字经济治理体系》，《中国党政干部论坛》2022 年第 9 期。

② 李晴、郁俊莉：《数实融合下数字经济的分类治理路径研究》，《河南社会科学》2023 年第 10 期。

不管不顾，进一步探索鼓励创新与规范发展的平衡点①。研究将探讨如何平衡效率与公平，不仅关注经济发展效率，也关注体系如何维护市场公平，协调和减少数字发展水平差异，进而努力弥合数字鸿沟，减少发展不平等现象。研究将关注如何平衡发展与安全，学者们在现有研究基础上提出未来重要研究问题，如何在利用数据的同时兼顾对国家安全和个人隐私的保护。研究将分析如何平衡创新与竞争，重点研究政府如何发挥其主导作用，为原始创新者提供有力保护措施，同时避免过度保护导致学习壁垒的形成②，进而丰富数字经济治理理论研究。

第三，数字经济治理研究将积极探索柔性治理理念，以适应数字经济快速发展的多变环境。研究发现，数字技术不断更新迭代，传统的体制改革、强硬政策监管已无法实现治理目标，目前阶段技术治理失灵③。在这样的背景下，柔性治理作为创新治理模式被提出④，数字经济治理应回归以人为本的治理理念，应提高治理对象的主动性。虽然目前相关研究较少，但在其他领域柔性治理的实践已形成良好效果，因此在数字经济治理中，为更有效地约束平台企业经济活动、提高社会主体治理自觉，柔性治理会成为数字经济治理领域的重要方式。此外，柔性治理也面对着垄断与竞争、技术与人文等一系列矛盾，需要学者们进一步研究。

第四，数字经济治理研究将持续关注数据要素，尤其聚焦数据安全和隐私保护领域。数据不仅仅是数字经济中重要的生产要素，数据的利用、流动和共享也具有不小的价值。然而数据泄露、非法收集使用等案例频发，人工智能、机器学习等技术滥用问题凸显，再加上民众隐私保护意识薄弱，数据安全和隐私保护研究的紧迫性显现。2022~2023 年，已有部分学者对数据治

① 韩凤芹、陈亚平：《数字经济的内涵特征、风险挑战与发展建议》，《河北大学学报》（哲学社会科学版）2022 年第 2 期；李扬、袁振宗：《数字经济背景下互联网平台滥用市场支配地位行为的认定》，《知识产权》2023 年第 4 期。

② 佟家栋、张千：《数字经济内涵及其对未来经济发展的超常贡献》，《南开学报》（哲学社会科学版）2022 年第 3 期。

③ 张铤：《技术治理何以失灵?》，《自然辩证法研究》2022 年第 11 期。

④ 张耘堂：《数字经济柔性治理的有效性分析》，《自然辩证法研究》2023 年第 9 期。

理进行了初步探析[①]，研究如何公平利用数据，打破数据孤岛，建立更完善的数据征信系统，平衡数据保护和共享，支持跨境数据流动，维护国家数据安全。未来，研究将更加注重数据全生命周期的安全管理[②]，探索更加有效的数据治理方法，提升数据生产者和管理者双方的数据治理能力。

第五，数字经济治理研究将持续聚焦平台领域，为平台经济的健康有序发展注入强劲动力。平台经济反垄断、反不正当竞争等问题是近几年的研究重点，学者们研究发现，要加快研究动态的反垄断工具，科学判定垄断行为[③]，要加快平台事前监管研究，借鉴国际经验[④]，还要通过法律法规的进一步研究加快厘清平台企业、行业协会、社会公众的权责利，完善平台经济的多元监管体制。更重要的是，未来中国经济的发展需要平台经济的助力，为了让平台经济更好地集中创新、营造公平营商环境、参与国际化竞争，研究需要转向如何鼓励平台竞争活动、提高行业竞争力，寻找平衡平台经济发展与监管的治理模式和制度，推动平台经济朝规范化、透明化、健康化方向发展。

第六，数字经济治理研究将密切关注全球数字经济治理的新趋势，以推动构建国际数字经济治理体系。跨境电商蓬勃发展，数字货币普及应用，数字技术跨国合作，数字经济全球化已成为潮流，数字经济治理全球化趋势也日益显现。一方面，现有研究已经着手全球数字经济治理研究[⑤]，议题涵盖

① 王丽丽、丁艳艳、王冬冬：《数字经济下的征信替代数据发展研究》，《征信》2022 年第 1 期；张莉、卞靖：《数字经济背景下的数据治理策略探析》，《宏观经济管理》2022 年第 2 期；丁晓东：《数据公平利用的法理反思与制度重构》，《法学研究》2023 年第 2 期。

② 张晶：《数字经济视域下征信数据治理的趋势与机制》，《征信》2023 年第 2 期；胡剑、戚湧：《基于区块链跨链机制的政务数据安全治理体系研究》，《现代情报》2023 年第 9 期。

③ 任保平、李婧瑜：《我国数字经济治理体系现代化的制约因素及实现路径》，《学习与实践》2023 年第 2 期。

④ 王世强：《平台化、平台反垄断与我国数字经济》，《经济学家》2022 年第 3 期；许获迪、杨恒：《平台经济事前治理的国际经验和中国路径》，《电子政务》2023 年第 3 期。

⑤ 沈玉良、彭羽、高疆、陈历幸：《是数字贸易规则，还是数字经济规则？——新一代贸易规则的中国取向》，《管理世界》2022 年第 8 期；杨继军、艾玮炜、范兆娟：《数字经济赋能全球产业链供应链分工的场景、治理与应对》，《经济学家》2022 年第 9 期；薛晓源、刘兴华：《数字全球化、数字风险与全球数字治理》，《东北亚论坛》2022 年第 3 期。

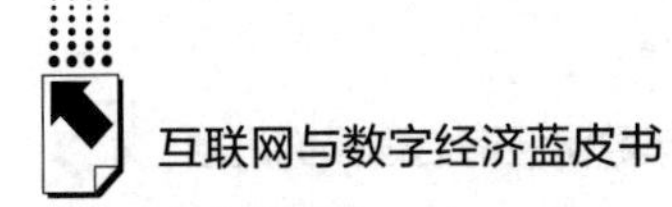

了跨国数据流动、数字经济安全与合作机制、数字贸易治理等，未来在我国数字经济治理体系完善的过程中，更多学者会依托全球化趋势，深入研究全球数字经济治理问题。另一方面，作为新兴国家中的中坚力量，中国学者会以“开放、合作、共赢”理念，推动国际数字经济治理体系的包容性构建[①]，面对已经存在的全球数字鸿沟、不公平竞争[②]，中国未来的研究将更加注重全球数字经济治理规则、体系的公平公正。

在此基础上，数字经济治理研究应更好地结合数字技术，通过技术的新发展、新应用，探究数字经济治理方式的创新，以适应数字经济领域出现的新业态和新模式。

五　数字经济治理研究的对策建议

数字经济治理研究是确保数字经济健康有序发展的核心基石。在未来的研究中，学者们需突破现有局限，紧密跟随数字经济发展趋势，并从多个维度深化相关研究，以推动数字经济治理的不断完善。

第一，要丰富数字经济治理的理论研究。数字经济治理研究首先需要构建出完整、系统的理论体系，为数字经济治理的实践提供理论支撑。研究者们应坚持系统思维，深入探索数字经济的运行规律、发展趋势，与时俱进地分析问题，形成具有中国特色的数字经济治理理论框架[③]，才能最大限度地发挥其对我国经济的促进作用。其中，评价体系需进一步加深研究。数字经济治理需依托数据要素与数字技术手段，学者们应加大力度研究一个衡量治理能力优劣的科学工具，从量与质两方面进行考量，关注政府、企业、个人多主体的不同利益诉求，形成一套科学、动态的数字经济治理评价体系，进

① 袁达松：《数字经济规则和治理体系的包容性构建》，《人民论坛》2022 年第 4 期。

② 徐康宁：《数字经济重塑世界经济与全球竞争格局》，《江苏行政学院学报》2022 年第 3 期；田刚元、陈富良：《经济全球化中的数字鸿沟治理：形成逻辑、现实困境与中国路径》，《理论月刊》2022 年第 2 期。

③ 陈伟光、钟列炀：《全球数字经济治理：要素构成、机制分析与难点突破》，《国际经济评论》2022 年第 2 期。

而指导数字经济治理体系的优化升级。此外，还应积极引入深度访谈、定量分析等研究方法，以更全面地揭示数字经济治理的内在机制与有效路径，从而为其健康有序发展提供坚实的理论支撑和实践指导。

第二，要重点研究如何把握数字经济治理的平衡点。平衡好创新与监管、发展与安全的关系是数字经济治理实践中的关键。平台经济强劲有力的监管在一定程度上打击了企业创新活力，对数据的严格保护阻碍了数据共享带来的经济发展。因此，要在发展中规范、在规范中发展。学者们不仅要探讨针对数字经济的监管制度，更需在克服资本逐利性的前提下引导、鼓励创新，理顺政府与市场、企业、科研机构等各方关系，提出切实可行的具体措施，以实现创新与监管的动态平衡；学者们不仅要探讨如何保护个人隐私、保护国家数据安全，更要在顶层设计中平衡数据共享与保护，建立数据共享机制，研究如何更好地借助数字技术畅通数据共享渠道，为隐私数据“上锁”。

第三，要关注数字经济治理主体的具体调整方式。数字经济治理的主体已从政府转向政府、企业、社会。一方面，政府仍然是数字经济治理的重要主体，学者们应加强政府内部建设的研究。研究应关注政府如何在组织架构上进行调整，在权力分配、权限明确等方面提出理论依据；研究应更加关注管理队伍如何进行数字化转型，尤其是农村管理人员观念与技术水平的提升[①]，以实现乡村数治；研究应更加关注专门管辖机构的主导作用，充分发挥2023年新成立的国家数据局的作用，协调部门间治理权力，提升数字经济治理效能。另一方面，学者们要继续研究多元主体协调治理。研究应关注如何让平台企业发挥好数字经济自治职能，明晰企业主体的权责，形成行业自律；研究应助力构建社会公众参与、媒体教育的治理网络，构建好多主体参与的综合治理体系。

第四，要深入研究数字经济法治化。数字经济的有效治理离不开强化法

---

① 易继承、罗治情、陈娉婷、官波、马海荣、郑明雪、孙瑾：《数字乡村建设发展困境及路径优化研究》，《湖北农业科学》2022年第S1期。

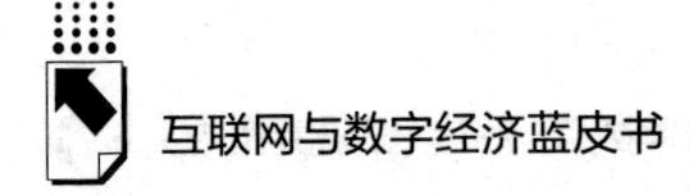

律法规的作用。在立法层面，要实时掌控数字经济发展动态，及时跟进配套法律制度的研究，抓紧补齐短板，研究要更有前瞻思维，提前从法律体系建设中规避可能会出现的问题；要织好数字经济法治网络，研究应从现有立法体制着手，做好顶层设计，防止无法可依或法律冲突情况的发生，将数字经济活动纳入法治化轨道，为立法实践提供理论依据；要完善数字经济治理规范出台的流程，研究如何将社会参与、专家论证、风险评估等引入，更好地建设数字经济治理规则体系。在执法层面，要研究如何提升政府数字经济治理的执法能力，达到依法依规严格监管；要关注保护企业的自主经营权，防止行政权力自由裁量过于宽泛的状况出现；要研究如何革新传统监管体制，以加强柔性调控和引导性调节为核心，平衡好数字经济的发展与监管。

第五，要在单一领域继续深入研究数字经济治理。相关研究应进一步走深走实，拓宽数字经济治理领域，探讨数字经济治理新议题。一是要关注新兴技术，将更多的新兴技术作为数字经济治理对象，跟进实时动态，及时对数字技术带来的治理问题进行分析。二是要不断聚焦数据要素，助力国家数据管理体制机制的完善，应加速数据立法的研究进程，明确界定数据的所有权、使用权和收益权；应加快数据共享机制的研究，构建统一的数据交易标准体系，充分激发数据的活力，释放数据的价值；应重视跨境数据流通的研究，积极探索互利共赢的模式，实现成果共享，推动全球数字经济的繁荣发展①。三是要继续研究平台经济，深入研究政府如何通过精准的政策规制，有效催生并提高平台在履行监管义务方面的积极性与主动性，以及如何有效治理行业垄断乱象等问题②。四是要关注数字贸易治理，研究数字贸易保护壁垒、数字贸易税收等贸易问题。

第六，要深化跨学科创新研究，并侧重将其应用于数字经济治理实践

① 徐怡雯、韩璐：《跨境数据流动治理困境与中国—东盟数字经济合作策略优化》，《东南亚纵横》2022 年第 6 期。

② 陈晓红、李杨扬、宋丽洁、汪阳洁：《数字经济理论体系与研究展望》，《管理世界》2022 年第 2 期。

中。一方面，在数字经济治理研究中注重多学科的深度融合。进行数字经济治理研究时要抓住数字经济跨界跨学科的特性，对同一研究问题从不同学科角度进行分析，进行多学科整合，最大化数字经济治理效能。同时要增设数字经济治理学科间交流平台，创造多学科交流机会，设立交叉专业，培养跨学科创新型人才。另一方面，要加强数字经济治理应用研究。研究应紧跟数字经济发展步伐，聚焦前沿现实问题，可选择更具有现实意义、实践价值、可操作性的主题，特别是要研究如何将数字经济更好地应用于数字经济治理中。此外，在研究中要增加对现实数据与案例的引用，充实和丰富研究内容，真正为数字经济治理实践提供支撑。

第七，为全球数字经济治理贡献中国智慧。首先，应更加注重对国际数字经济治理的研究，了解学习其他国家在数字经济治理方面的成功经验，为我国数字经济治理提供参考。其次，应在完善我国数字经济治理体系研究的同时，建立全球数字经济治理的理论分析框架[①]，健全国际数字法治保障体系，协同建立全球数字经济治理规则。重要的是，不同国家与地区之间的发展水平、发展目标、发展理念存在差异，因此我国研究应以开放和包容为核心，致力于解决数据跨境流动安全、跨国平台垄断等问题。此外，应加强对全球数字经济治理的评估研究，丰富评估方案[②]。最后，我国学者要积极参与国际组织、研究机构的合作与交流，搭建高水平开放合作平台，共享研究成果，分享中国数字经济治理经验，推动全球数字经济的健康发展。

2022~2023年我国数字经济治理研究取得了一定进展，数字经济治理效能明显提高，未来需要站在统筹中华民族伟大复兴战略全局和世界百年未有之大变局的高度，为数字经济治理现代化转型、我国数字经济健康发展作出更多学术贡献，为世界贡献中国数字经济治理方案与经验。

① 陈伟光、钟列炀：《全球数字经济治理：要素构成、机制分析与难点突破》，《国际经济评论》2022年第2期。

② 陈伟光、裴丹、钟列炀：《数字经济助推全国统一大市场建设的理论逻辑、治理难题与应对策略》，《改革》2022年第12期。

参考文献

陈玲、王晓飞、关婷、薛冰：《企业数字化路径：内部转型到外部赋能》，《科研管理》2023 年第 7 期。

王伟：《数字经济治理体系的运行逻辑——以合作治理为视角的考察》，《电子政务》2023 年第 10 期。

基础设施篇

B.6

2022~2023年中国信息基础设施建设报告

中国移动研究院（中移智库）*

摘　要： 2018年12月，中央经济工作会议首次提出了“新型基础设施建设”（“新基建”）的概念。2020年4月，国家发展改革委进一步指出“新基建”主要包括信息基础设施、融合基础设施和创新基础设施。其中信息基础设施主要包括通信网络基础设施、新技术基础设施和算力基础设施。自2022年起，我国信息基础设施的建设成效显著，已呈现算网深度融合、布局多元泛在、响应高效敏捷、发展绿色低碳的特点，但也面临着供给与需求不平衡、区域发展不协调、产业应用渗透不足、安全防护存在隐患等方面问题。未来，我国信息基础设施的发展将呈现三大趋势，包括通信网络基础设

* 执笔人：吴淑燕，中国移动研究院用户与市场所副所长，主要研究领域为数字经济、数字基建、数字产业、数字市场、数字服务、数字治理等；王骁，中国移动研究院用户与市场所研究员，主要研究领域为信息基础设施、数字基建、算力基础设施、算力网络、算力交易；张谊，中国移动研究院用户与市场所研究员，主要研究领域为数字政府、数字基建、县域和乡村数字化转型；李思儒，中国移动研究院用户与市场所研究员，主要研究领域为数字基建、数字消费、数字产业。

施向空天地一体化方向发展、算力基础设施向高效协调发展，以及信息基础设施与新质生产力同频共振。建议我国在信息基础设施建设方面，强化政策与市场作用，提升融合发展水平，聚焦应用推广和数据开放，提升自主可控水平。

关键词： 信息基础设施　算力基础设施　网络基础设施

2020 年 4 月，国家发展改革委新闻发布会首次明确了“新基建”的范围，包括信息基础设施、融合基础设施、创新基础设施三个方面。其中，信息基础设施，主要指基于新一代信息技术演化生成的基础设施，包括以 5G、物联网、工业互联网、卫星互联网为代表的通信网络基础设施，以人工智能、云计算、区块链等为代表的新技术基础设施，以数据中心、智能计算中心为代表的算力基础设施。2022~2023 年，我国信息基础设施发展取得了显著成效，为各行业提供了坚实的支撑。

一　2022~2023年中国信息基础设施建设情况

（一）通信网络基础设施建设情况

2022~2023 年，我国通信网络基础设施建设稳步推进，5G 网络建设在深度和广度上不断拓展，千兆宽带网络建设快速规模部署，物联网连接数率先实现了“物超人”。

5G 网络建设方面，我国持续加大投资力度。2023 年我国三家基础电信企业以及中国铁塔股份有限公司共同完成了 5G 投资 1905 亿元，较 2022 年增长了 5.7%，占全年电信固定资产总投资的 45.3%。截至 2023 年底，我国 5G 基站数量达到 337.7 万个，占移动基站总数的 29.1%，平均每万人拥有 5G 基站 24 个，与 2022 年底相比，5G 基站数量占移动基站总数的比例提高了7.6个百分点，其中用于增强室内覆盖信号的5G室内分布系统数突破100万个，与2022年底相比，增长了2倍多[①]。目前，5G网络已实现全国所有地级市城区、县城城区的全覆盖，并持续推进重点场所的深度覆盖。

宽带网络建设方面，我国持续迭代升级。千兆光网建设方面，截至2023年底，我国已有300多个城市开启了千兆光纤宽带网络建设，全年新建光缆线路的长度达到473.8万公里，全国光缆线路总长度达到6432万公里。其中，长途光缆线路、本地网中继光缆线路和接入网光缆线路的长度分别达到114万公里、2310万公里和4008万公里。截至2023年底互联网宽带接入端口数达到11.36亿个，与2022年底相比净增6486万个；其中，光纤接入（FTTH/O）端口达到10.94亿个，与2022年底相比净增6915万个，占比由95.7%提升至96.3%。截至2023年底，具备千兆网络服务能力的10G PON端口数达2302万个，与2022年底相比净增779.2万个[②]。全光运力建设方面，2023年，中国移动、中国电信、中国联通在浙江、江西、湖南、贵州、广东、山东、上海等地建成了400G全光试验网，推动了宽带网络的升级。

物联网建设方面，首次实现“物超人”。2022~2023年，我国物联网基础设施建设迎来了规模化发展的爆发期。截至2023年底，我国主要城市已经初步完成了物联网基础设施布局。同时，我国三家基础电信运营商的蜂窝物联网用户数量达到了23.32亿，全年净增4.88亿户，占移动网络终端连接数的57.5%，同比增长26.4%，率先实现了“物超人”[③]。

（二）新技术基础设施建设情况

新技术基础设施涵盖了云计算、人工智能和区块链等领域，是推动社会经济发展的关键力量。

云计算方面，市场规模持续扩大，公有云和私有云进一步深入各行各

① 工业和信息化部：《2023年通信业统计公报》，2024。
② 工业和信息化部：《2023年通信业统计公报》，2024。
③ 工业和信息化部：《2023年通信业统计公报》，2024。

业。2023 年，我国云计算市场规模达到 6192 亿元，同比增长 36.1%。其中，公有云市场规模达 4562 亿元，同比增长 40.1%；私有云市场规模达 1563 亿元，同比增长 20.8%①。云计算服务在互联网、政务、金融等行业的应用不断成熟。传统行业如石油化工、钢铁冶金、煤矿、建筑等也在积极探索云计算的应用。在地域分布上，东部地区云计算基础设施建设领先，中部和西部地区也在加快布局。云计算在大型企业和中小企业中的应用比例也在不断提升。截至 2023 年，我国大型企业的云计算使用率达到 80%，目前总体上云率达 15%②。

人工智能方面，2023 年，我国人工智能核心产业规模已达 5000 亿元，企业数量超过 4400 家。特别是在大模型方面，我国已取得显著成效。截至 2023 年底，国产大模型已有近 200 个，目前已有超过 20 个大模型获得备案，大多数已向全社会开放服务，已在医疗、教育、制造业、零售等多个领域取得重大突破。

区块链方面，2023 年，我国区块链技术在多个领域实现了广泛应用，涵盖社会治理、金融科技、实体经济、民生服务等，共形成 3647 个境内区块链信息服务备案。其中，社会治理领域 1314 个，占比约为 36%；金融科技领域 570 个，占比约为 16%；实体经济领域 558 个，占比约为 15%；民生服务领域 309 个，占比约为 8%；其他领域 896 个，占比约为 25%③。

（三）算力基础设施建设情况

2022~2023 年，我国算力基础设施经历了多元化蓬勃发展阶段，在建设方面取得了显著成效。算力规模持续提升，通用计算（通算）规模持续扩大，智能计算（智算）规模呈现跨越式增长，超级计算（超算）在全球范围内保持领先。

算力方面，截至 2023 年底，全国在用数据中心机架总规模超过 810 万标

① 中国信息通信研究院：《云计算白皮书（2024 年）》，2024。
② 中国信息通信研究院：《云计算白皮书（2024 年）》，2024。
③ 中央网信办：《中国区块链创新应用发展报告（2023）》，2024。

准机架，算力总规模达到230 EFLOPS[①]。截至2023年6月底，智能算力规模占整体算力规模的比例已提升至25.4%，同比增长45%。我国已经建成并投运的智能计算中心达到25个，同时在建的智能计算中心超过20个。在超算领域，我国超算中心的市场规模和研发实力均处于全球领先地位。我国自主研发的超级计算机多次在全球超级计算机TOP500榜单中占据前列位置。我国部署的超级计算机数量达到226台，占全球总量的45%以上，位居全球第一[②]。截至2023年，我国已拥有14座国家级超算中心，分布在天津、深圳、长沙等地区。

存力方面，2023年底我国存力规模约为1200EB。我国数据存储容量的分布相对集中，东部地区数据存储规模占全国的比重超过60%；中部地区的存力发展速度正在加快，湖北、河南等省份正在积极建设数据中心，以支持区域经济发展的存储需求；西部地区的存力规模仅占全国的23%。在行业需求上，金融、电信、政府等部门的数据存储容量占比已超过23%。

二　2022~2023年中国信息基础设施建设特点

（一）算网深度融合

人工智能、物联网、5G、边缘计算、数字孪生等新技术不断涌现，对算力和网络的需求暴增。为了让算力和网络资源发挥出最大效能，中国移动首次提出算力网络的概念，旨在通过云计算、边缘计算和终端设备的协同融合，满足算网业务多样化的应用需求。算力网络的核心是将计算能力分布化、网络化，最终实现资源的最优配置和高效利用。融合主要体现在以下3个方面。第一，云、边、端协同，使计算任务根据需求和场景，智能地匹配到最合适的节点。第二，计算与网络协同调度，实现资源的弹性扩展和按需

① 国家数据局党组书记、局长刘烈宏在北京出席青海绿色算力产业发展推介会公布。

② 中国信息通信研究院：《中国算力中心服务商分析报告（2024年）》，2024。

分配，适应不同的工作负载和应用需求。第三，虚拟化灵活组合，打破物理位置的限制，实现算力资源的集中管理和共享，提高资源利用率。算网融合在推动经济社会发展中起到了关键作用，为人工智能、物联网、5G 等新技术提供了必要的计算和网络支持，促进了新技术的应用和发展；通过算力资源的优化配置和多技术融合，有效地推动了各行业的数字化转型；通过开拓行业应用场景与业务模式，提高了行业整体运营效率和服务水平。

（二）布局多元泛在

算力基础设施多元泛在，在计算模式上，算力基础设施满足了日益增长的异构算力需求，不局限于传统的 CPU 计算，还包括 GPU、FPGA、ASIC 等多种计算，根据不同的应用需求提供专业化的计算服务，实现计算的多元化。在地域布局上，算力基础设施分布泛在，计算资源可以跨越多个地理位置连接，打破大型数据中心等设备对算力分布的限制。结合空天地一体化的算力布局，信息基础设施整合地面、空中（如无人机、卫星）和太空中的计算资源，构建了多层次、多尺度的计算网络，实现了算力的全球覆盖、多级计算以及异构计算。

（三）响应高效敏捷

信息基础设施不断提升高效敏捷的服务能力与响应能力。通信网络基础设施向低成本、高效率的方向发展，有效满足多样化应用需求。自 2022 年起，我国逐步推动 5G 轻量化（RedCap）建设。5G 轻量化既具有高速率、低时延的关键特性，又精简了 5G 的部分冗杂功能，具备低成本、小尺寸、低功耗、长寿命等特点，有效满足了中速及中高速需求的应用场景，降低了 5G 部署和使用的成本，极大地提高了 5G 商用的使用效率和落地速度。算力基础设施向弹性伸缩、即开即用、快速迭代的方向发展，有效满足快速变化的业务需求。算力基础设施的弹性伸缩能够在用户量激增时迅速扩展资源，在需求减少时相应地缩减资源，根据业务需求的变化动态调整资源分配，实现成本效益最大化。算力基础设施的即开即用能有效缩短从需求提出到服务上线的周期，用户可以根据需要快速启动和部署新的计算资源，无须等待长时间的硬件采购和配置。同时，算力基础设施支持高效的软件发布和更新，使开发团队能够迅速响应市场变化，持续推出新功能并快速改进。算力基础设施模块化的硬件和软件设计能够使其灵活组合不同的组件和服务，以适应特定的业务场景和性能要求。算力基础设施的高效敏捷性，使企业能够快速适应市场变化，提高竞争力，并为用户提供更加稳定和高效的服务体验。

（四）发展绿色低碳

信息基础设施建设持续向绿色低碳方向发展。我国政府积极引导信息基础设施的绿色低碳发展方向，要求新建大型、超大型数据中心的电能利用效率（PUE 值）不高于 1.3，并设定了 2025 年全国新建大型、超大型数据中心平均电能利用效率降至 1.3 以下，且国家枢纽节点进一步降至 1.25 以下的目标①。基于以上要求，2022~2023 年，我国始终将降低 PUE 和实现绿色低碳发展作为数据中心建设和设备升级的核心目标。一是通过优化数据中心布局，选择在寒冷地区或靠近自然冷源的地区建设，以减少制冷系统的能耗。二是采用高效节能技术，如整机柜服务器、高压直流（HVDC）构架、液冷技术和高密度服务器等，以此提高使用效率和散热效率，有效降低 PUE 值。三是采用先进的 CPU 制程技术、封装技术、电源管理策略和动态节能技术，提高能效，降低功耗。四是构建服务器算力碳效模型，通过测试和分析不同服务器的性能和碳排放量，选择性能与碳效最佳的服务器配置，降低数据中心整体碳排放量。

三　中国信息基础设施建设存在的问题

（一）供给与需求不平衡

一是高质量通信网络供需不平衡。数智化应用场景激增，众多场景对于

① 《贯彻落实碳达峰碳中和目标要求推动数据中心和 5G 等新型基础设施绿色高质量发展实施方案》，2021。

通信网络的速率和时延都提出了更高的要求。例如，在医疗服务领域，低时延的通信网络是保证远程医疗业务开展的基本条件；在农机自动化作业领域，高速率的网络能有效保证作物管理水平及灾害响应速度。然而，目前，我国通信网络在提供稳定的高速率、低时延服务方面仍存在不足。迫切需要持续加强 5G 网络、千兆光网等先进通信网络基础设施的建设与优化，进一步满足各类应用在大规模数据实时传输和控制方面的需求。

二是空间与海底通信网络基础设施建设方面还有较大的提升空间。空间通信方面，我国在地球同步轨道通信卫星领域取得了显著成就，但在服务周期、信号覆盖范围、数据传输速率等方面仍难以满足需求，还需进一步提高卫星通信和空间网络的技术水平。海底通信方面，我国在海底光缆的铺设和维护方面还处于初级阶段，亟须加强海底光缆的建设和管理能力，扩大覆盖范围，提高稳定性。

三是算力供给存在结构性失衡。目前我国通用计算资源的供给相对充足，但智能计算资源的供给仍需加强。智能算力已在多个领域得到广泛应用，特别是在对数据处理和分析能力有极高要求的行业，如工业、交通、医疗、金融等。但截至 2023 年底，我国智能算力在总算力中的占比约为 25%，与 2023 年 10 月工业和信息化部等六部门联合发布的《算力基础设施高质量发展行动计划》中提出的“2025 年，智能算力占比达到 35%”的发展目标相比，尚存在不小的差距。

（二）区域发展不协调

一是城乡发展不协调。当前，我国乡村通信网络基础设施建设仍存在短板。我国数字乡村建设不断深入的同时，也出现了网络覆盖范围不够广、传输速度不够快、服务质量不够优等问题。截至 2023 年底，农村地区互联网普及率为 66.5%①，与城市地区相比仍有较大差距。一些偏远地区的网络基础设施尚未完善，网络覆盖不全面，影响了偏远山区和贫困地区居民的上网

---

① 《中华人民共和国 2023 年国民经济和社会发展统计公报》，国家统计局，2024。

体验和信息获取效率。在网络使用高峰时段，乡村网络拥堵问题突出，网络传输速度和稳定性仍有待进一步提升。由于服务提供商的技术和服务水平有限，偏远地区用户遇到问题时，难以得到及时有效的解决。

二是东、中、西部发展不协调。算力基础设施方面，华东、华南、华中的算力和存力资源分布较集中，而西北地区和中部地区的算力资源相对不足。新技术基础设施方面，东部地区在新技术的研发和应用方面具有明显优势，落地速度显著快于中、西部地区。

（三）产业应用渗透不足

一是对传统产业赋能的深度尚需加强。新技术基础设施在推动传统产业发展方面，依赖于与传统产业的深度融合。这种融合并非简单的技术嫁接，而是需要双方在理念、技术、管理等多个层面进行深入对接和整合。目前，这种融合的深度尚显不足，新技术难以深度嵌入传统产业的各类业务环节，未能与传统产业的业务特点紧密结合，导致新技术赋能传统产业的针对性和实效性不强。

二是对传统产业赋能的广度尚需拓展。传统产业中数据价值挖掘不充分，导致应用场景开发不足。各类垂直行业的数据开放和共享程度不高，企业之间和企业内部数据孤岛问题严重，数据资源无法得到有效整合和利用，影响了数据价值的挖掘，限制了传统产业的数智化转型，进而抑制了信息基础设施在各垂直行业的需求和应用。

（四）安全防护存在隐患

一是通信网络基础设施的安全防护水平亟须提升。随着数字化、网络化、智能化进程的深入，网络安全边界变得日益模糊，呈现易变、复杂和难以界定等特点。通信网络基础设施面临新的安全防护问题，例如，在智慧城市的运营中，可能面临网络攻击、入侵控制和数据窃取等风险。我国通信网络基础设施的自主可控程度有待提升。

二是算力基础设施安全防护水平未跟上新技术的高速发展。尽管我国在算力基础设施安全防护方面已取得显著进步，但人工智能技术的快速发展给信息基础设施带来新的安全挑战。一方面体现在物理层面，高价值硬件和专有技术可能成为盗窃或工业间谍活动的目标。另一方面体现在技术层面，信息基础设施中存储了大量数据，人工智能的多次数据互调可能导致信息泄露。

四 中国信息基础设施建设的发展趋势

（一）通信网络基础设施向空天地一体化发展

未来通信网络基础设施将向着更大范围和更高渗透率的高质量网络演进，构建空天地一体化的通信网络格局，将成为通信网络基础设施发展的重要方向。空天地一体化的通信网络可覆盖更广泛的地域、服务更多的用户和设备。6G 与卫星互联网的结合将为空天地一体化的通信网络奠定坚实基础。6G 网络作为空天地一体化的地面通信网络，具备超高速率、超低延迟和超大连接数的通信能力。卫星通信作为空天地一体化中的空基和天基通信网络，可以实现对全球范围内的通信覆盖，尤其是传统地面网络难以到达的地区，如偏远农村、海洋、极地等。卫星通信既是对地面通信的补充，也可与地面通信网络融合发展，进一步扩大移动通信网络的覆盖范围，提供无处不在的连接。

（二）算力基础设施进一步高效协调发展

算力能效水平进一步提升。通过高效计算设备的使用，算法和数据中心能源管理系统的应用，提高电力转化算力的效率，减少每单位计算任务的能源消耗。进一步降低冷却等配套设备的能耗占比，进而向集约化方向发展。

算力供给结构进一步优化。未来将进一步优化通算、智算、超算资源布局，满足未来多样化、个性化、极致化计算需求；进一步优化整体算力资源结构，形成全国枢纽、区域中心、本地边缘协同发展的梯次算力基础设施架构；进一步优化算力供给结构，盘活全国算力资源，实现东、中、西部协调发展，提升算力综合供给能力。

促进算力与电力基础设施协调发展。未来我国将进一步统筹算力基础设施发展和新能源资源，开展算力、电力基础设施协同规划布局。探索新能源就近供电、聚合交易、就地消纳的“绿电聚合供应”模式。整合资源，提升算力与电力协同运行水平，提高数据中心绿电占比，降低电网保障容量需求。探索光热发电与风电、光伏发电联营的绿电稳定供应模式。加强数据中心余热资源回收利用，满足周边地区用热需求。

（三）信息基础设施与新质生产力同频共振

未来我国将着眼于通用算力、智能算力、超级算力一体化布局，东、中、西部算力一体化协同，算力与数据、算法一体化应用，算力与绿色电力一体化融合，算力发展与安全保障一体化推进的五个“一体化”，加快推进信息基础设施体系建设。

信息基础设施未来将与数据、算法等新型生产要素深度融合，形成多模态的应用场景解决方案，持续释放产业动能，带来生产方式和生活方式的革命性变革，推动社会形态的系统性重构。一方面，算力驱动的智能化生产，催生出柔性制造、个性化定制、服务型制造等新型生产方式，推动制造业从大规模生产向大规模定制转变，提升生产效率和产品质量。另一方面，算力驱动的智能化服务，正在重塑人们的消费模式和生活方式，催生出智慧教育、智慧医疗、智慧交通等新型服务业态，推动服务业从标准化供给向精准化供给转变。

未来，一体化的信息基础设施将为新质生产力的发展提供关键驱动力；新质生产力的崛起反过来又将推动社会运行体制和发展模式的深刻重构和变革；社会的变革又将进一步影响信息基础设施的发展和布局，实现信息基础设施和新质生产力的协同发展。

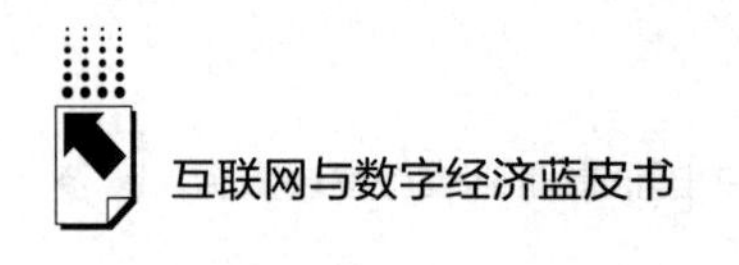

五 中国信息基础设施建设的对策建议

（一）强化政策与市场作用，优化信息基础设施的资源配置

为了解决信息基础设施供需发展不平衡的问题，建议我国进一步强化政策引导和市场调节作用，以政策、市场双向驱动促进信息基础设施协调和高质量发展。一是进一步强化政策引领作用。统筹信息基础设施布局与应用协同，优化调整通用算力规模，引导提升智能算力规模。统筹算力布局与网络协同，围绕国家八大枢纽节点，构建一体化算力网，给予政策支持，促进算力与网络协调发展。统筹新技术研发与应用协同，提升产学研用协同水平，促进新技术应用，优化业务流程，提高生产效率。统筹信息基础设施布局与电力协同，保障能源高效供给，促进节能降碳，提升绿色算力应用规模。二是进一步活跃信息产业。建立健全市场调节机制，推动各地算力交易平台试点，优化算力资源配置，进而为人工智能、无人驾驶、生物医药提供资源保障。以市场化手段，实现通信网络基础设施、新技术基础设施、算力基础设施的资源跨区流动。

（二）提升融合发展水平，促进算力基础设施协调发展

为了解决信息基础设施发展不协调的问题，建议我国进一步提高通信网络基础设施、新技术基础设施、算力基础设施协调发展水平。一是建议进一步丰富算力资源供给，强化对新技术基础设施建设的支撑。当前，人工智能领域取得了突破式进展，算力需求迎来爆发式增长。建议进一步扩大算力资源的规模，推动算力资源多样化发展，提升建设质量，优化建设布局。建议结合人工智能产业发展和业务需求，重点在西部算力枢纽及人工智能发展基础较好地区集约化开展智算中心建设，逐步合理提升智能算力占比，优化算力资源结构并加强算力资源的共享。二是建议算力基础设施向适应人工智能的发展方向转变。人工智能飞速发展倒逼信息基础设施的服务与运营重塑。

信息基础设施须将建设和运营的重心逐步向支持通专大模型、AI智能体、比特数智人、人形机器人等应用的方向转变。建议算力基础设施的建设和运营与人工智能技术深度融合，打造“人工智能+信息基础设施”原生能力，全面提升信息基础设施服务水平。

（三）聚焦应用推广和数据开放，提升信息基础设施的产业应用渗透率

为了解决信息基础设施产业应用渗透不足的问题，建议我国以产业的实际应用需求为先导，深化信息基础设施与产业实际需求的紧密结合。一是加强信息基础设施的推广应用。加大政策扶持、资金支持力度，拓展物联网、大数据、云计算等新技术在传统产业中的应用范围。建立行业应用示范项目，展示信息基础设施在提升生产效率、优化管理流程、创新商业模式方面的实际效果。二是促进数据开放共享。制定行业数据开放和共享的标准与规范，构建数据共享平台，加强政策激励和市场化运作，鼓励企业主动开放数据要素资源。

（四）提升自主可控水平，增强信息基础设施的安全防护能力

为了解决信息基础设施安全防护隐患问题，建议我国持续加大信息基础设施建设的自主创新力度，实现信息基础设施的自主可控发展。一是持续加大关键技术的研发投入，尤其是加大新技术基础设施建设上的投入，通过设立专项资金、出台税收优惠政策等方式，支持企业进行新技术的创新和研发，并鼓励产学研用合作，整合各方资源，形成自主可控的技术创新合力。二是推动产业链协同创新，建立产业链协同创新利益联结机制，提升整个产业链的自主可控能力。三是加强国产设备和材料的研发与应用，提高整体性能和质量，鼓励在信息基础设施项目中优先使用国产设备和材料。四是完善标准和规范体系，推动国内外标准的对接和互认。

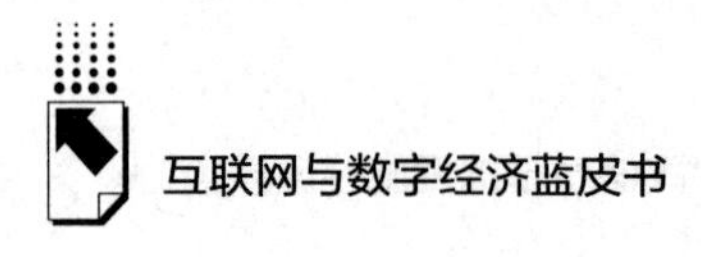

参考文献

工业和信息化部：《2023 年通信业统计公报》，2024。

中国互联网协会：《中国互联网发展报告（2023）》，2023。

中国信息通信研究院：《新思想引领新征程丨我国信息基础设施建设全面提速》，2023。

《我国计算力水平位居全球第二》，《人民日报》2023 年 7 月 28 日。

《年终产业回眸：智算迎来新机遇，算力基础设施进入发展繁荣期》，通信世界，2023 年 12 月 18 日。

中国信息通信研究院：《量子信息技术发展与应用研究报告（2023 年）》，2023。

《［趋势 2023］光网络：全光运力多维演进提升，千兆光网应用持续推进》，《通信世界》2023 年第 2 期。

36 氪研究院：《2023 年中国智能网联汽车行业洞察报告》，2023。

《〈关键信息基础设施安全保护条例〉开启我国关键信息基础设施安全保护的新时代》，中国网信网，2023 年 10 月。

德勤中国：《2024 AI 智算产业趋势展望》，2024。

《2023 年中国网络安全十件大事》，新华社，2024。

《算力、新质生产力与国家治理现代化》，《中国青年报》2024 年 5 月 12 日。

《推动我国算力产业协同发展》，光明网，2024 年 6 月 7 日。

B.7

2022~2023年中国融合基础设施建设报告

卢福财　徐远彬*

摘　要：　本文在总结2022~2023年中国融合基础设施建设情况和建设特点的基础上，发现当前中国融合基础设施建设存在几个方面的问题，一是关键技术存在瓶颈，有待进一步突破；二是应用场景不够丰富，需要进一步拓宽；三是建设和应用门槛偏高，中小企业难以广泛应用；四是基础设施数据联通交互不深，价值未被完全释放。结合分析，中国融合基础设施建设未来的发展趋势表现在如下方面，关键技术逐渐走向自主化，融合基础设施建设与传统基础设施建设深度融合，融合基础设施之间交叉融合，更多基于融合基础设施的新应用场景被开发，融合基础设施的网络化、智能化、服务化、协同化将带动传统产业不断创新发展。最后，针对中国融合基础设施建设存在的问题，本文提出了相应的对策建议：充分发挥融合基础设施龙头企业的带动作用，大力丰富融合基础设施行业的应用场景，逐步制定统一的融合基础设施行业标准。

关键词：　融合基础设施　新基建　智慧城市　应用场景

国务院在《"十四五"数字经济发展规划》中明确提出要稳步构建智能高效的融合基础设施，提升基础设施网络化、智能化、服务化、协同化水平。作为新型基础设施的重要组成部分，融合基础设施指的是深度应用互联

---

* 卢福财，博士，江西财经大学应用经济学院（数字经济学院）教授，博士生导师，主要研究方向为数字经济与产业创新发展；徐远彬，博士，江西财经大学应用经济学院（数字经济学院）讲师，硕士生导师，主要研究方向为数字经济与产业创新发展。

网、大数据、人工智能等技术，支撑传统基础设施转型升级，进而形成的一类新型基础设施。换言之，融合基础设施是赋能传统产业数字化转型升级的基础设施。由于融合基础设施涉及范围较广，从产业的角度对融合基础设施进行分类更为清晰合理。具体来看，根据国家发展和改革委员会对融合基础设施的解读，融合基础设施主要涉及工业互联网、智慧交通物流融合基础设施、智慧能源融合基础设施、智慧民生融合基础设施、智慧环境融合基础设施、智慧城市融合基础设施及智慧农村农业融合基础设施等多个方面。通过相关融合基础设施的建设，可以有效促进传统工业、城市民生、交通运输、能源环境及农村农业等转型升级。

一 2022~2023年中国融合基础设施建设情况

（一）国家相关部门与地方政府发布一系列支持融合基础设施建设政策文件

为加快实现国务院在《“十四五”数字经济发展规划》中提出的稳步构建智能高效的融合基础设施，国家相关部门与地方政府积极出台推进中国融合基础设施建设的政策文件，旨在促进中国融合基础设施高质量发展。表1列举了部分文件内容。

表1 2022~2023年国家相关部门与地方政府发布的融合基础设施建设相关政策（部分）

发布部门	发布时间	发布文件	重点内容
住房和城乡建设部 国家发展改革委	2022年7月	《“十四五”全国城市基础设施建设规划》	开展智能化城市基础设施建设和更新改造。开展传统城市基础设施智能化建设和改造。加快推进基于数字化、网络化、智能化的新型城市基础设施建设和改造
北京市人民政府	2022年2月	《北京市“十四五”时期重大基础设施发展规划》	突出智慧高效。注重科技赋能，加强统筹整合与共享共用，坚持以创新推动信息化水平提升，进一步提高基础设施运行效率，并注重支撑新型基础设施建设

续表

发布部门	发布时间	发布文件	重点内容
上海市人民政府	2023 年 9 月	《上海市进一步推进新型基础设施建设行动方案（2023—2026 年）》	建设深度覆盖特色园区的工业互联网。推动电信运营商按需布局 150 个边缘计算节点，建立“边云网”协同的工业互联网特色园区网络，推动 40 万家工业企业“上云上平台”
深圳市人民政府	2022 年 2 月	《深圳市推进新型信息基础设施建设行动计划（2022—2025 年）》	重点围绕公共安全、公共建筑和设施、公共服务等领域，构建智能、泛在、先进、互联、共享的物联感知体系，助力提升居民生活品质和城市精细化管理能力
福建省人民政府	2023 年 7 月	《福建省新型基础设施建设三年行动计划（2023—2025 年）》	稳步发展融合基础设施。实施产业基础设施数字化提升行动，实施传统基础设施智能化改造行动，实施公共服务设施信息化建设行动
江西省发展改革委、江西省生态环境厅、江西省住房城乡建设厅、江西省卫生健康委	2022 年 7 月	《关于加快推进城镇环境基础设施建设的实施方案》	到 2025 年，加快补齐重点地区、重点领域短板弱项，构建集污水、垃圾、固体废物、危险废物、医疗废物处理处置设施和监测监管能力于一体的环境基础设施体系
河南省人民政府	2023 年 7 月	《河南省支持重大新型基础设施建设若干政策》	推进融合基础设施深度赋能。支持智慧交通建设，加大智能充电基础设施建设力度，加快工业互联网标识解析二级节点建设

资料来源：作者整理。

（二）各行业融合基础设施有序发展

由于融合基础设施涉及范围广、行业多，本文将以部门代表性融合基础设施行业为例进行介绍，具体包括工业融合基础设施、智慧城市融合基础设施、智慧交通融合基础设施、智慧环境融合基础设施等四个方面。

1. 工业融合基础设施建设情况

工业是国民经济发展的重要组成部分，是经济发展的重要引擎。新型基础设施建设赋能传统工业智能化升级的根本在于工业互联网，作为工业企业的融合基础设施，其建设受到业界和学界的广泛关注。

从平台建设和应用场景来看，近年来，工业互联网得到了快速发展，在汽车、机械等重点制造行业实现深度应用。通信运营商、大型互联网企业及相关产业链上下游企业等当中涌现出一大批具有示范推广作用的工业互联网平台。例如，中国移动的 OneNET、中国联通的 5G 工厂、中国电信的天翼云、海尔的 COSMOPlat 等。

从产业规模来看，2022~2023 年工业互联网平台产业规模不断提升。根据中国工业互联网研究院的测算，2022 年中国工业互联网产业增加值达 4.46 万亿元，在 GDP 中占比达 3.69%。而 2023 年中国工业互联网产业增加值将在 2022 年的基础上进一步提升，规模将增长到 4.69 万亿元，占 GDP 比重也将相应提升。从细分数据来看，2022 年工业互联网核心产业增加值规模为 1.26 万亿元，2023 年在此基础上增长至 1.35 万亿元。2022 年工业互联网带动渗透产业增加值 3.20 万亿元，2023 年在此基础上增长至 3.34 万亿元。此外，从区域分布来看，中国工业互联网产业增加值超过千亿元的省份已有 17 个，其中，广东省、江苏省和浙江省位于前三。

2. 智慧城市融合基础设施建设情况

《“十四五”全国城市基础设施建设规划》中提出加快新型城市基础设施建设，推进城市智慧化转型升级。实际上，近年来，为推进智慧城市建设，各地通过建设城市大脑、城市感知监测系统等智慧城市基础设施来提升城市的治理水平，加快智慧城市基础设施建设进程。

（1）智慧城市建设相关行业规模不断增长

《中国移动新型智慧城市白皮书（2023 版）》指出，截至 2022 年 12 月底，智慧城市行业中标项目近 6000 个，总中标金额约 2000 亿元。同时，统计数据还显示，2023 年上半年，智慧城市行业市场中标合计 830 亿元，比 2022 年上半年增长 6%。

以城市智慧灯杆为例[①]，《2023年中国智慧路灯行业市场研究报告》披露的数据显示，截至2022年底，中国智慧灯杆合计建设39.20万盏，其中已建智慧路灯14.80万盏，在建18.70万盏，招标中5.70万盏。[②]

（2）智慧城市融合基础设施中枢加快建立

城市大脑作为智慧城市融合基础设施建设中重要的一环，具有支撑城市政务和民生、打破区域和部门数据孤岛、激活数据要素的重要作用。2022~2023年，全国各地区城市大脑建设取得了良好的成绩。一方面，部分城市不断深化城市大脑应用场景。例如，杭州市在2022~2023年不断对城市大脑进行版本更新以完善城市感知基础设施监测内容（见表2），让城市管理更加智慧、市民生活更加美好。同样，截至2023年底，合肥市城市大脑已完成55个应用场景的建设。另一方面，部分中小城市也意识到城市大脑建设的重要性，开始布局城市大脑总体架构。例如，黄石市人民政府在2022年8月印发《黄石市城市大脑建设实施方案》，济南市人民政府在2022年3月印发《济南市加快推进城市大脑建设行动方案（2022年）》，临沂市人民政府在2022年10月印发《临沂市城市大脑建设工作方案》。[③]

表2　城市感知基础设施监测内容（部分）

监测项	子项	监测内容
市政设施运行环境监测项	气象	路面环境监测（道路积水、湿滑、结冰、路面温度）
		空气监测（能见度、气温、相对湿度）
		天气现象（雨雪、团雾监测、风速）
	环境	能见度VI、风速风向、温湿度 隧道CO浓度、氮氧化物浓度、洞内外亮度、火灾报警（感温、感烟）

① 智慧灯杆是将摄像头、基站、充电桩等多个数字化功能集中到城市路边灯杆上，改变了传统的“多杆林立”“单杆单用”的情况，旨在通过这种方式提升城市智慧管理水平。

② 华经产业研究院：《2023年中国智慧路灯行业市场研究报告》，2023年12月14日。

③ 全国信标委智慧城市标准工作组：《智慧城市“一网统管”运营研究报告（2024）》，2024。

续表

监测项	子项	监测内容
基础设施运行状态	路面结构	路面监测（裂缝、变形、松散等）
		路基检测
	隧道结构	结构变形、缺损、裂缝、腐蚀、渗漏等
		荷载（车辆荷载、地震、温度、路面温度）
		结构整体响应（振动、主梁挠度、主梁倾覆、伸缩缝/支座位移）
		结构局部响应（应变、结构裂缝、支座反力）
	交通工程及附属设施感知	井盖等交通安全设施完好率
		附属的照明、通信、给排水、供配电、隧道火灾报警等机电子系统在线状态、完好率
	城市生命线工程	燃气管网：管线压力、流量，管网相邻地下空间甲烷浓度
		供水管网：流量、压力、漏水声波，消火栓流量、压力
		排水管网：雨量、液位（河道）、液位（易积水点和管道）、雨水流量、井盖位移，污水管网流量、液位、可燃气体浓度
		热力管网：疏水阀温度、压力，管道流量、压力

资料来源：中国信息通信研究院《智慧城市基础设施与智能网联汽车协同发展年度研究报告（2022）》，2023。

3. 智慧交通融合基础设施建设情况

智慧交通以交通治理、设施管理、枢纽建设、运输服务为核心推进交通体系现代化转型升级。智慧交通基础设施是智慧交通建设的底座和基石。

（1）与智慧城市协同发展的智慧交通基础设施建设

城市智慧交通的目的在于通过相应的智慧交通融合基础设施对城市交通进行智慧化管理，以实现对所有城市路口、停车场、重点区域的交通情况进行掌握，并进行人、车、路高度协同的一体化管理。当前，智慧交通基础设施建设往往与智慧城市基础设施建设相互融合、协同发展（见图2），智慧交通基础设施中的道路感知、人流感知等系统往往也是智慧城市基础设施的重要组成部分。以上海市为例，上海市在智慧交通基础设施建设上进行了大量投入，上海市投入使用的“易的PASS”系统，号称上海交通管理“新神器”，能够实现对上海交通精准即时管理，巧治道路上各种“顽疾”。目前，“易的PASS”系统已在上海市16个区实现全覆盖，能够实时对日均440万辆逾1300万次的车辆行驶轨迹进行追踪，对“两客一危”等重点车辆进行重点监控。

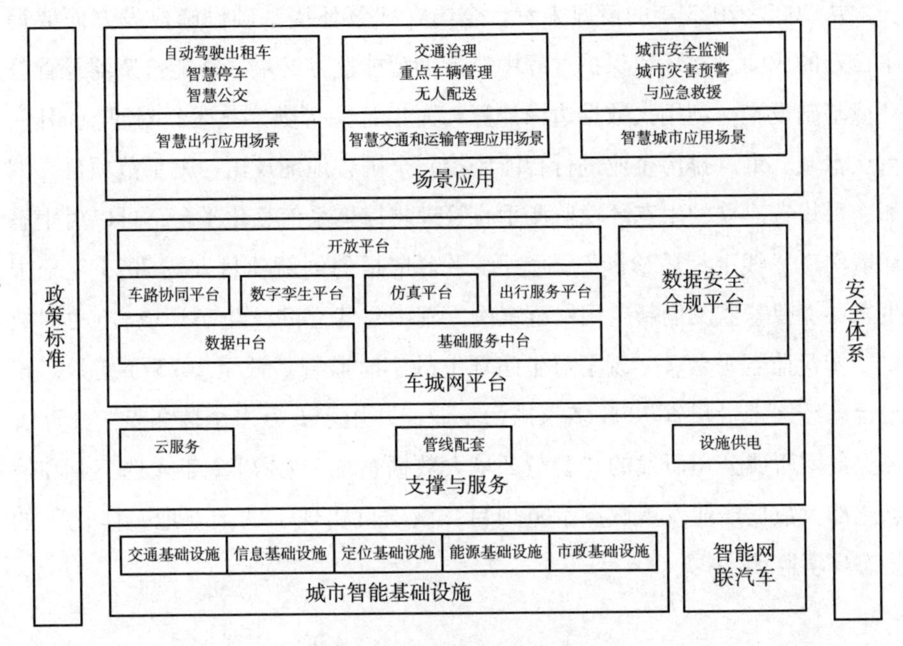

图1　双智协同发展总体框架

资料来源：中国信息通信研究院《智慧城市基础设施与智能网联汽车协同发展年度研究报告（2022）》，2023。

（2）高速公路的智慧养护和管理基础设施建设

传统高速公路的养护和监管主要依靠人工、道路监管车辆等手段进行，通常成本较高、效率不高。然而，伴随着智慧高速的相关平台设施和公路设施的建设，高速公路的养护和管理已经逐步实现智能化。以山东高速公路为例，山东高速公路基础设施智慧监测与运维大数据平台的应用推动了养护检测的智能化，通过对高速公路情况的实时掌握和分析，实现了对高速公路的精准养护和管理。

4. 智慧环境融合基础设施建设情况

在“十四五”规划中，国家对加强环境保护提出了明确要求。近年来，各级地方政府也不断加大了对环境保护的支持力度，特别是在智慧环境基础

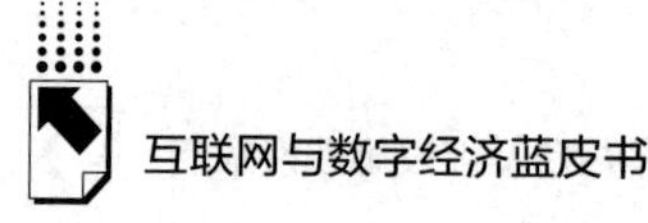

设施建设方面，旨在通过智慧环境基础设施建设来实现环境监测水平的提升和生态文明的建设。

从 2022~2023 年的情况来看，全国在智慧环境基础设施建设方面取得了良好的成绩。在环境保护过程中，借助智能监控终端、智能传感器等智慧环境基础设施，利用大数据边缘计算、人工智能等数字技术，对重点园区、重点水域、重点排污企业进行智能监控，全国各地涌现出一批示范项目。例如，贵州省建立的生态环境监测垂直管理支撑体系信息化平台，可以对生态环境实现“线上把脉诊断”，通过该平台申报的创新项目入选 2023 年全国生态环境智慧监测创新应用示范案例。湖南省建立的“生态环境+电力大数据”智慧监管平台，实现了对生态环境的实时监管。截至 2023 年 5 月，该平台已经接入贵州省 7000 多家排污企业，并用于 6 万多个监测点。江苏省环保集团所属公司研发的“智慧环境大数据系统”在 2022 年入选工业和信息化部大数据产业发展试点示范项目，该项目实现了“天空地一体化”的生态环境监测。

二 2022~2023年中国融合基础设施建设特点

（一）融合化特点显著

从当前情况来看，工业互联网、智慧城市、智慧交通、智慧环境等融合基础设施建设呈现相互融合的发展趋势。以智慧城市和智慧交通为例，这两类基础设施建设相互融合、共同促进。智慧城市基础设施中包含智慧交通基础设施，部分智慧交通基础设施又属于智慧城市的相关基础设施。因此，在推进中国融合基础设施建设的过程中，往往是多类型融合基础设施协同推进、共同建设。

（二）系统化和规模化特征明显

传统的基础设施建设往往可以在小范围内进行先行先试，之后再全面推广。然而，中国融合基础设施建设呈现系统化、规模化的特征。一方面，系统化表现在融合基础设施建设往往需要从整体进行考虑。以工业融合基础设施工业互联网为例，工业互联网的建设从研发设计、生产制造、运营管理到后期维护等多个环节均需要对行业技术标准、产业特征等多方面进行全面且系统的设计。这不再局限于单个企业自身的优化和发展，而是通过工业互联网对全产业、全流程进行改造升级，进而实现生产要素的互联互通，构建产业链、价值链、创新链等多链融合的现代化产业体系。

（三）平台化趋势明显

目前中国融合基础设施建设呈现平台化的发展特点。具体表现为融合基础设施建设既包含以智慧感知设施为主体的基础平台，也包括以重要平台为核心的设施体系，并且平台是整个融合基础设施建设的核心部分。建设智慧平台可以实现对基础设施的精准管控、科学研判，真正做到智慧化、网络化管理，实现“一网统管”。例如，在工业融合基础设施中，工业互联网平台本身就是网络平台，而智慧交通设施建设、智慧环境基础设施建设、智慧农业基础设施建设中也都呈现“平台+”的特点。

三　中国融合基础设施建设存在的问题

（一）中小企业融合基础设施使用成本高

当前中国融合基础设施处于建设初期，建设成本和建设技术门槛偏高，这使融合基础设施的使用范围较窄、使用主体单一，特别是面向中小企业的融合基础设施难以全面推广。而中小企业作为我国经济发展的重要主体，是发展科技创新、产业转型升级的核心力量。推进中小企业融入融合基础设施建设有利于抓住创新发展机遇。但目前企业之间融合基础设施建设依然存在鸿沟，这与中小企业自身实力有关，也与融合基础设施建设水平和市场环境政策有关。

（二）融合基础设施应用场景不够丰富

根据国家发展和改革委员会的权威解释，融合基础设施旨在为传统产业智能化改造升级提供服务。虽然中国在工业互联网、智慧城市、智慧交通、智慧环境等方面的融合基础设施建设取得了良好的成绩，但在智慧农业、智慧民生、智慧医疗、智慧工业等方面的融合基础设施还存在很大应用空间。未来在产业融合的发展趋势下，各类基础设施应融合发展、共享合作，打破数据孤岛和信息壁垒，实现以场景牵引融合基础设施统建共用。

（三）融合基础设施建设标准不统一

融合基础设施建设是基于融合基础设施采集的相关数据，为各行业发展提供对应的数字技术支撑。标准化的融合基础设施建设能够有效地降低企业控制硬件成本，构建融合生态系统。然而，当前中国融合基础设施是基于单个区域或单个主体来建设的，虽然短期内对于提升效率和价值创造具有明显的促进作用，但在未来，如果要从更高层次对融合基础设施进行互联互通，可能会因为建设标准不统一而难以实现。

四　中国融合基础设施建设的发展趋势

（一）融合基础设施关键技术逐渐实现自主化

党的二十大报告和国务院印发的《“十四五”数字经济发展规划》均指出，要加强技术创新，实现关键领域核心技术突破，这对于中国建设融合基础设施具有重要意义。未来中国融合基础设施将逐步实现关键技术的自动可控，走在世界前列。主要在于中国是融合基础设施建设的需求大国，大规模的融合基础设施市场需求将带动融合基础设施的供给水平提升。

（二）融合基础设施相关产业链日趋完善

近年来，政府高度重视融合基础设施建设，为促进融合基础设施产业发展出台了一系列政策文件，特别是在资金方面给予了大力支持，这为完善融合基础设施相关产业链提供了重要保障。同时，伴随着融合基础设施建设的需求不断扩大，越来越多的企业从事相关产业的研发、生产及经营管理，产业链上下游企业规模不断提升。特别是一些传统基础设施产业的企业，正在积极主动地转向融合基础设施领域，对融合基础设施产业链起到补链、延链和强链的作用。

（三）融合基础设施建设精准赋能传统产业转型升级

在中国经济高质量发展的关键时期，融合基础设施建设的根本目的在于精准赋能传统产业（包括工业、农业、服务业等），为新发展阶段中国传统产业在国际市场竞争中引领发展实现赋能。融合基础设施赋能传统产业不仅通过提升全要素生产率和能源效率、优化资源配置，还会通过强化数据要素的乘数效应、促进数据要素在整个生产要素系统中发挥作用，进而实现精准赋能。

五　中国融合基础设施建设对策建议

（一）充分发挥融合基础设施龙头企业的带动作用

要发展好融合基础设施，行业龙头企业起着十分关键的作用。行业龙头企业具有先进的技术和尖端的人才。充分发挥融合基础设施龙头企业的示范作用，利用好技术溢出效应和人才溢出效应。示范效应表现在龙头企业对一些新的融合基础设施产品的先行先试，带动行业内其他企业进行模仿和借鉴。在技术溢出效应方面，要鼓励龙头企业进行技术创新，保护创新成果的知识产权。让市场中其他企业享受到技术创新带来

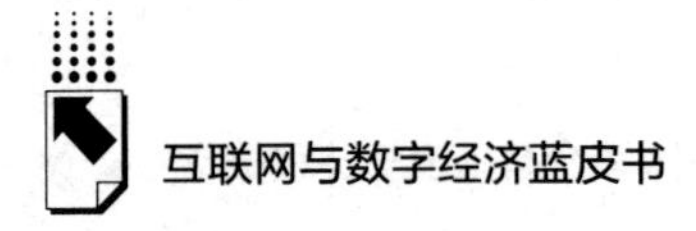

的好处。在人才溢出效应方面，鼓励从事融合基础设施相关产业的中小企业与龙头企业进行合作交流，以提升人才专业水平。同时，支持相关融合基础设施建设政策向中小企业倾斜，进一步缩小企业之间融合基础设施建设使用的鸿沟。

（二）大力丰富融合基础设施行业的应用场景

虽然当前中国融合基础设施已在部分行业多个场景进行应用，但应用场景单一、应用广度和深度不足。未来需要进一步聚焦行业细分领域及特定场景，拓展融合基础设施赋能传统行业的广度。重点关注城市政务、社会管理、工业制造、文化旅游等基础设施领域，构建数字化生态的融合基础设施。通过先试先行，在关键核心领域打造一批可复制、可推广的融合基础设施应用样板。通过组建行业协会和行业联盟，促进行业企业之间进行交流与协作，通过思维碰撞、广泛交流，结合实际生产部门需求，开发出有针对性的行业应用场景，持续发挥数据要素的乘数效应，拓展融合基础设施赋能传统行业的深度。

（三）逐步制定统一的融合基础设施行业标准

标准建设是融合基础设施行业做大做强的重要一环，下一步需要从技术标准、建设标准和数据标准三个方面逐步制定行业标准，进而解决技术标准不统一、建设模式不一致、数据端口难打通的问题。技术标准规定要结合数字技术、信息技术等各类新兴技术推进不同类型的基础设施建设融合共建；建设标准包括确定融合基础设施的功能定位和空间分布，确定用地指标和地理布局，提出相关配置指标；数据标准主要从数据、算力、算法三个方面出发，加快构建算力基础设施，推动不同地区不同行业等数据共享、算法分享、算力合作。制定相应的国家标准和地方标准能够更好地助力融合基础设施可持续发展。

参考文献

上海智慧城市发展研究院：《数字城市公共基础设施建设白皮书》，2023。

中国工业互联网研究院：《中国工业互联网产业经济发展白皮书》，2023。

中国联通研究院：《“5G+工业互联网”行业应用白皮书：中国实现新型工业化的探索与实践》，2023。

中国电信：《2023 数字道路白皮书》，2023。

中国发展基金研究会、百度：《新基建，新机遇：中国智能经济发展白皮书》，2020。

国家工业信息安全发展研究中心：《2022 智慧城市白皮书》，2022。

中国信息通信研究院：《智慧城市基础设施与智能网联汽车协同发展年度研究报告（2022）》，2023。

全国信标委智慧城市标准工作组：《智慧城市“一网统管”运营研究报告（2024）》，2024。

中国信息通信研究院：《车联网白皮书》，2023。

B.8

2022~2023年中国数据基础设施建设报告

中国移动研究院（中移智库）*

摘　要：　数据基础设施应具备高效连接、快捷存算、安全可信、泛在应用、长效运营等特征，在建设运营上应遵循“集约高效”的重要原则。“集约”就是要集合资本、劳动力、技术等多种要素优势，节约生产成本，提升单位效益，实现资源价值的最大化利用。“高效”则是基于安全合规的、可持续的、着眼产业全局的高效。2022~2023年，我国积极推动数据基础设施探索实践。在政策层面，国家及地方出台政策法规推动数据基础设施建设；在产业层面，各方主体积极推动数据基础设施的概念设计与实践落地；在技术层面，多种新型技术融合运用共推数据基础设施创新发展。我国数据基础设施建设在取得一定成效的同时，还存在顶层设计尚不清晰、规模化商业落地不足、多头散点建设、市场需求亟待满足等问题。为推动数据要素流通利用规模化、规范化发展，建议加强顶层设计指引、完善参与主体管理与推动关键技术落地。

关键词：　数据基础设施　数据流通设施　可信数据流通　数据要素

---

* 执笔人：林琳，中国移动研究院用户与市场所所长，主要研究领域为数字经济发展、数字技术赋能、数字生活洞察、数据要素市场、数字治理与安全、战略研究与市场策略、大数据应用等；潘宏筠，中国移动研究院用户与市场所主任研究员，主要研究领域为数字经济发展、数据要素市场、大数据应用；陈哲，中国移动研究院用户与市场所研究员，主要研究领域为数据要素市场、大数据应用、数据要素流通利用机制。

一 数据基础设施的概念范畴

（一）数据基础设施的基本概念

2023 年 11 月，国家数据局党组书记、局长刘烈宏在出席第二届全球数字贸易博览会数据要素治理与市场化论坛致辞时，首次就数据基础设施作重要论述。数据基础设施是从数据要素价值释放的角度出发，在网络、算力等设施的支持下，面向社会提供一体化数据汇聚、处理、流通、应用、运营、安全保障服务的一类新型基础设施，是覆盖硬件、软件、开源协议、标准规范、机制设计等的有机整体。

（二）数据基础设施的主要构成

数据基础设施主要由四类设施构成。一是网络设施。以 5G、光纤、卫星互联网等为代表的网络设施为数据提供高速泛在的连接能力。二是算力设施。以通用算力、智能算力、超级算力为代表的算力设施为数据提供高效敏捷的处理能力。三是数据流通设施。以数据空间、区块链、高速数据网为代表的数据流通设施打通数据共享流通堵点。四是数据安全设施。以隐私计算等为代表的数据安全设施保障数据的安全①。

（三）数据基础设施的典型特征

数据基础设施应以保障数据安全高效流通利用为基本目标，赋能数据资源的采集、汇聚、传输、存储、开发、流通、交易与应用等关键环节，应具备高效连接、快捷存算、安全可信、泛在应用、长效运营等特征。

高效连接。实现数据提供方、数据需求方按需随时连接，形成由多方市场主体构成的数据流通利用网络，提升数据流通利用效率，降低流通利用

① 国家数据局党组书记、局长刘烈宏在第二届全球数字贸易博览会上的发言，2023 年 11 月。

成本。

快捷存算。数据流通利用对计算、存储等资源需求增长迅猛，提供“一点接入、即取即用”的算力服务，提升了数据加工利用效能。

安全可信。提供保障数据安全合规流通的技术与能力，一方面满足市场主体安全合规的业务需求，另一方面满足业务主管部门监管调控的管理需求。

泛在应用。数据基础设施需具备跨行业、跨区域、跨领域、跨主体的特征，满足各行业市场主体间数据流通利用的业务需求。

长效运营。数据基础设施事关国家安全、国计民生与公共利益，其建设运营具有基础性、长期性、持续性、稳定性等特征。

（四）数据基础设施的重要原则

数据基础设施建设运营旨在支撑数据流通利用的规模化与规范化，促进数据要素价值的充分释放。为有效达成这一目的，数据基础设施在建设运营方面要秉持“集约高效”的重要原则。

“集约”并非指数据基础设施在物理层面要集中建设，而是要集合资本、劳动力、技术等多种要素优势，节约生产成本，提升单位效益，实现资源价值的最大化利用。

“集约”的内涵包含四个层面。一是集约规划。要以促进数据要素在全国乃至全球范围内安全、高效、有序流通利用为着眼点，聚焦各类市场主体基础性共性需求，站在全局视角统筹规划、科学布局，实现“全国一盘棋”。二是集约建设。要在全国范围内充分整合复用现有资源，实现共性通用技术功能的统筹建设与统一配置，避免重复建设、多头建设带来的资源浪费、资源错配等问题。三是集约运营。数据要素流通利用事关国家安全、经济发展、国计民生与公共利益。基础设施需满足基础性、长期性、持久性、稳定性的运营要求，依托专业化运营机构实现运营资源有效复用与优化配置。四是集约使用。数据基础设施应为产业各方提供“一点接入，全网调度”的技术服务，降低中小微企业、个人等各类市场主体获取与使用数据的门槛，促进数据要素普惠共享。

“高效”是基于安全合规的、可持续的、着眼产业全局的高效。“高效”与“合规”在本质上并不矛盾。合规保障了高效的可持续性。衡量数据基础设施是否高效的标准是着眼于市场整体效率的提升，如同遵守红绿灯等交通规则看似会影响局部时点少量群体的出行效率，但保障了整个出行系统的高效。

“高效”的内涵包含四个层面。一是技术高效。基于先进的技术手段与明晰的技术规范，围绕数据全生命周期实现高效连接、高效存算、高效治理、高效交付等。二是业务高效。通过技术工具实现数据要素需求的高效匹配及服务的高效供给。三是生态高效。为各类市场主体构建技术系统上的互信协作机制，提升生态协作效率。四是监管高效。为主管部门提供技术工具，围绕数据流通利用活动态势分析、预警预判、有效监管等提供全方位的数据分析和施策支撑。

（五）数据基础设施的重要意义

数据基础设施可作为数据基础制度落地的有效抓手。对数据这种新型生产要素开展全生命周期的管理，需要将管理建在制度上、制度建在流程上、流程建在系统上、系统建在工具上、工具建在数据全生命周期链条上、数据全生命周期链条建在数据基础设施上。没有数据基础设施作抓手，数据制度规范很难有效落地执行。

数据基础设施可提供促进数据要素市场活跃的底层能力。当前我国数据要素市场存在市场活动效率不高、市场主体积极性不够、流通环境不完善等方面的问题。在提升市场活动效率方面，大带宽、低时延、广覆盖的基础网络可提升市场设施联通水平。算力等服务可提升数据要素资源配置效率。在提升市场主体积极性方面，隐私计算等技术有助于构建市场交易信任机制。在完善市场流通环境方面，区块链等技术可支撑数据流通存证服务、全程监管等，提升市场监管现代化水平。

二　2022~2023年中国数据基础设施建设情况

（一）政策层面：国家及地方出台政策法规推动数据基础设施建设

“数据基础设施”一词在法律法规条文中最早出现于2021年9月施行的《中华人民共和国数据安全法》中。该法第十四条指出“国家实施大数据战略，推进数据基础设施建设，鼓励和支持数据在各行业、各领域的创新应用”。2022~2023年，党中央、国务院及多个省市在数据要素领域出台了多份政策文件，对数据基础设施建设提出了发展目标与要求。

国家层面，2022年12月，《中共中央　国务院关于构建数据基础制度更好发挥数据要素作用的意见》（简称“数据二十条”）对外发布，提出“构建集约高效的数据流通基础设施，为场内集中交易和场外分散交易提供低成本、高效率、可信赖的流通环境”。2023年10月，国家数据局正式揭牌。国家数据局负责协调推进数据基础制度建设，统筹数据资源整合共享和开发利用，统筹推进数字中国、数字经济、数字社会规划和建设等，由国家发展改革委管理。数字科技和基础设施建设司作为国家数据局下设的五个司局之一，推动我国数据基础设施建设。

地方层面，2023年7月，北京市发布《关于更好发挥数据要素作用进一步加快发展数字经济的实施意见》，提出建设可信数据基础设施，推动发展基于IPv6的下一代互联网、基于数字对象架构的数联网、可信数据空间等关键技术，建设面向全球、平等开放的数据基础设施。2023年10月，上海市发布《上海市进一步推进新型基础设施建设行动方案（2023—2026年）》，提出建设数智融合的高质量数据基础设施，包括创建国家级数据交易平台、构建多语种语料库和高质量行业数据集、建设浦江数链及政务区块链基础设施、打造公共数据资源库和授权运营平台、构建城市数字孪生和元宇宙基础设施。2023年12月，江苏印发《关于推进数据基础制度建设　更好发挥数据要素作用的实施意见》，提出加快建设数据授权、可信传输、数据验证、数据溯源、隐私计算、联合建模、算法核查、融合分析等数据新型基础设施，建设数据交易流通可信网络底座，强化数据互联互通能力。

（二）产业层面：各方主体积极推动数据基础设施的概念设计与实践落地

当前企业、科研机构等多方主体结合自身优势积极推动数据流通基础设施的模式探索与实践落地。总体来看，各方主体打造的数据流通基础设施的共同点是聚焦数据流通利用的可信、可控与安全保障，差异点在于具体的功能架构、技术手段、应用场景等方面。

中国移动“数联网”（DSSN）。2023 年，中国移动基于隐私计算、区块链、低代码开发等技术，构建跨行业、跨区域、跨机构的数据要素流通基础设施——数联网（DSSN，Data Switching Service Network）。数联网采用“一点接入、全网可达、广泛连接、安全可信”的数据流通模式，满足各行业机构在连接、算力、安全、合规等方面的共性需求（见图 1）。数联网可应用于金融、政务、医疗等行业的数据流通交易场景，通过提供快速智能组网、安全可信交付等技术支撑，帮助行业机构实现数据的内外部流通。中国移动已与北京、贵阳、郑州、上海、广州、深圳、杭州等地 7 家数据交易所（中心）开展战略合作，并在多地试点应用。未来，中国移动将推进“数网融合”，构建以数联网为代表的数据流通基础设施，支撑各行业机构开展海量多维数据的实时、高效、安全交互。

中国电子“数据元件”与“数据金库”。中国电子围绕城市数据治理构建“一库两网，三级节点”的数据流通和安全融合基础设施。“一库”指数据金库，是政府主导构建的自主安全数据中心，归集存储影响国家和区域安全以及国家长期发展战略的基础数据、个人隐私核心数据和重要数据，以及数据治理形成的数据元件。数据元件是从脱敏数据中抽取场景关联字段、建模特征字段所构建的数据集。“两网”指数据金库内网和外网，数据和数据元件在内网自由交换和共享，按需以数据元件形式流入外网，实现数据元件之间、数据元件和一般数据的流通和融合应用。三级节点指市、省、国家三

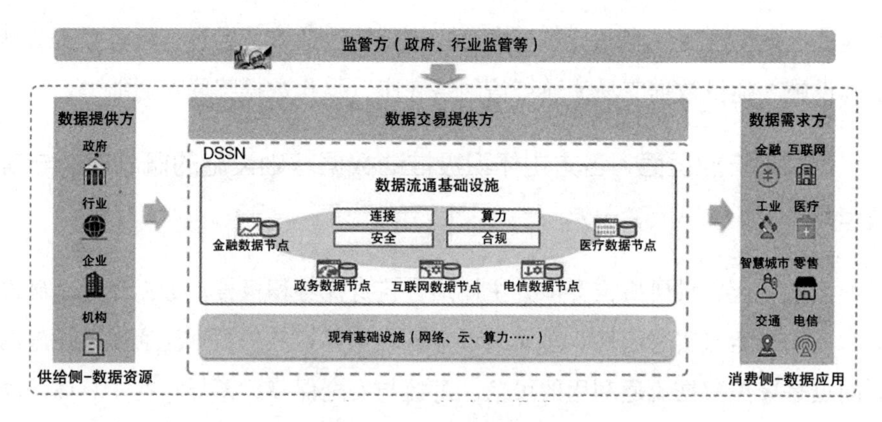

图 1　DSSN 的发展愿景

资料来源：中国移动通信集团有限公司《数联网（DSSN）白皮书》，2023。

级，对数据和数据元件分类分级、分层分布存储。

国家信息中心“数据授权流通信任服务基础设施”（DTS）。DTS 是依托国家信息中心建设运行的国家电子政务外网网络信任服务体系，该体系通过合规可信的授权机制将相应数据资源由数据提供者安全传递给数据使用者。DTS 以“身份可信、签名可靠、隐私可控、流程可溯”为安全原则，结合星际文件、边缘节点、区块链、隐私计算等技术手段，为数据流通相关各方提供身份认证、授权管理、责任认定、隐私保护等服务。

中国信息通信研究院“可信数据流通网络”（Trusted Data circulation Network，TDN）。TDN 以数据可信流通为基础原则，以“全国互联、数据可信、流通安全、全程可溯、贡献可量”5 个核心能力为目标，包含“互联基础层、资源接入层、计算控制层、流通服务层”四层功能框架。

工业互联网产业联盟联合中国信息通信研究院提出建立可信工业数据空间（Trusted Industrial Data Matrix）。可信工业数据空间是一种面向工业数据有效管理、安全流通的基础设施，自下而上分为数据接入层、传输处理层、中间服务层、数据控制层与数据应用层 5 个层次，运用隐私计算、存证溯源、数据控制等技术提升数据拥有方、数据处理者等相关主体的数据处理能力与控制能力，消除数据主体开展数据外部流通的顾虑。

上海数据集团有限公司和华为技术有限公司联合提出城市数据空间CDS（City Data Spaces）理念，构建城市数据空间基础设施的“1+4+2”统一基础架构。“1+4+2”包括1个城市数据底座、4个数据分层（数据资源、数据治理、数据资产和数据交易），以及2个治理框架（安全可信和合规可控）。城市数据空间基础设施覆盖了数据接入、治理、开发、流通、应用5个领域，在汇聚各方数据后提供“采—治—算—流—用”的技术支撑，围绕上海城市数字化转型，重点面向数字治理、数字经济及数字生活等领域的业务场景提供数据能力支撑。

（三）技术层面：多种新型技术融合运用共推数据基础设施创新发展

数据带有与生俱来的强技术属性。数据在很大程度上是数字技术的产物，具有无形性、可复制性、非均质性等特征，可谓“产生于技术”。数据全生命周期的各种活动也需要依托技术工具来承载，可谓“活动于技术”。技术作为重要变量，极大影响着数据产生与活动的形态、方式及路径。

近年来，围绕数据流通利用的技术发展日新月异。技术需要围绕业务需求、业务场景集成于数据流通基础设施之上。各类技术自身解决的只是单点上的问题。数据基础设施通过集成多种技术来解决数据流通利用所面临的系统性问题。

数据基础设施通过融合算力网络、隐私计算、数据编织、大规模多源异构数据管理、大规模图计算等多种技术手段，优化了数据采集、汇聚、加工等流程。以DSSN为例，该设施综合运用了数算网融合、网络化可信隐私计算、数据流通全链路管控等多种技术创新。在数算网融合技术方面，DSSN面向行业机构数据流通业务过程中对网络的多层次需求，提供按需接入、算网感知和编排调度、安全隔离等定制化服务。在网络化可信隐私计算技术方面，DSSN在数据要素流通利用全过程中运用多种隐私计算技术，将点对点的隐私计算方式升级为网络化方式，实现数据价值的网状流通，促进“原始数据不出域、数据可用不可见”新型流通范式的规模化落地。在数据流通全链路管控技术方面，DSSN 使用统一的数据标识，建立相匹配的数字身份、可信数据凭证与数据安全监测体系，促进数据在流通利用全过程中可管可控。

数据基础设施通过区块链等技术手段提升了产业各方之间的互信度与协作效率，促进了数据收益公平、高效、合理分配。区块链具有不缓存数据、保护个人隐私、可追溯数据来源且保证不会被篡改等优势。利用区块链防篡改特性构建数据流通基础设施，有助于保证各节点之间的数据一致性，能够促进跨主体、跨行业数据的安全交换，有效防范化解数据篡改风险。我国多地运用区块链技术推动数据基础设施建设。北京经济技术开发区建设以区块链技术为底层的可信数据空间。四川省成都市基于“蜀信链”建设成渝公共信息资源共享应用系统，建立公共信息资源标识和确权体系。河北雄安新区基于区块链技术建设覆盖各行业的产业互联网平台，为企业在雄安云上建立“企业数据保险箱”，企业可自主管理数据，自动生成企业画像。

三　2022~2023年中国数据基础设施建设特点

（一）人工智能大模型成为推动数据基础设施建设的重要动力

2023 年，以 ChatGPT 为代表的生成式人工智能对高质量的数据供给与处理提出了里程碑意义的新需求，而实现高质量数据供给与处理离不开数据基础设施提供技术支撑。在数据处理层面，需要大规模、高性能、高稳定性的智能算力资源作基础。在数据供给层面，则对数据采集、汇聚、治理、流通的规模与质量提出了高要求。2022 年 11 月，人工智能研究小组 Epoch 的一项研究提出，机器学习数据集可能会在 2026 年前耗尽所有“高质量语言数据”。根据该研究，“高质量语言数据”主要来自“书籍、新闻文章、科学论文、维基百科和过滤的网络内容”。Epoch 小组作出这项预测时，人工智能大模型还未在全球范围内兴起。2023 年 7 月，加州大学伯克利分校计算机科学教授斯图尔特·罗素（Stuart Russell）指出，ChatGPT 等人工智能驱动的机器人可能很快就会“耗尽宇宙中的文本”。

人工智能大模型的发展促进智算基础设施的发展。截至2023年底，我国算力总规模达到230EFLOPS[①]，其中智能算力规模达到70EFLOPS，占比为30.4%。2023年，我国智能算力规模与2022年相比增速超过70%，智能算力增长迅速[②]。为满足人工智能大模型在数据基础设施层面的需求，我国多个省市出台政策强化智算能力建设及数据资源供给。2023年5月，北京市印发《北京市加快建设具有全球影响力的人工智能创新策源地实施方案（2023—2025年）》，提出建设北京人工智能公共算力中心、加快构建高质量人工智能训练数据集、研究建立数据集开放共享机制。2023年5月，深圳市印发《深圳市加快推动人工智能高质量发展高水平应用行动方案（2023—2024年）》，指出强化智能算力集群供给与培育高质量数据要素市场。2023年7月，上海自贸试验区临港新片区发布《临港新片区加快构建算力产业生态行动方案》，指出2025年临港新片区将形成以智算算力为主、基础算力和超算算力协同的多元算力供给体系，总算力超过5EFLOPS（FP32），AI算力占比达到80%。

（二）公共数据授权运营平台成为数据基础设施建设的重要板块

近年来，为解决数据要素供给不足的问题，我国将推动公共数据开发利用作为重要突破口。为了充分引入市场力量投入公共数据的开发利用中，我国各级政府大力推动公共数据授权运营。多个省市积极根据各地实际情况规划和建设相关平台，为公共数据授权运营提供技术支撑与保障。2023年9月，上海数据集团上线发布了“天机·智信”平台。该平台主要服务数据提供方、数据需求方（数据消费方）、授权运营方、开发利用方、平台运营方与监管方等6类角色，面向数据全生命周期提供信任安全和授权运营的管理能力。该平台已上线企业信用服务、普惠金融、企业风控、国际贸易真实

---

① EFLOPS的单位是ExaFLOPS（10的18次方），即10万亿次浮点运算。

② 国家数据局：《数字中国发展报告（2023年）》，2024。

性分析、群租房管理、社区停车管理等应用场景①。2023 年 10 月，由杭州国际数字交易中心负责建设和运营的杭州市公共数据授权运营平台通过省级验收。该平台按照“多租户”模式构建，在保证市级公共数据授权运营的同时也提供区县级授权运营能力。

（三）推动数据安全合规高效流通成为数据基础设施建设的重要方向

数据基础设施是面向数据全生命周期，提供数据汇聚、处理、流通、应用、运营与安全保障等一体化的功能服务，从 2022~2023 年我国各地数据基础设施规划与建设的情况看，推动数据流通成为当下的重要方向。从数据基础设施供给侧来看，随着多年来我国大数据产业的发展实践，我国在数据汇聚、处理、安全保障等方面已经具备一定基础。相对而言，数据流通方面的基础设施建设亟待完善。从数据基础设施需求侧来看，数据流通利用不足成为制约我国数据要素市场发展的关键卡点，解决这一问题需要提供相应的基础设施来保障数据要素能够安全合规高效流通。2022~2023 年，我国数据基础设施建设的重要方向是促进数据在不同组织机构间的高效合规流通。中国移动“数联网”、中国信息通信研究院“可信数据流通网络”、国家信息中心“数据授权流通信任服务基础设施”等多个数据基础设施在其名称中就体现出了重在推动流通的特点。

四　我国数据基础设施建设存在的问题

（一）多数探索尚处于理念构想阶段，规模化商业落地不足

当前我国多个省市及市场主体虽已提出建设数据流通基础设施，但多数尚处于概念设计、试点建设的起步阶段，缺乏规模化的商业落地。数据流通

① 中国信息通信研究院：《公共数据授权运营案例集（2023）》，2023。

基础设施不同于高速公路、高速铁路等支撑物理空间实体流通的基础设施，在技术路径、建设运营等方面还有待发展完善。数据流通基础设施涉及多种技术手段，甚至在同一技术方向上也涉及多种不同的技术路线。衡量数据流通基础设施“是否能用”“是否好用”“是否耐用”的标准只有一个，那就是大规模、长周期的商业化落地实践，交由市场来评判。规模化商业落地不足在一定程度上制约了我国数据流通基础设施的建设发展。

（二）多头散点建设可能形成新的“数据孤岛”

当前我国多个省市积极规划建设数据流通基础设施，在一定程度上有助于促进一地一域的数据流通利用，然而多头散点建设可能带来如下三点局限。一是全链条服务能力的局限，多数建设主体受技术和资源禀赋约束，建设实践多聚焦于局部需求与单点应用。二是资源集约的局限，多头散点建设实践可能重现数据中心重复建设、无序发展的历程，带来布局失衡、资源浪费等问题。三是运营服务的局限，分散的基础设施面临互联互通难、协同应用难、长效运营难、监管调控难等问题。数据基础设施所要满足的不是一地一域、某一业务或某一场景的局部性需求，而是要满足数据流通利用的全局性、共性需求，并提供相应的底层资源及能力支撑。这决定了数据基础设施必须从国家层面基于全局视角统筹规划、科学布局。

（三）高效连接、快捷存算、安全可信、普惠共享的数据流通需求亟待满足

在高效连接方面，伴随隐私计算等技术的发展与应用，频繁交互、大规模、即时性的网络传输需求激增。各方市场主体需要大带宽、低时延、低成本的数据流通专用网络。在快捷存算方面，当前中小微企业在数据获取及开发利用方面仍受困于高技术门槛、高实施成本等难题。为增强数据要素的共享共用，亟须构建低成本、广覆盖、易使用的数据基础设施。在安全可信方面，市场主体需要依托数据基础设施解决安全合规、数据质量等问题与风险。行业主管部门则需要依托数据基础设施实现对数据流通违规行为及潜在

风险的可管可控可溯。在普惠共享方面，中小微企业或广大个人数据主体由于缺乏数据基础设施的支撑，在数据获取与使用方面存在一定门槛。

五　数据基础设施建设的发展趋势

（一）数据基础设施将从促进数据资源化向促进数据资产化升级

促进数据要素化是数据基础设施建设的重要目的。数据要素化包括数据资源化、数据资产化与数据资本化三个阶段。过去数据基础设施的建设以及相关技术的发展主要围绕数据采集、数据存储、数据加工等环节，其主要目的是实现数据资源“从无到有”“从有到优”，促进从原始数据到数据资源的转化。目前，在促进数据资源化的基础设施及标准规范方面，国内外已建立了一定的基础，比如数据中心、数据治理标准等。未来数据基础设施的建设将重点朝促进数据资产化甚至数据资本化的方向升级。当前数据基础设施的建设重点是促进数据高效合规流通。在实现这一目的后，未来的数据基础设施将围绕数据资产登记、数据资产估值、数据资产入表等工作提供相应的技术支撑。在完成数据资产化后探索推动数据资本化，现有金融基础设施或将进行创新升级，以为稳健推动数据资本化提供技术保障。

（二）数据基础设施的“硬联通”将同数据标准规范的“软联通”互促共进

当前我国正在大力推动多层次数据要素市场交易体系发展。多层次数据要素市场体系的互联互通既包括数据基础设施层面的“硬联通”，也包括规则标准层面的“软联通”，需将“软”的规则标准通过“硬”的基础设施来落地执行，以避免只停留于纸面①。“硬联通”与“软联通”是一体两

① 中国移动通信有限公司研究院：《多层次数据要素市场交易体系的形成与发展（2023）》，2023。

面、不可分割的关系。针对数据要素高速传输、动态变化的特点，数据标准规范的有效落地必须依托于数据基础设施提供的诸多技术工具。数据基础设施的互联互通则必须基于数据标准规范的统一，否则不可能实现真正的互联互通。未来，我国各地区各行业，一方面在数据标准规范研究制定过程中将日益深化数据基础设施相关标准规范的制定，另一方面在数据基础设施建设中将不断丰富基础设施对数据标准规范甚至规章制度的承载落地。

（三）数据基础设施长效高效运营的重要性将日益凸显

“重建设，轻运营”是我国部分领域基础设施建设存在的问题。建好基础设施只是充分发挥基础设施价值的先决条件，还要把基础设施运营好。数据基础设施日常支撑的对象是复杂多样的数据资源类型、数据服务主体以及数据应用场景，需及时高效地应对处理方方面面的问题、需求甚至突发事件，并在运营过程中持续推动设施自身的完善。没有对数据基础设施的长效高效运营，就不能发挥其规模效应以及对产业各方的促进作用。未来，随着我国数据基础设施的初步建成以及我国数据要素流通市场活跃度的不断提升，基础设施的综合运营将成为重点发展方向。

（四）数据基础设施治理“毒数据”的能力将不断提升

当前数据基础设施数据安全保障能力的重点发力方向是保障数据资源不被泄露与滥用，进而有效保障相关数据主体的合法权益。隐私计算、数据水印、数据使用控制等技术的运用就是为了达成这一目的。随着数据资源已经成为人工智能大模型发展的重要原料和催化剂，数据本身的质量将直接影响大模型的质量。如果数据集受到虚假、恶意或有害的“毒数据”污染，大模型会“中毒”，机器学习模型的性能和输出结果则会受到操纵、损害或欺骗。墨尔本大学和 Facebook 人工智能实验室于 2020 年底发表的一篇论文中提到，只需要占比 0.006%的恶意样本，就可以有 50%的概率

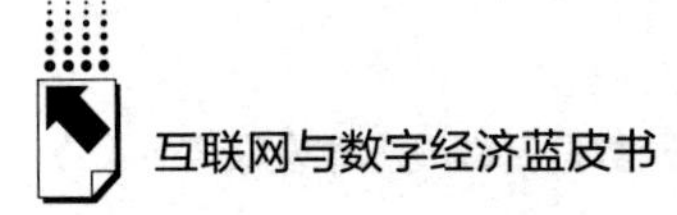

完成数据投毒攻击[①]。由于“毒数据”将带来“毒模型”，保障数据资源本身的真实性、可信性将成为人工智能大模型高速发展背景下数据基础设施的重要任务。

六　数据基础设施建设的对策建议

（一）加强顶层设计指引：出台国家级数据基础设施的顶层规划

建议以促进数据规模化、规范化流通利用为着眼点，出台国家级数据基础设施的顶层规划，明确建设目标、建设原则、建设标准、总体架构、建设路径、建设主体、运营主体、工作任务、工作标准、保障措施等。加快制定各类数据基础设施标准体系及评价体系，加强对各领域基础设施建设的动态监测与综合评估。在数据基础设施建设运营过程中注重评估，促进整体性规模效益提升。

（二）完善参与主体管理：加强数据基础设施建设运营者资质管理

数据基础设施事关国家安全与国计民生，建议加强建设运营者资质管理。数据基础设施的建设运营者应具备雄厚的基础设施资源、成熟的基础设施运营能力、丰富的网络互联互通经验、强大的产业链引导力、高度的社会公信力与稳健持续的发展前景。

（三）推动关键技术落地：完善技术产业化落地的生态体系建设

技术的发展与成熟不仅需要依靠持续的研究开发，还需要依靠规模化、市场化的实践落地。这意味着推动关键技术发展不仅需要科研工作者的努力，更需要产业各方的共同努力。我国在加强人工智能、区块链、隐

① 《谷歌翻译“辱华”？AI 数据投毒了解一下》，https：//mp. weixin. qq. com/s/PdI77UnqHfU7r4XrB3q0gg。

私计算等关键技术研发的同时，也需要围绕相关技术推动产业生态体系建设。依托自主可控的关键技术构建自主可控、繁荣发展的产业生态，推动各项技术依托健全的生态体系在产业实践中落地生根，提升我国数字经济产业链的韧性。

参考文献

国家数据局：《数字中国发展报告（2023年）》，2024。

中国信息通信研究院：《中国综合算力评价白皮书（2023）》，2023。

中国移动通信集团有限公司：《数联网（DSSN）白皮书》，2023。

上海数据集团有限公司、华为云计算技术有限公司：《城市数据空间CDS白皮书》，2023。

中国信息通信研究院：《公共数据授权运营案例集（2023）》，2023。

工业互联网产业联盟：《可信工业数据空间系统架构1.0》白皮书，2021年12月。

中国移动通信有限公司研究院：《多层次数据要素市场交易体系的形成与发展（2023）》，2023。

产业数字化篇

B.9
2022~2023年中国企业数字化转型升级发展报告

刘 倩*

摘 要： 本报告深入分析了2022~2023年中国企业数字化转型升级的发展情况，突出国家政策引导、数字化转型呈现积极态势、数字化基础设施规模效应显著、领先企业的先行带动作用凸显、数字化转型策略的审慎选择以及运营效率的提升等态势。同时，报告指出企业转型过程中存在的五大问题——战略方向不明确、创新困境、经济限制、收益实现缓慢以及认知与技术挑战等，这些问题制约着数字化转型的深入发展。展望未来，预测中国企业数字化转型将呈现四大趋势：深度融合与场景化应用双重关注、数据驱动与智能决策共同推进、数字生态与平台化战略双管齐下以及云计算与边缘计算的紧密结合。这些趋势将引领企业转型朝着更深入、智能、生态化和灵活的方向发展。鉴于此，提出五项政策建议——加强顶层设计与政策引导、推动技术创新与人才培养、优化数字化基础设施建设、构建开放合作的数字化

* 刘倩，管理学博士，中央财经大学中国互联网经济研究院副研究员，主要研究方向为数字化转型、数字创新、数字内容生产与消费。

生态以及提升企业数字化转型服务能力，以促进中国企业数字化转型升级发展，实现经济高质量增长。

关键词： 数字化转型　中国企业　数字化基础设施

在过去的两年里，全球经济环境经历了前所未有的变革，数字化转型已成为推动企业持续发展的关键动力。面对疫情带来的挑战和不确定性，以及日益激烈的国际竞争，中国企业积极拥抱数字化，将其作为转型升级和创新发展的重要途径。在国家政策大力支持和市场需求的双重驱动下，中国企业的数字化转型进入加速发展的新阶段。数字化转型不仅关系到企业自身的竞争力和可持续发展，也是推动中国经济高质量发展的重要途径。它涉及企业的战略规划、组织结构、业务流程、技术应用等多个方面，是一场全面而深刻的变革。随着云计算、大数据、人工智能等新兴技术的不断成熟和应用，以及5G、物联网等新型基础设施的快速发展，中国企业的数字化转型正面临着前所未有的机遇和挑战。因此，深入分析中国企业在数字化转型升级发展中的表现，探讨存在的问题和挑战，预测未来发展趋势，并提出针对性的政策建议，对于促进中国企业乃至整个经济的高质量发展具有重要意义。本报告正是基于这样的背景和目的，为中国企业数字化转型提供参考和指导，助力企业把握数字化发展的新机遇、实现高质量发展。

一　2022~2023年中国企业数字化转型升级发展情况与特点

1. 国家层面的规划和指导促进中国企业数字化转型的健康发展

国家层面的规划和指导为中国企业数字化转型的健康发展提供了政策支持和发展路径。国家发布的一系列规划文件，如《“十四五”数字经济发展规划》《数字中国建设整体布局规划》《中小企业数字化转型指南》等，为企业数字化转型提供了明确的方向和政策支持。此外，政府部门通过构建公共服务与专项支持政策体系，加强了对企业的资金和技术支持。例如，工业和信息化部、财政部联合印发《关于开展财政支持中小企业数字化转型试点工作的通知》，通过中央财政对完成任务的服务平台进行奖补，以此鼓励和支持中小企业进行数字化改造。具体而言，该政策旨在通过财政补贴等措施，降低中小企业数字化转型的成本，提高其数字化转型的积极性和效率。

2. 中国企业数字化转型呈现积极态势

中国企业数字化转型的积极态势体现在越来越多的企业加大数字化投入，将数字化转型视为战略选择，以及数字化转型在企业中的整体成熟度不断提升。2023 年埃森哲《2023 中国企业数字化转型指数》研究显示，超过半数（53%）的中国企业计划继续加大数字化投入。此外，根据艾媒咨询的调研数据，超过五成的企业认为成本上升是数字化转型的核心驱动因素，企业迫切需要提升供应链管理和企业经营管理能力，这两者分别占 48.1% 和 47.3%。另外，《企业数字化转型成熟度发展报告（2022）》提出，不少中国企业已经步入实质性转型阶段，数字化转型的成熟度指数持续提升。值得注意的是，企业数字化转型的细分服务模式渐趋成熟，如费控报销、电子签名、数字招聘、数字营销等领域的蓬勃发展，支持企业在数字化转型中能够更加精准地定位和运用各种服务模式，从而实现更加个性化和有效的转型。

3. 数字化基础设施的规模效应较为显著

在数字化实践中，数字化基础设施的规模效应对企业的数字化转型起到至关重要的作用。首先，通过规模效应，企业可以实现统一的数据接口和格式，促进不同业务环节之间的数据共享和流通，避免重复建设和数据孤岛，从而降低资源浪费并提升工作效率。例如，华为通过构建数据湖和数据仓库，打造了企业数字化转型的数据底座，实现了业务与财务的实时共享和数据的汇聚与共享。其次，规模效应有助于企业构建更完善的数字化管理体系，如数据中台，实现了不同业务线的数字化战略协同，优化了资源配置，为企业的数字化转型打下坚实的基础。以金蝶云为例，通过云服务平台，金蝶提供了一系列的数字化产品和服务，包括财务云、税务云、进销存云、零售云、订货云等 SaaS 服务。这些服务不仅支持小微企业拓客开源、智能管理、实时决策，而且为大型企业和高成长型企业提供了协同平台解决方案，提供了专业可靠的客户成功模式与安全可信的云原生平台架构支撑能力。此外，数字化基础设施的规模效应还能帮助企业更有效地应对数字化转型中的技术难题和组织变革挑战，提高数字化转型的成功率和实施效果。

4. 领先企业数字化转型的先行带动作用逐步凸显

随着中国企业数字化转型的不断推进，领先企业的先行带动作用逐步凸显。领先企业在数字化转型方面进行了大量的探索和实践，例如，通过引入先进的数据分析技术和人工智能算法，挖掘企业数据资产的价值，从而发现新的业务价值点和创新机会。这些探索和实践不仅促进了领先企业自身的数字化发展，也为行业树立了标杆。领先企业的成功经验和实践案例对其他企业具有示范和引领作用，其他企业可以借鉴其做法和经验，更好地探索数字化转型的路径和方法，加速自身转型进程。

以华为为例，该公司不仅自身进行了深度的数字化转型，还致力于推动整个行业的数字化转型。华为通过提供先进的数字化基础设施和解决方案，助力各行各业实现数字化转型。具体来说，华为与国家能源集团合作开发的“矿鸿”操作系统，实现了矿山设备的数字化管理和运营，提高了矿山安全性和效率，这不仅是一个新的业务价值点，也是数字化转型的重要成果。通过这样的合作模式，华为推动了整个矿业行业的数字化升级，展现了领先企业在推动行业数字化转型中的关键作用。

5. 中国企业数字化转型向审慎决策与务实策略转变

中国企业数字化转型正在向审慎决策与务实策略转变。埃森哲《2022中国企业数字化转型指数》报告指出，近 80%的企业关注数字化项目的直接财务回报，同比上升了 28%。企业希望通过数字化的“精耕细作”，在不确定的大环境中获得确定的“看得见”的回报。Caron Engineering 的成功从侧面印证了企业在数字化转型实践中，对直接效益和投资回报的明确关注。

具体地，Caron Engineering 提供的工具监控自适应控制（TMAC）产品，实现了28%的平均投资回报率和即时的价值实现时间，使企业不仅能够快速回收投资，获得额外利润，也可以在较短时间内看到投资效果。另外，艾媒咨询《2023年中国企业数字化转型发展白皮书》提出，企业在数字化转型中更加注重夯实数据基础，这反映了企业对数字化转型的务实态度，希望通过技术手段提升运营效率和竞争力。这种审慎决策与务实策略体现了企业对数字化转型的风险管理和长期可持续发展的考量，同时也在应对当前经营环境中的不确定性。

6. 中国企业数字化转型的重点转向提升运营效率

中国企业数字化转型的重点正在从培育未来商机转向提升运营效率，这是响应当前环境下企业对高效率和有效运营的迫切需求。2022年，埃森哲《数字化转型：可持续的进化历程》调研报告指出，受外部不确定因素影响，企业越来越倾向于利用数字化手段优化运营。2023年，埃森哲《2023中国企业数字化转型指数》也强调，企业正在通过数字化集成和全生命周期的信息追踪反馈来提高运营效率。报告还提到，企业需要在构建数字化核心能力和激发人才潜力方面加快进展，这表明未来的数字化转型将更加注重运营效率的提升。

在实际操作中，许多中国企业已经通过数字化转型实现了运营效率的显著提升。例如，胜意科技通过AI、RPA、OCR等新技术应用到费用报销领域，实现了费用报销智能化、财务核算自动化，打破了企业消费与报销之间的壁垒，提升了财务处理效率。分贝通构建了“商旅+费控+支付”的产品体系，创造性地实现了费控数字化，从分散管控到整体管理，满足了企业降本增效的诉求。励销云提供了“找客—筛客—管客—沉淀数字资产”的全流程智能销售服务一体化解决方案，帮助企业实现全流程数字化商业智能的升级迭代，优化销售流程，提高客户满意度。随着数字化转型的不断深入，预计未来将有更多的企业通过数字化手段实现运营效率的持续提升。

二　中国企业数字化转型升级发展存在的问题

1. 企业数字化转型缺乏清晰的战略与方向

在数字化转型实践中，许多企业没有明确的战略规划和转型方向。例如，《2022 国有企业数字化转型调研报告》提出，超过50%的受访者认为国有企业面临的首要障碍是缺乏数字化转型的清晰愿景，无法制定对症下药的数字化战略。《专精特新企业数字化转型白皮书（2023 年）》提出，专精特新企业和中小企业在数字化转型过程中都面临着对数字化转型必要性和迫切性认知不足的挑战，导致它们不愿意或无法进行数字化转型。《2024 年中小企业数字化转型白皮书》提出，中小企业面临着“转型是找死、不转是等死”的困境，这表明企业在数字化转型过程中缺乏清晰的战略和方向，导致转型的效果不佳或者无法顺利进行。因此，缺乏清晰的战略与方向是企业数字化转型中一个普遍存在的问题。

2. 创新困境制约企业数字化转型的升级

创新是推动数字化转型升级的重要驱动力。然而，许多企业在创新方面存在困境，难以在数字化转型过程中挖掘新的商业机会和模式。这限制了企业在数字化转型过程中的升级和发展。埃森哲的研究显示，全球颠覆指数在过去五年间增长了两倍，因此中国企业的数字化转型面临着高要求和多维度的挑战。这意味着企业需要不断创新来应对快速变化的市场环境和技术发展。然而，2023 年埃森哲的调研显示，仅有 2%的中国企业开启了全面重塑战略，重塑创新的路径和方法。中国企业在数字化转型过程中的创新困境需要从战略、人才和市场适应性等多个维度进行解决。企业需要加强对创新战略的理解和规划，积极培养和引进数字化人才，并提高对市场变化的敏感性和应对能力，以实现持续的创新和发展。

3. 经济限制阻碍企业数字化转型的进程

经济限制即资金不足对企业的数字化转型产生了多方面的限制，特别是对中小企业。由于缺乏足够的资金支持，企业在数字化转型过程中技术投入

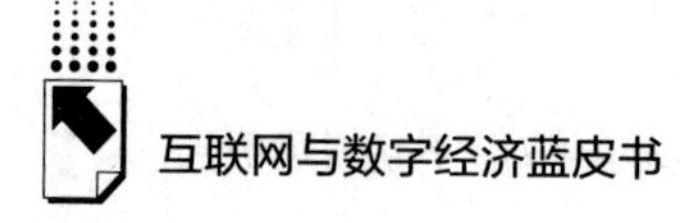

受限，人才引进和培养困难，基础设施建设面临挑战等。2022 年，工业和信息化部办公厅发布《中小企业数字化转型指南》提出，转型资金不足是中小企业数字化转型的核心挑战之一。资金的缺乏限制了企业在关键技术领域的投入，导致企业无法吸引和培养具备数字化技能的人才，从而影响了数字化转型的进程和效果。2022 年，腾讯社会研究中心《中小企业数字化转型路径报告》也提出资金不足导致企业无法购买必要的工具和技术以及开展人才培训进行数字化转型，进而影响到企业对数字化转型的积极性。即使对资金相对雄厚的大企业而言，数据中心、网络连接等数字化基础设施建设所需要持续投入的资金也是不小的经济负荷。因此，资金不足所引发的一系列经济限制成为桎梏企业数字化转型步伐和效率的关键问题。

4. 收益不确定影响企业数字化转型的持续性

数字化转型通常需要较长时间才能显现出明显的收益，这导致企业在转型初期面临资金回报率低的问题，影响了企业转型的持续性和动力。首先，企业在推行数字化转型时面临着投入成本高、回报周期长的挑战。企业在投入巨大成本后，如果无法立即看到预期的经济回报，可能会对数字化转型的继续投入感到犹豫和动摇，甚至放弃部分转型目标。其次，企业缺乏对数字化转型的具体收益认知。2022 年，腾讯社会研究中心《中小企业数字化转型路径报告》提出，在没有清晰的成本收益分析和数字化投资回报率的指导下，企业可能难以深刻理解数字化转型给企业带来的真正好处。李东红也提出，中小企业在数字化转型过程中没有进行清晰的成本收益分析，这使企业难以评估数字化投资的回报率，从而影响转型决策。这种对数字化转型收益认知的缺乏会影响企业对转型持续性的信心，降低企业持续进行数字化转型的积极性。

5. 认知、机制与技术挑战阻碍企业数字化转型的实施

在数字化转型过程中，企业可能会面临认知、机制与技术上的挑战。首先，企业可能对数字化技术的应用和发展方向存在误解或认知不足，导致其在转型过程中出现认知偏差。例如，对数字化技术的应用场景、优势和局限性缺乏全面的了解，容易导致企业资源投入不当、战略方向错误等问题。其

次，机制风险是指企业在数字化转型中可能存在的组织结构、流程设计等机制上的隐患。数字化转型通常需要企业进行组织架构的调整、流程优化等变革，但这些变革可能会遇到内部利益冲突、员工抵触情绪等问题，影响数字化转型的顺利进行。最后，企业在引入新技术时可能面临技术不稳定、安全性问题、成本过高等困难。例如，中国信息通信研究院《企业数字化转型技术发展趋势研究报告（2023年）》提出，泛在连接加速数据资产沉淀虽然重要，但同时也带来了信息共享、管理、分析方面的挑战。总的来说，认知风险、机制风险和技术风险在企业数字化转型中是需要重点关注和解决的问题。

三　中国企业数字化转型升级发展的趋势

1. 深度融合与场景化应用并重

随着技术的发展和企业对数字化转型理解的深入，数字化技术将更加深入地融合到企业的业务流程和生产环节中。企业将更加注重数字化技术的场景化应用，通过精准匹配业务需求和技术能力，提升数字化转型的效率和效果。

深度融合指的是将物理世界和数字世界的信息进行整合，实现数物融合和业务融合。这种融合不仅包括将产品、设备和人等信息与各种产品数据进行整合，也包括重新编排业务流程，快速构建跨部门、跨系统的端到端业务应用。通过深度融合，企业可以实现资源优化配置和业务创新。场景化应用则是指在数字化转型过程中，根据业务场景提供实时、按需的数据支持，打破职能边界，驱动创新，满足特定场景的需求。通过场景化应用，企业可以根据不同行业和用户的需求，定制个性化的数字化场景。这种个性化设计能够帮助企业更好地满足客户需求、优化业务运营，并转型产品服务，是当前企业数字化转型的重要方向。

数字化转型中的深度融合和场景化应用相辅相成。深度融合可以实现数据、流程和业务的高度整合和优化，提升企业的效率和创新能力；而场景化应用则可以根据具体业务需求，为企业提供定制化的数字化解决方案，推动业务朝数字化转型的方向发展。深度融合和场景化应用的结合将帮助企业实现数字化转型的目标、提升竞争力并适应快速变化的市场环境。

2. 数据驱动与智能决策共行

数据被认为是企业的核心资产，因为通过数据的收集、分析和应用，企业可以更好地理解市场趋势、客户需求和内部运营情况。企业将加强数据治理和分析能力，通过利用大数据和人工智能等先进技术，实现数据驱动的智能决策。

数据驱动指的是通过新一代信息技术，获取大量内外部数据，并实现数据的高效传递和信息透明化，从而推动企业的商业模式、产业生态和运营管理模式的变革。数据价值的有效利用是数据驱动成功的关键，直接影响企业的数字化转型进程和核心竞争力的形成。在数据驱动的基础上，智能决策是指系统自动地进行数据分析，推动业务和管理决策的过程。智能决策依赖于AI技术进行数据分析，帮助企业判断哪些决策可被自动执行，哪些需要人为干预。通过机器学习等技术，智能决策能够实现更为智能化的决策过程，并推动人机智能协同。

数字化转型中的数据驱动和智能决策相辅相成，数据驱动为智能决策提供必要的基础和支撑，而智能决策则将数据驱动进行到底，实现数据的智能化应用和决策的自动化执行。这种结合使企业能够更好地应对数字化时代的复杂挑战，提高决策效率和业务运营水平，进而保持竞争优势并不断创新发展。

3. 数字生态与平台化战略并举

企业将更加注重构建数字生态与平台化战略。通过开放合作，整合上下游资源，打造生态化的业务平台，实现资源共享和价值共创。数字生态指的是企业、用户、合作伙伴等在数字化时代形成的互动网络，催生了全新的商业格局。而平台化战略是指企业通过建立数字化平台，整合资源、技术和服务，以实现更高效的商业运作和更优质的用户体验。

数字生态的建设是数字化转型的关键之一。企业需要通过数字化技术打破传统行业边界，建立开放、协作的生态系统，整合内外部资源，与合作伙伴共同创造价值，实现生态闭环的运作模式。这有助于企业快速响应市场变化、提升创新能力和市场影响力。平台化战略是数字化转型的重要路径之一。通过建设数字化平台，企业可以汇集海量数据，提升业务流程的效率和智能化水平，构建开放式的商业生态圈，实现多方共赢。通过平台化战略，企业可以降低进入门槛，加速产品和服务的创新与推广。

数字生态与平台化战略相辅相成，企业在数字化转型过程中，应充分利用这两种战略，实现资源整合、优势互补，促进商业模式的创新和升级，从而在市场竞争中获得优势。

4. 云计算与边缘计算结合

在数字化转型过程中，云计算与边缘计算结合起来可以实现更高效和更具竞争力的数字化解决方案。云计算为企业提供强大的计算和存储能力，支持各种复杂的业务需求。边缘计算则将数据处理能力推向网络边缘，距离数据产生的地方更近，能够实现更低延迟的数据传输和更快速的实时决策。结合云计算和边缘计算可以实现数据在产生地点和云端之间的快速传输和处理，使企业能够更灵活地应对复杂多变的商业环境。

通过云计算与边缘计算的结合，企业可以在边缘设备上进行数据预处理和分析，只将必要的数据传输到云端进行深度处理，降低网络传输成本，提高数据安全性。此外，边缘计算还可以实现对实时数据的及时处理和响应，增强企业的业务敏捷性和实时决策能力。而云计算则可以为企业提供大规模和高性能的计算与存储资源，支持复杂数据分析和深度学习等应用。因此，综合利用云计算和边缘计算的优势，企业可以实现数据的高效处理和管理，提升业务运营效率，加快创新和决策的速度，增强核心竞争力，推动数字化转型取得更为可观的成果。

四　中国企业数字化转型升级发展的政策建议

1. 加强顶层设计与政策引导

为确保企业数字化转型健康发展，需加强顶层设计与政策引导。制定全面的数字化转型战略规划，明确发展目标和重点领域。完善法律法规，保护数据安全，促进数据流通。提供税收优惠、财政补贴等激励措施，降低转型成本，特别是加大对中小企业的支持力度，提升市场活力。应推动数字化宣传，提高公众对数字化重要性的认识，为企业转型创造良好的社会环境。

2. 推动技术创新与人才培养

技术创新是数字化转型的核心，人才是创新的关键。政府应加大对人工智能、大数据、云计算等关键技术的研发投入，确保技术领先；与高校、研究机构合作，建立人才培养体系，提供高端人才，通过职业技能培训提升员工数字素养；建立技术创新和人才培养的激励机制，鼓励企业参与技术研发和人才培养。

3. 优化数字化基础设施

数字化基础设施是转型的物质基础。政府应加快 5G、物联网、工业互联网等基础设施建设，提供高效运行环境。加强网络安全和数据保护，确保转型安全。政策引导和资金支持可以促进区域间均衡发展、缩小发展差距。应建立基础设施建设的评估和监督机制，确保建设质量和效率。

4. 构建开放合作的数字化生态

开放合作的数字化生态对转型非常重要。政府应引导企业建立合作关系，促进资源共享、技术交流。深化国际合作，参与国际标准制定，引进先进技术。促进中小企业与大企业的协同发展，支持创新企业成长。应建立合作平台，提供信息交流与合作机会，促进生态系统的健康发展。

5. 提升企业数字化转型服务能力

应建立数字化转型服务平台，提供定制化方案和专业服务。引入第三方服务机构，提供多元化服务。建立评估体系，定期评估转型进展，及时解决问题。政府应鼓励企业建立内部数字化转型团队，提高自身服务能力。通过建立服务平台和评估体系，确保转型健康持续发展。

参考文献

埃森哲:《数字化转型：可持续的进化历程》，2022。

埃森哲:《2023 中国企业数字化转型指数》，2023。

艾媒咨询:《2023 年中国企业数字化转型发展白皮书》，2023。

艾媒咨询:《中国中小微企业数字化转型路径研究报告》，2022。

腾讯社会研究中心:《中小企业数字化转型路径报告》，2022。

浙江省工商联:《2023 浙江民营企业数字化转型调研报告》，2023。

中国信息通信研究院:《企业数字化转型技术发展趋势研究报告（2023 年）》，2023。

腾讯研究院:《2022 国有企业数字化转型调研报告》，2022。

前程无忧、拉勾:《2023 年企业数字化转型组织力报告》，2023。

金蝶云星空:《专精特新企业数字化转型白皮书（2023 年）》，2023。

中关村数字经济产业联盟、元年研究院、《管理会计研究》:《成就数据驱动型企业：中国企业数字化转型白皮书》，2022。

点亮智库、中信联:《企业数字化转型成熟度发展报告（2022 年）》，2023。

李东红:《破解中小企业数字化转型的现实难题》，《学习时报》2022 年 8 月19 日。

B.10

2022~2023年中国重点产业数字化转型发展报告

荆文君*

摘　要：　本文首先介绍了2022~2023年中国重点产业数字化转型发展现状，指出三次产业在发展中呈现“制度红利”持续释放、技术进步与应用持续赋能产业转型升级、“数实融合”范围进一步扩大的典型特征。其次，提出重点产业数字化转型中存在的问题，如数据流通仍存在“堵点”，“数实融合”发展不均衡，企业数字化转型资源不够充分。再次，对重点产业数字化转型的趋势加以判断——智能化驱动生产模式从产品制造向价值创造转变，数据集成与平台赋能使产业链协同程度进一步提高，新技术的集成应用持续催生产业数字化新业态。最后，提出相应的对策建议，包括完善数据要素价值转化制度设计，构建数字技术高质量供给体系，强化中小企业数字化转型的激励与保障措施。

关键词：　产业数字化　数字经济　实体经济　数字化转型

发展数字经济，要协同推进数字产业化和产业数字化。产业数字化是在新一代数字科技支撑和引领下，以数据为关键要素，对产业链上下游的全要素数字化升级、转型和再造的过程。根据中国信息通信研究院《中国数字经济发展研究报告（2023年）》数据，2022年，我国产业数字化规模为41万亿元，占数字经济规模比重为81.7%。可见，传统产业数字化转型是数字经济发展的“主战场”。

* 荆文君，博士，山西财经大学经济学院副教授，主要研究方向为数字经济、平台经济。

一　重点产业数字化转型2022~2023年发展情况

（一）农业数字化全面推进

乡村振兴一直是民族复兴、全面建设社会主义现代化国家的重要任务，农业强国建设、推进农业农村现代化已成为新时代重要战略部署。人工智能、大数据、5G 等新一代信息技术的成熟与应用，不仅在供给端改变了农业生产方式，也在需求端进一步释放了农村消费潜力。农业数字化转型呈现三点发展特征。

一是农业数字化支撑体系逐步完善。在政策层面，农业数字化转型一直是我国政府高度重视的领域。近 10 年来的中央一号文件，都对农业数字化转型有所侧重，如 2012 年中央一号文件首次提出全面推进农业农村信息化；2018 年一号文件将智慧农业与乡村振兴紧密衔接；2022 年一号文件提出利用大数据、互联网技术赋能数字乡村建设，推进智慧农业发展。同时，支撑农业数字化发展的支持性政策相继出台。如 2022 年 1 月，中央网信办、农业农村部、国家发展改革委、工业和信息化部、科学技术部、住房和城乡建设部、商务部、国家市场监管总局、广电总局、国家乡村振兴局联合印发《数字乡村发展行动计划（2022—2025 年）》，部署了 8 个方面的重点行动，其中包括数字基础设施升级行动、智慧农业创新发展行动、新业态新模式发展行动、数字治理能力提升行动等与农业数字化转型密切相关的具体要求；2023 年 6 月，农业农村部、国家发展改革委、财政部、自然资源部联合印发《全国现代设施农业建设规划（2023—2030 年）》。这是首部现代设施农业建设规划，为全面推进现代设施农业建设提供了重要指南。在基础设施层面，农业信息化进程快速推进。一方面，网络设施不断完善，截至 2021 年 11 月底，全国 51.2 万个行政村全面实现了“村村通宽带”，农村光纤平均下载速率超过 100Mb/s①，截至 2023 年底，全国

① 《我国现有行政村已全面实现“村村通宽带”》，中国政府网，https：//www.gov.cn/xinwen/2022-01/04/content_5666254.htm。

农村宽带用户总数达 1.92 亿户，全年净增 1557 万户，比上年增长 8.8%，增速较城市宽带用户高 1.3 个百分点，5G 网络基本实现乡镇以上区域和有条件的行政村覆盖，为全面推进乡村振兴、加快农业农村现代化提供了坚实网络支撑。另一方面，互联网普及率大幅提高，根据中国互联网络信息中心发布的第 53 次《中国互联网络发展状况统计报告》，随着《数字乡村发展战略纲要》等政策文件的深入实施，农村网络基础设施建设纵深推进，农村互联网普及率稳步提高。截至 2023 年 12 月，我国农村地区互联网普及率为 66.5%，较 2022 年 12 月提升 4.6 个百分点。

二是数字技术与农业生产融合逐步紧密。重点体现在农业产业链的智能化改造初具规模。在以农资供应为主的产业链上游，如通过新一代信息技术对传统农业流程进行数字化改造，降低耕、种、管、收四大农业生产核心作业流程难度，减少任务量，提升农业生产者对生产资源的利用效率；又如，目前全国超过 60 万台拖拉机和联合收割机配置了基于北斗定位的作业监测和智能控制终端[①]，卫星定位检测系统和自动驾驶功能可随时监控并变更农机播种、收割、植保等作业流程，实现自动化作业。在中游农业各生产细分部门（种植、林业、畜牧、渔业等），通过传感器、监测装置、数据分析系统，可以实现对养殖场的实时监测、病虫预防预警、智能决策辅助等功能。在以服务和加工环节为主的产业链下游，大数据、云计算等数字分析技术高效连接农产品市场供需两端信息，实现市场需求、库存和物流信息的动态实时共享，倒逼企业优化生产经营决策，向以销定产、品种优化的现代农业方向迈进。此外，数字技术与平台型企业进入农业生产环节后，加速了农业要素积累，2001～2023 年，中国农村电商投融资事件共发生 3270 起，金额达 7315.77 亿元，可以认为，资本普遍看好农村电商。

三是数字经济助推农村消费潜力进一步释放。一方面，数字技术和电子商务平台在销售端的应用提升了农产品的流通效率，典型地，各类电子商务平台进入农产品市场既减少了信息不对称对农户生产的负面影响，实现了供

① 《数字技术为传统农业带来更多可能性》，《光明日报》2023 年 2 月 10 日。

需的有效对接；又有效减少了流通环节，降低了流通成本，实现了消费者、农户、零售商的共赢。《2024 中国农产品电商发展报告》显示，2023 年，全国农产品网络零售额达 5870.3 亿元，约为 2014 年的 5 倍。此外，中国农产品物流总额再创新高，2023 年物流总额超过 5.3 万亿元，同比增长 4.1%，从 2021 年到 2023 年，农产品物流总额连续三年超过 5 万亿元。另一方面，数字技术不断催生农业新模式、新业态。例如，电商平台的崛起推动全国范围内的淘宝村风起云涌，“直播带货”“内容电商”等网购新业态向农村地区延伸，手机成为新农具，电商成为新农活，电商平台将物美价廉的农副产品带出“田间地头”。艾媒咨询发布的《2024 年中国乡村数字经济发展专题研究报告》显示，2023 年携程度假农庄总营收相较 2022 年实现 26.9%的增长，创造 8.6 亿元的价值贡献，乡村文创、特产美食、生态观光等重体验的内容逐渐走红，乡村旅游成为复苏重点。借助短视频等新媒体平台，依托当地核心特色打造乡村 IP，构建农产品、餐饮、民宿、文化资源生态链将成为乡村旅游业发展提质增效的重要手段。

（二）工业数字化转型加速

我国已经连续 13 年是世界制造业第一大国，制造业增加值全球占比接近 30%。党的二十大报告明确提出，要坚持把发展经济的着力点放在实体经济上，加快建设制造强国、网络强国、数字中国，推动制造业高端化、智能化、绿色化发展。当前，我国制造业的数字化转型已经逐步走深向实。

一是数字技术与工业深度融合。首先，我国工业企业数字技术应用水平显著提升。根据《国务院关于数字经济发展情况的报告》数据，截至 2022 年 6 月底，我国工业企业关键工序数控化率、数字化研发设计工具普及率分别达到 55.7%、75.1%，比 2012 年分别提升 31.1 个和 26.3 个百分点。其次，工业互联网与数字平台广泛覆盖工业各门类。《国务院关于数字经济发展情况的报告》显示，截至 2022 年 7 月底，全国具备行业、区域影响力的工业互联网平台超过 150 个，重点平台工业设备连接数超过 7900 万台

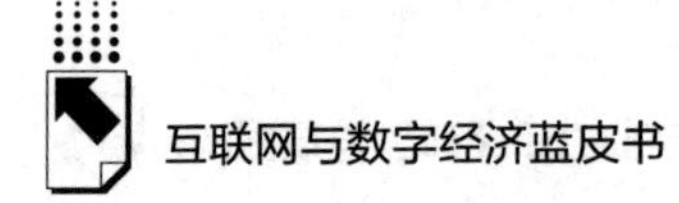

(套)，服务工业企业超过160万家。最后，数字技术创新持续赋能。2022年是“5G+工业互联网”收官之年，自实施该工程以来，由此产生的主要专利数占全球总专利数的40%，保持全球领先地位，边缘计算、5G LAN、5G TSN、5G NPN成为专利布局热点。在5G技术的支持下，协同研发设计、远程设备操控等20个典型应用场景加速普及。在“5G全连接工厂”种子项目中，工业设备5G连接率超过60%的项目占比超过一半，5G技术与工业融合的广度和深度不断拓展。

二是新技术、新模式、新业态助推工业数字化转型多维度推进。首先，技术与商业模式形成协同发展态势。在经受了市场需求疲软、商家价格“大战”等影响后，工业机器人市场销量仍保持增长态势，2023年全年销量累计28.3万台，增长0.4%，展现出一定韧性。同时，我国一些新业态开始逐步走向成熟，制造业开始应用数字化工厂、工业物联网、智能机器人等模式和手段突破生产制造中的瓶颈，根据中国信息通信研究院《中国数字经济发展研究报告（2023年）》，截至2022年第二季度，实现网络化协同、服务型制造、个性化定制的企业比例分别达到39.5%、30.1%、10.8%。其次，新技术助力新模式形成。典型的，在我国算力应用持续深入的背景下，工业制造与算力结合日渐紧密，“工业大脑”初具规模。“工业大脑”将工业企业的各种数据进行布局和融合，在上层构建工业数据中台，充分挖掘数据要素价值，实现数据采集监控、工业现场管控、设备智能控制等功能，快速提升工业制造水平。最后，大型平台企业跨界入局制造业数字化转型领域。如淘宝天猫、京东等网络购物巨头加速打造工业品一站式采购平台，推动上下游企业数字化转型，助力畅通工业品流通市场。京东工业通过开展工业品线上销售、探索工业供应链服务等方式，有效提升用户采购效率，已服务约6900家重点企业和逾260万家中小企业①。

① 《中国汽车工业协会报告：数智化供应链服务引领工业贸易模式》，光明网，2023年11月24日。

三是智能制造推动中国制造业高质量发展。首先，智能制造推进数字经济和实体经济深度融合。我国紧紧抓住新一轮技术机遇，加速布局人工智能发展。人工智能技术与实体经济融合程度不断提升。截至目前，已经有超过 40 款 AI 大模型产品通过备案，覆盖电子商务、办公、云服务、旅游等众多应用场景，赋能千行百业。截至 2023 年 12 月，我国已经培育了 421 家国家级智能制造示范工厂、万余家省级数字化车间和智能工厂；拥有 62 座代表着全球智能制造和数字化最高水平的“灯塔工厂”，总数位居世界第一[①]。其次，智能制造为制造业企业提质增效提供了可行路径。根据我国发布的《国家智能制造标准体系建设指南》，实施 305 个智能制造试点示范项目和 420 个新模式应用项目，建成 700 余个智能工厂、数字化车间，培育智能制造系统解决方案提供商超过 6000 家。根据工业和信息化部数据，截至 2023 年 7 月，我国已建成智能制造能力成熟度 2 级以上水平的数字化车间和智能工厂 2500 余个，这些示范工厂产品研发周期平均缩短了 20.7%，生产效率平均提升了 34.8%，产品不良品率平均下降了 27.4%，碳排放平均减少了 21.2%。最后，智能制造应用层次多元化发展。工业和信息化部等部门自 2015 年以来，每年遴选一批智能制造优秀场景，以“揭榜挂帅”方式建设一批智能制造示范工厂和智慧供应链（见表 1）。其中，2022 年度智能制造示范工厂揭榜单位公示名单 99 个，智能制造优秀场景公示名单 389 个，共计 488 个。同时，智能制造下游应用场景丰富，涵盖了纺织、造纸、通用/专用设备制造、电气机械和器材制造等多个行业，为工业智能化生产管理提供数控机床、成套设备等智能制造装备，基于数字化车间/智能工厂设计、产品研发及工艺设计、生产作业、仓储配送、设备运维、安全管控、能源与环保、经营管理等应用场景提供智能制造系统解决方案。

① 史宇鹏：《我国数字经济发展树立新优势》，《中国政协报》2024 年 4 月 8 日。

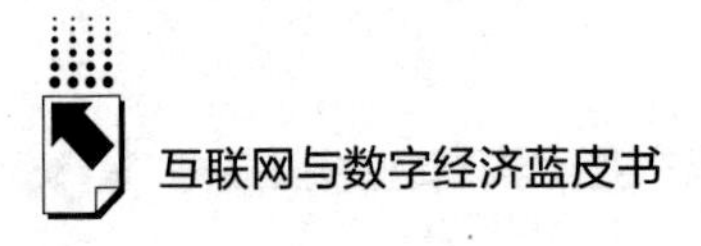

表 1　2022 年智能制造示范工厂四大行业细分领域及企业数量

单位：家

行业	细分领域	企业数量
原材料行业	石化化工、钢铁、有色金属、建材、民爆等	25
装备制造业	通用装备、专用装备、汽车、轨道交通装备、船舶、航空航天、电器机械、仪器仪表等	44
消费品行业	食品、饮料、纺织、服装服饰、皮革及制鞋、家具、造纸、印刷、医药、化纤、家电等	30
电子信息行业	计算机、通信和其他电子设备等	6

资料来源：工业和信息化部、前瞻产业研究院。

（三）服务业数字化水平显著提高

一是各类互联网基础应用持续推进。根据中国互联网络信息中心（CNNIC）发布的第 53 次《中国互联网络发展状况统计报告》，2023 年，各类互联网应用用户规模持续增长，相较于 2022 年底，一些领域的增长率超过 20%，详见表 2。作为服务业数字化的主战场，网络零售发展势头保持强劲。商务部数据显示，2023 年，我国网络零售额为 15.42 万元，增长 11%，连续 11 年成为全球第一大网络零售市场。其中，实物商品网络零售额占社会消费品零售总额比重增至 27.6%，创历史新高。绿色、健康、智能、“国潮”商品备受青睐，国产品牌销售额占重点监测品牌比重超过 65%；在线服务消费更多元，在线旅游、在线文娱和在线餐饮销售额增长强劲，对网络零售额增长贡献率达到 23.5%。

表 2　2022 年 12 月至 2023 年 12 月各类互联网用户规模和网民使用率

单位：万人，%

应用	2023 年 12 月用户规模	2023 年 12 月网民使用率	2022 年 12 月用户规模	2022 年 12 月网民使用率	2023 年 12 月用户规模增长率
网络视频（含短视频）	106671	97.7	103057	96.5	3.5

续表

应用	2023 年 12 月用户规模	2023 年 12 月网民使用率	2022 年 12 月用户规模	2022 年 12 月网民使用率	2023 年 12 月用户规模增长率
即时通信	105963	97.0	103807	97.2	2.1
网络支付	95386	87.3	91144	85.4	4.1
网络购物	91496	83.8	84529	79.2	8.2
搜索引擎	82670	75.7	80166	75.1	3.1
网络直播	81566	74.7	75065	70.3	8.7
网络音乐	71464	65.4	68420	64.1	4.4
网上外卖	54454	49.9	52116	48.8	4.5
网约车	52765	48.3	43708	40.9	20.7
网络文学	52017	47.6	49233	46.1	5.7
在线旅行预订	50901	46.4	42272	39.6	20.4
互联网医疗	41393	37.9	31836	29.8	4.3

资料来源：CNNIC 第 53 次《中国互联网络发展状况统计报告》。

二是长尾市场潜力被进一步激发。从区域分布看，成熟的商业模式由东部沿海地区向其他区域加快渗透。商务部数据显示，2022 年，东北和中部地区网络零售额增速较快，同比分别增长 13.2%和 8.7%，比全国增速分别高出 9.2 个和 4.7 个百分点；2023 年，中部地区和西部地区增速分别为 16.5%和 15.7%，比全国增速分别高出 5.5 个和 4.7 个百分点。从城乡关系看，农村电商持续发力。农村地区的网络零售额、农产品网络零售额增速也明显高于全国平均水平。商务部数据显示，2023 年，全国农村网络零售额 2.49 万亿元，增长 12.9%；全国农产品网络零售额 5870.3 亿元，增长 12.5%。从消费类别看，电子商务服务与产品类型更加丰富。当前，除了以京东、淘宝为代表的大宗商品网络零售服务模式外，还诞生了折扣电商、社交电商、即时零售等新型应用场景。其中，即时零售渗透的行业和品类持续扩大，也带动了传统零售业态的快速发展，美团监测数据显示，2022 年 1~5 月，商超百货等各类实体零售门店，线上订单总量增长了 70%。据中国连锁经营协会预测，到 2025 年，我国即时零售开放平台模式市场规模将达到 1.2 万亿元，年复合增长率保持在 50%以上。此外，相应的保障措施也在逐步完善，如数字技术正在赋能支付业务向扩场景、惠民生的方向转变。随着

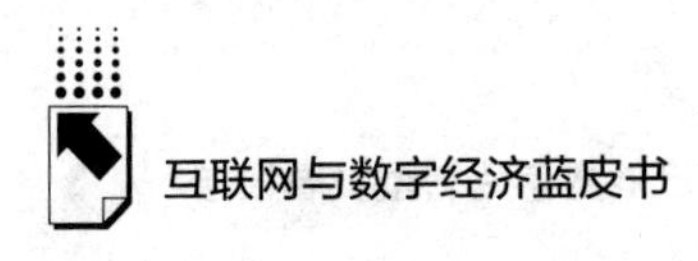

老龄化程度加深，各支付机构相继开展适老化改造工作，在应用中推出老年人专属版本，更好地满足老年群体支付服务需求。截至 2022 年 12 月，60 岁以上老年群体对网络支付的使用率达到 70.7%，与整体网民的差距同比缩小 2.2 个百分点。

三是新兴数字技术、业务跨界扩张激发新模式不断涌现。一方面，数字技术与传统服务业深度融合，加速了企业核心业务的更新迭代，催生了各类新模式，详见表 3。另一方面，企业业务的跨界扩张，丰富了服务业市场主体功能。如抖音、微信等互联网平台加快外卖业务的投入和布局。抖音推出自营模式和区域代理商外卖模式；微信通过小程序为具备外卖配送服务的商家提供接口，将业务延伸至外卖领域；快手也逐步开展外卖业务。多元主体的加入使市场竞争更加激烈。

表 3　新兴技术引入与企业商业模式创新案例

企业或机构	引入技术	创新效果
钉钉(阿里巴巴)	人工智能	钉钉在群聊、视频会议等核心功能中接入“通义千问”大模型,让用户通过对话方式激活人工智能服务
百度	大模型	百度“开物”平台基于大模型重构升级,目前已服务 22 万家企业,沉淀超 4 万个工业模型
Opera	人工智能	Opera 浏览器推出人工智能服务 Aria,帮助用户生成文本或代码、回答问题,提升用户搜索体验
黑龙江省文化和旅游厅	5G	上线智慧文旅小程序“一键玩龙江”,让游客尽情享受“智游龙江”
腾讯会议(腾讯)	裸眼 3D	如腾讯会议推出裸眼 3D 视频会议功能,用户可以通过左右移动看到不同视角的立体内容,体验更加真实
阅文集团	人工智能	阅文集团发布大语言模型“阅文妙笔”和应用产品“作家助手妙笔版”,为作家提供创作服务、数据运营等辅助工具,帮助作家激发灵感、丰富细节、提升效率
百度	人工智能	百度 Apollo 自动驾驶出行服务平台“萝卜快跑”正式落地武汉东西湖区,面向市民提供自动驾驶出行服务
商汤科技	人工智能	商汤科技发布“SenseCare 智慧医院”综合解决方案,围绕智慧诊疗、医学科研等场景,为医院等机构提供一站式服务,提升诊疗效果,提升患者就医体验,助力医院智慧化转型

资料来源：根据 CNNIC 第 53 次《中国互联网络发展状况统计报告》内容梳理总结。

二 发展特点

（一）“制度红利”持续释放

党的十八大以来，以习近平同志为核心的党中央高度重视发展数字经济，将其上升为国家战略。《中华人民共和国国民经济和社会发展第十四个五年规划和2035年远景目标纲要》提出“推进产业数字化转型”，这是以习近平同志为核心的党中央把握世界科技革命和产业变革大趋势作出的战略部署，为我们打造数字经济新优势指明了方向。

在此背景下，数字产业化的顶层战略布局持续完善。2022年7月，国务院批准建立由国家发展改革委牵头，中央网信办、工业和信息化部等20个部门组成的数字经济发展部际联席会议制度，强化国家层面数字经济战略实施的统筹协调；同时，《中华人民共和国国民经济和社会发展第十四个五年规划和2035年远景目标纲要》《“十四五”数字经济发展规划》《数字中国建设整体布局规划》相继出台，构成我国发展数字经济的顶层设计体系。在一些具体领域，相应的政策文件也在不断完善，从类别上看，可分为支撑产业发展的基础支持类（包括支持微观主体发展和强化基础设施建设）文件和传统产业转型类文件两类，部分政策文件总结见表4。

表4　2022年以来部分产业数字化政策文件

文件名称	颁布单位	颁布时间	针对领域	相关要点
《关于开展财政支持中小企业数字化转型试点工作的通知》	工业和信息化部、财政部	2022年8月	微观主体	计划在“十四五”时期，围绕100个细分行业，支持300个左右中小企业数字化转型公共服务平台
《中小企业数字化转型指南》	工业和信息化部	2022年11月	微观主体	从增强企业转型能力、提升转型供给水平、加大转型政策支持三方面提出14条具体举措

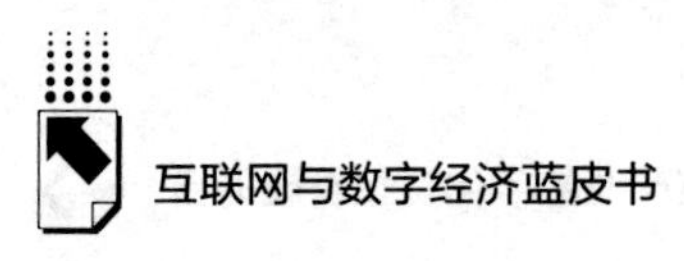

续表

文件名称	颁布单位	颁布时间	针对领域	相关要点
《关于加快场景创新以人工智能高水平应用促进经济高质量发展的指导意见》	科技部、教育部、工业和信息化部、交通运输部、农业农村部、国家卫生健康委	2022年7月	基础设施	系统指导各地方和各主体加快人工智能场景应用,推动经济高质量发展
《关于构建数据基础制度更好发挥数据要素作用的意见》	国务院	2022年12月	基础设施	加快构建数据基础制度,充分发挥我国海量数据规模和丰富应用场景优势,激活数据要素潜能,做强做优做大数字经济,增强经济发展新动能,构筑国家竞争新优势
《"数据要素×"三年行动计划(2024—2026年)》	国家数据局等十七部门	2024年1月	基础设施	充分发挥数据要素乘数效应,赋能经济社会发展
《数字乡村发展行动计划(2022—2025年)》	中央网信办、农业农村部、国家发展改革委、工业和信息化部、科学技术部、住房和城乡建设部、商务部、国家市场监管总局、广电总局、国家乡村振兴局	2022年1月	第一产业	部署了数字基础设施升级行动、智慧农业创新发展行动、新业态新模式发展行动、数字治理能力提升行动、乡村网络文化振兴行动等8个方面的重点行动
《农业现代化示范区数字化建设指南》	农业农村部	2022年8月	第一产业	推动农业现代化示范区(以下简称"示范区")在数字技术与现代农业深度融合上先行突破,用数字化引领驱动农业现代化
《2023年数字乡村发展工作要点》	中央网信办、农业农村部、国家发展改革委、工业和信息化部、国家乡村振兴局	2023年4月	第一产业	以数字化赋能乡村产业发展、乡村建设和乡村治理,整体带动农业农村现代化发展、促进农村农民共同富裕,推动农业强国建设取得新进展、数字中国建设迈上新台阶

续表

文件名称	颁布单位	颁布时间	针对领域	相关要点
《关于促进光伏产业链供应链协同发展的通知》	工业和信息化部、国家市场监督管理总局、国家能源局	2022 年 8 月	第二产业	优化建立全国光伏大产业大市场、促进光伏产业高质量发展,积极推动建设能源供给消纳体系
《关于印发 5G 全连接工厂建设指南的通知》	工业和信息化部	2022 年 8 月	第二产业	助力各地区各行业加快“5G+工业互联网”新技术新场景新模式向工业生产各领域各环节深度拓展,推进传统产业提质、降本、增效、绿色、安全发展
《关于做好锂离子电池产业链供应链协同稳定发展工作的通知》	工业和信息化部、国家市场监督管理总局	2022 年 11 月	第二产业	从科学谋划、供需对接、监测预警、监督检查、管理服务等 5 个角度为保障锂电产业链供应链稳定提出解决思路
《关于推动能源电子产业发展的指导意见》	工业和信息化部、教育部、科学技术部、中国人民银行、中国银行保险监督管理委员会、国家能源局	2023 年 1 月	第二产业	从供给侧入手,在制造端发力,以硬科技为导向,以产业化为目标,助力能源电子领域发展
《关于加快传统制造业转型升级的指导意见》	工业和信息化部、国家发展改革委、教育部、财政部、中国人民银行、国家税务总局、国家金融监管总局、中国证监会	2023 年 12 月	第二产业	工业企业数字化研发设计工具普及率、关键工序数控化率分别超过 90%、70%
《关于恢复和扩大消费的措施》	国家发展改革委	2023 年 7 月	第三产业	其中包括“壮大数字消费”的主要任务

续表

文件名称	颁布单位	颁布时间	针对领域	相关要点
《关于加快生活服务数字化赋能的指导意见》	商务部、国家发展改革委、教育部、工业和信息化部、人力资源社会保障部、住房城乡建设部、交通运输部、文化和旅游部、国家卫生健康委、中国人民银行、国家金融监管总局、国家数据局	2023 年 12 月	第三产业	以数字化驱动生活性服务业向高品质和多样化升级，增强消费对经济发展的基础性作用，助力数字中国建设，更好满足人民群众日益增长的美好生活需要

资料来源：作者整理。

相关政策的密集出台，既促进了数字技术和实体经济的深度融合，也有力地促进了传统经济的数字化转型。“制度红利”的充分释放，使我国在基础硬件和软件、大数据、云计算、应用软件、信息安全等领域涌现出一批国际知名的信息科技企业和互联网头部企业，形成了一批有国际竞争力的数字产业集群。

（二）技术进步与应用持续赋能产业转型升级

在农业方面，数字技术改变了农业农村发展模式。一方面，数字技术推动了农业生产层面的智能化。传统农业生产方式主要依靠农户经验，在大数据、人工智能、5G 技术的支持下，农业生产向数据驱动转变。通过数字技术以及先进的农业物联网，农业生产过程变得更加精准和高效。传感器在农田中广泛应用，可以监测土壤湿度、气象条件、作物生长状况等多个因素。这些数据的实时收集和分析为农业生产者提供了准确的信息，帮助他们更好地了解农田状况，科学合理地制定种植方案。另一方面，数字经济畅通了农业流通环节。典型的，通过电子商务平台、农业 App 等数字化工具，农产品生产者能够更加直接地与消费者进行互动和交流。这种直接的联系不仅减少了中间环节、提高了农产品的价格，也使消费者更容易获取到关于农产品的信息，提高了对农产品的认知度和信任度。

在工业方面，技术进步与应用场景结合，催生了工业迭代发展的新路径。第一，先进技术在制造业中不断渗透，提升了产业发展效率。以深度学习、计算机视觉等为代表的人工智能技术正在向制造业广泛渗透，如深度学习技术能够将工业数据转化为具有价值的数据资产，随着各类算法的逐渐完善，制造业企业可以对海量数据进行高效处理，提升产业国际竞争力。第二，工业为新技术的应用提供了丰富场景，有助于技术的应用落地。数字技术的应用以多项技术的结合集成应用为主，其体系庞大、覆盖面广，包括信息通信、机械工程自动化、信息管理等传统信息技术，也包括物联网、大数据、云计算等新一代信息技术等。制造业为这些技术的进步与发展提供了大量应用场景，因此，制造业的数字化转型发展也将推动创新技术的应用落地。第三，技术进步与丰富的应用场景，也有助于新技术研发。大数据、人工智能、物联网等数字技术使制造业企业可以更为准确地了解产业链需求，指导新产品的设计与改进，在加快研发效率的同时，缩短研发周期。

在服务业方面，互联网平台这种新型组织模式已经成为服务业的基础设施，不仅在拉动消费方面发挥了巨大作用，其价值外溢也越来越明显。平台型企业除了降低用户搜索成本、提升匹配效率功能之外，还引起开放的生态构架，催生了服务商、小程序开发、收钱码开发等40余种新职业，加之其高效的就业撮合能力，成为强大的就业吸纳阵地。据中国社会科学院财经战略研究院发布的《平台社会经济价值研究报告》，“支付宝就业”聚合频道上线2个月已成功发布了500万个岗位，将人、岗匹配效率提升50%，提升了就业市场的连接效率和活跃度。

（三）“数实融合”范围进一步扩大

随着数字技术设施建设的不断完善，数字经济与实体经济的融合正在向更深层次的方向演进。产业数字化正在从点线面向全生态、全产业链渗透和扩散。

在农业方面，数字技术助力产业链闭环形成。一方面，数字技术加速向研发、生产、销售等环节渗透。中国信息通信研究院《中国数字经济发展研究报告（2023年）》显示，我国已在高效育种、耕地保育、智能装备等领域建设 34 个学科群 469 个重点实验室组成的农业农村部学科群实验体系，建立 60 个国家农业科技创新联盟，形成了我国农业经济领域特有的协同创新体系，为解决专业化、产业化、区域性重大技术难题提供了智力支持。同时，数字技术在农业生产中的广泛应用，为农业现代化、智慧农业实现提供了具体路径。目前，数字技术已经全方位深入“耕、种、管、收”各个环节，可以实现农业精准化生产，降低农业生产风险和成本，从根本上改变传统农业“以小农经济为主”的发展方式，加速农业向现代化转变。另一方面，数字技术在农业流通领域开始发力。我国“三农”综合信息服务水平不断提升，已经建成中国农业农村信息网（http：//www. agri. cn）、重点农产品信息平台（http：//ncpscxx. moa. gov. cn）、农业农村部大数据发展中心（http：//www. abdc. agri. cn）、12316-三农综合服务信息平台（http：//12316. agri. cn）等大型农业信息服务平台，可以较好地缓解流通过程中的“信息孤岛”问题，实现了农业生产、销售、服务等环节的信息共享和协同作业。加之大型平台企业开设的农村电子商务板块，以及直播电商模式与农业结合日益紧密，为农产品打开了更广阔的销售市场，提升了农产品的附加值和市场竞争力。

在工业方面，数字技术的应用范围和深度全面拓展。从应用范围来看，作为新一代信息通信技术和工业经济深度融合的新型基础设施，工业互联网的全面推进，在改造升级传统产业，推动制造业向高端化、智能化、绿色化转型方面取得重要进展。目前，工业互联网融合应用向国民经济重点行业广泛拓展，形成平台化设计、智能化制造、网络化协同、个性化定制、服务化延伸、数字化管理六大新模式，工业互联网已经在原材料、消费品、装备等 31 个工业门类广泛部署，覆盖 45 个国民经济大类①，形成研发、生产、制造、销售、管理等全产业链条的数字化支撑服务能力，有力地促进了实体经济提质、增效、降本、绿色、安全发展。从应用深度来看，近年来，数字孪生、人工智能、商业智能（Business Intelligence，BI）等新兴技术在工业领域的应用持续深入（见表 5），如将数字孪生技术应用到产品的生产过程，覆盖产品研发、

① 中国信息通信研究院：《中国数字经济发展研究报告（2023 年）》，2023。

表 5　2022 年中国主要数字化转型产品所覆盖的业务环节

主要产品		产品设计及验证	工艺设计及验证	产品生产						产品销售					服务及运维	财务管理
				产线设计	采购管理	排产规划	产品检测	设备监测	远程运维	产品营销	订单管理	仓储管理	物流管理	客户管理		
硬件产品类	生产设备（如工业机器人、智能机床等）			★			★									
	智能终端设备（如 XR、AI 摄像头等）	★	★	★			★	★	★							
软件产品类	研发类（如 CAD、CAE、CAM 等）	★	★	★												
	生产控制类（如 APS、MES、SCADA）		★	★	★	★	★	★	★							
	资源管理类（ERP、SCM、CRM 等）				★	★				★	★	★	★	★	★	★
	AI 类				★	★	★	★	★	★	★	★	★	★	★	★
	BI 类									★	★	★	★	★	★	★

资料来源：艾瑞咨询研究院。

工艺规划、制造、测试、运营维护等各个生命周期，可以帮助企业在生产和销售过程中推广自助式服务，提高生产线的自动化程度，帮助企业实现精细化管理，提高资源利用效率，降低库存和物流成本，进而降低运营成本；加快产品研发和设计速度，提高产品智能化水平，增强企业创新能力。

在服务业方面，数字消费为扩大内需开辟新空间。不同于传统消费，数字消费运用新一代数字技术赋能消费活动，将线下消费与线上消费、实体消费与虚拟消费、产品消费与服务消费、物质消费与精神消费有机融合起来，推动消费活动不断拓展与延伸。首先，数字消费新业态不断涌现。当前，数字消费已不能用“网络零售”或“电子商务”进行全面概括，其既包括传统的网络零售业或电子商务，也包括直播经济、在线文旅、即时零售、在线医疗等新业态。其次，数字消费场景不断拓展。数字消费呈现消费内容数字化、消费渠道融合化的新特点，在此基础上，实现线上网络渠道与线下实体渠道高效协同、融合发展，激活下沉市场，拓展更多消费场景，创造出更加丰富的数字消费产品和服务供给。最后，在数字赋能和消费升级双轮驱动下，我国数字消费需求加速释放，催生出更多产品和服务创新，移动智能终端、智能家居、智能穿戴、自动驾驶汽车等泛智能消费新场景新范式异军突起，展现出前所未有的成长潜力和发展空间。数字消费的市场潜力不断转化为增进民生福祉、扩大国内需求、引领产业升级、促进经济增长的强劲动力。

三　存在的问题

首先，数据要素是产业数字化转型过程中的关键因素，但目前数据流通仍存在“堵点”。数据要素是数字化转型的重要依托，如何加工利用数据、释放数据价值是企业数字化转型的工作重点之一，但实体企业面临着用数难问题，一是数据交易机制不成熟，供需匹配效率低。数据具有权属复杂性、价值相对性和内容时变性的特征，导致数据在交易时合规成本过高、合理定价模式模糊，造成企业对数据要素既“不敢交易”又“不愿交易”。二是公共数据开放不充分，民企用数门槛高。三是数据资产积累薄弱，应用范围偏窄。目前，多数企业仍处于数据应用的感知阶段而非行动阶段，覆盖全流程、全产业链、全生命周期的工业数据链尚未构建；内部数据资源散落在各个业务系统中，特别是底层设备层和过程控制层无法互联互通，形成“数据孤岛”；同时，受限于数据的规模、种类以及质量，目前多数企业对数据的应用还处于起步阶段，主要集中在精准营销、舆情感知和风险控制等有限场景，未能从业务转型角度开展预测性和决策性分析，难以更好地挖掘数据资产的潜在价值。四是企业数据分布不均，中小企业用数难。

其次，“数实融合”在不同产业间、行业间和地区间发展不均衡，产业协同水平不高。从产业层面看，数字技术与实体经济融合呈现“三二一”产业渗透趋势。2022 年，“三二一”产业数字经济渗透率分别为 44.7%、24.0%、10.5%，同比分别提升 1.6 个、1.2 个和 0.4 个百分点[①]。第三产业数字化发展较为超前，而一、二产业有一定的滞后。从行业领域看，数字技术在不同行业也存在明显差异。根据杨道玲等的研究[②]，科学研究和技术服务业、文化体育和娱乐业、批发和零售业的数字化企业注册比例高于 50%，而卫生和社会工作，农、林、牧、渔业，采矿业数字化企业注册比例不足 20%。从地区的角度看，各地的数字化程度不均衡。商务部数据显示，2023 年，东、中、西部和东北地区网络零售额占全国比重分别为 83.3%、9.4%、5.9%和 1.4%[③]；行业内部和产业链之间业务协同情况并不理想，产业互联网生态建设较为缓慢。

最后，作为转型主体的企业，数字化转型资源不够充分。企业成功实现数字化转型需要技术、服务、人才等多方面资源支持，但目前这些资源储备尚不充分。在技术方面，核心关键技术研发滞后，如数字化转型过程中的关键元件——传感器，目前在国产化、精确度、集成度、抗逆性等方面都有很

---

① 中国信息通信研究院：《中国数字经济发展研究报告（2023 年）》，2023。

② 杨道玲、傅娟、邢玉冠：《“十四五”数字经济与实体经济融合发展亟待破解五大难题》，《中国发展观察》2022 年第 2 期。

③ 商务部电子商务和信息化司：《2023 年中国网络零售市场发展报告》，2023。

大提高空间；生产环节的智能装备研发滞后，全球定位系统（GPS）、地理信息系统（GIS）、遥感（RS）、第五代通信技术（5G）等技术的融合集成度低，相关装备的易操作性差、价格高。在服务方面，中小企业的数字化服务供给不足。在大量中小企业自身缺乏足够的数字化转型能力的情况下，需要提高普惠型数字化产品及服务的供给能力。我国中小企业数字化升级的配套服务行业整体保持高速发展，2015 年行业市场规模仅 179.4 亿元，至 2019 年已超过千亿元级规模，当前，全国已经构建了面向中小企业、门类齐全的数字化服务平台，以及以大数据分析、人工智能、云服务等为主要内容的第三方专业化服务机构，服务中小企业超过 160 万家①，但整体供给与先进国家相比仍有较大差距，相关数据显示，美国所有的企业（约 2000 万家）基本上都完成了信息化，同时美国厂商为全球约 3000 万家企业提供信息化服务②。在人才方面，产业数字化转型引发了组织、模式、业态的深度变革，形成了大量的专业人才、跨学科人才的需求，导致服务企业数字化转型的人才结构性短缺，深入掌握大数据采集与分析、先进制造流程及工艺优化、数字化战略制定和管理、全生命周期数据挖掘等领域专业技能的人才相对较少。

四　发展趋势

首先，智能化驱动生产模式从产品制造向价值创造转变。物联网、云计算、人工智能等技术在产业中的深度应用，催生智慧农业、智慧水利、智能制造等新兴生产模式，不仅在贯通流通体系、提升全要素生产率、塑造产业发展新动能层面产生积极影响，也将改变生产制造环节的基础逻辑，使其由以制造产品或服务提供为核心，转变为以消费端价值创造为主要目的。智能化发展不仅是优化企业生产的关键技术支撑，更是连接市场、满足消费者需求、更好服务消费者的重要方式。在农业领域，通过云计算及智能化管理多

① 《加快中小企业数字化转型》，《经济日报》2024 年 4 月 16 日。

② 腾讯研究院：《企业数字化转型观察：困境、驱动力和支撑系统》，2021 年 12 月 30 日。

种模式，智慧农业将大大提升农业生产质量、提升农业生产经营数字化水平，推动农业的全面升级；智慧水利体系的建设，可以实现以流域为单位提升水情测报和智能调度能力。在制造业领域，一方面，基于智能制造推动制造业变革，以柔性化生产有效满足消费者个性化需求；另一方面，智能产品构建起全生命周期的服务体系，通过监测、整理和分析产品使用中的数据提高企业服务附加值。在服务业领域，大数据技术与人工智能技术集合，可以通过智能推荐服务激发消费者多样化需求，并提供满足消费者多样化需求的全面解决方案。基于数字化的价值创造，使企业价值链重构，成为既包含农业、制造业价值链增值环节，又包含服务业价值链增值环节的融合型产业价值链。

其次，数据集成与平台赋能使产业链协同程度进一步提升。一方面，数据规模与种类的不断扩大，使企业越来越重视对数据资源的收集与应用，越来越多的企业将数据纳入企业的资产管理中——企业开始围绕数据采集、筛选、加工、存储、应用等各环节进行规划，旨在提高数据要素价值。另一方面，平台型组织在企业数字化转型进程中的重要作用被充分认识，越来越多的互联网巨头企业及重点行业中的骨干企业加大了在工业互联网平台上的投入，并通过平台建设将各自关于数字化实践的经验转移至中小型企业，形成对上下游相关主体的支撑。综合来看，数据要素和数字平台的组合是数字经济时代重要的组织方式（见图 1），也是推动产业数字化的重要力量。平台与数据的组合，有效整合了产品设计、生产制造、设备管理、运营服务等产业流程，开创了各类应用场景，加速了传统产业数字化转型的整体进度。

最后，新技术的集成应用持续催生产业数字化新业态。产业数字化过程会不断激发新技术的研发与应用，需要注意的是，当前阶段数字技术的应用多以技术组合的方式为主，一些典型的技术组合已经被应用于部分行业，如“5G+工业互联网”催生大量产业级以 5G 基站为依托的产业物联网示范工程，“人工智能+数据技术+平台组织”塑造了数字消费中的智能推荐功能。传统产业的数字化转型需求为这些技术的进步与发展提供了大量应用场景，技术组合会进一步促进产业数字化新业态的形成。如在产业链层面，数字消

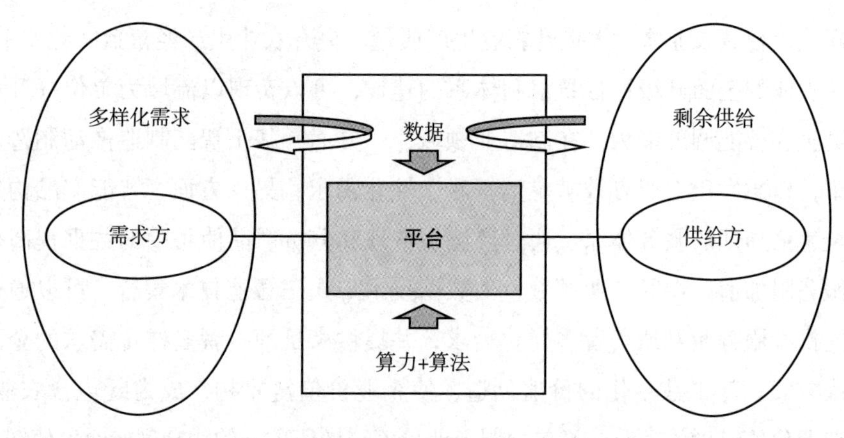

图1　新组织架构："数字平台+数据要素"

费市场，随着产业集群数字化程度的提升，集群内会产生大量的数据资产的流通需求，并由此产生大量数据服务的新业态和新模式；在供应链层面，围绕中台、低代码、数字化等系统平台的采购，加速提升供应链节点企业的协同效率和质量，逐步形成数字化供应新生态。

五　对策建议

（一）完善数据要素价值转化制度设计

数据要素是传统产业数字化转型中的重要生产要素，需要多措并举激发数据要素经济价值，充分发挥我国海量数据优势，为数字经济创新发展提供发展动能。

首先，完善数据要素治理顶层设计。数据治理是释放数据要素价值的首要环节，准确及时、完整一致的数据资源标准是数据要素价值释放的重要前提[①]。随着《关于构建数据基础制度更好发挥数据要素作用的意见》《政务

① 《〈"十四五"国家信息化规划〉专家谈：激发数据要素价值　赋能数字中国建设》，https：//www. cac. gov. cn/2022-01/21/c_1644368244622007. htm。

信息资源共享管理暂行办法》《"数据要素×"三年行动计划（2024—2026年）》等政策文件的出台，数据要素的应用场景、使用规范不断明确，数据要素质量标准有了基本依循；国家标准《数据管理能力成熟度评估模型》的发布，可以很好地帮助企业评价、提升自身数据管理能力；"十四五"时期数据互联互通互操作要求进一步提升。但目前来看，各级各部门数据治理统筹推进不足，数据责任主体多样，跨层级跨区域数据共享困难，需要建立完善央地协同、职责清晰、分工有序、协调有力的数据治理协同工作格局。要加快推进数据标准规范体系建设，制定数据采集、存储、加工、流通、交易、衍生产品等标准规范；建立完善数据治理能力评估体系；探索建立多主体协同治理机制，聚焦数据管理、共享开放、数据应用、授权许可、安全和隐私保护、风险管控等方面，加强"政产学研用"各方数据治理协同。

其次，加强数据源头供给。一方面，要深化公共数据开放、提升公共数据开放数量和质量。如尽快编制公共数据开放目录和相关责任清单，健全公共数据管理制度，包括健全数据资源目录和清单管理制度，明确不同类别公共数据的管理要求和监管规则等。同时可以探索授权运营模式，支持各地探索制定公共数据授权运营具体办法，探索授权运营主体制度设计、授权运营行为制度设计、授权运营监管机制设计、授权运营收益分配设计等，明确授权依据、授权方式、授权主客体及运营单位的安全条件、能力要求和行为规范①。另一方面，加快产业互联网建设，加强产业数据供给。如针对企业数字化转型中"用数难"的问题，培育一批具有行业经验、数据治理能力和技术创新实力的创新型服务机构，加快数据要素与企业转型需求的应用场景建设，落实数据要素在企业数字化转型中的价值发挥；同时加强标准建设，强化产业数据标准研制，以统一的标准推动数据要素由企业内部应用向产业生态开放互联转变。

再次，加快建立数据要素市场流通制度。一方面，完善数据交易机制，

① 《推进政府公共数据开放利用》，https://theory.gmw.cn/2023-07/01/content_36667308.htm。

加快数据要素市场化配置，形成“技术创新—融合应用—资本助推”良性循环，是推动数字经济高质量发展的必由之路。数据要素的市场化配置，既包括数据采集、数据存储、数据加工等环节，更好地发挥市场机制的作用；也包括数据与其他生产要素相互组合中的市场化配置，形成以市场配置为根本的数据资源体系。另一方面，发展数据多元流通方式。一是壮大数据服务业态，培育一批专业化程度高、分析能力强的数据服务机构，鼓励数据集成、数据经纪、合规认证等数据服务业态创新，有效规避数据交易的各类法律风险。二是引导产业组织创新。引导企业根据核心数据需求和关键数据流向，以投资控股、多元经营、生态构建等方式，开展基于数据流的企业组织边界重塑和业务模式创新，打通经济生产环节和上下游生态体系的数据循环，培育一批贯通产业链供应链的数据要素型企业①。

最后，进一步培育数据交易主体。一方面，以平台企业为抓手，构建产业公共数据空间。建立产业数据可控交换模式，在确保各方数据权益的同时，满足产业上下游企业用数需求，实现产业公共数据价值最大化。另一方面，通过多方协作保障数据要素的高效安全使用，面向数据资产评估、登记结算、交易撮合、争议仲裁等需求，发挥政府、企业、数据中介、智库机构等各自作用，探索构建涵盖交易主体认证、资产评估、价格发现、交易分润、安全保障、争议解决的新型数据交易平台和市场运营体系。同时充分发挥行业商/协会作用，建立健全数据产权交易和行业自律机制，强化数据交易平台的数据安全保护责任，不断提高对数据安全流通溯源的认识能力。

（二）构建数字技术高质量供给体系

首先，系统布局新一代信息基础设施。以 5G、人工智能、工业互联网、物联网为代表的数字化设施正在成为国家新型基础设施的重要组成部分。目前，要顺应信息技术发展趋势和基础设施功能演化的需求，打造新型信息技

---

① 《【专家观点】打通“数实融合”中的数据供给堵点》，https：//www. ndrc. gov. cn/wsdwhfz/202309/t20230927_1360933. html。

术设施体系。对于已有基础设施，要通过技术升级实现效率倍增，如推动移动通信网络从4G向5G升级、固定接入网络从百兆向千兆升级，加快下一代互联网规模应用等；对于新兴技术设施，要更注重设施的形态培育、技术研发和应用推广，如加大量子计算、下一代通信网络技术等的研发和试验力度，培育新一代智能计算中心、人工智能海量训练库。

其次，推动新型生产性设施发展。新型生产性设施包括工业互联网、智慧交通物流设施、智慧能源设施、智慧水利设施等。要充分考虑行业属性、所处阶段和融合水平的差异性，重点支持支撑范围广、赋能能力强、带动效应好的设施发展，有效推动传统产业转型升级，带动生产方式、组织方式变革，支撑新产业、新业态发展。针对东西部地区数字技术能力不同的问题，实行差异化的数字基础设施发展政策，可以考虑将政府数据、对边缘计算需求不高的数据引至西部地区的数据中心，在东部地区建设边缘数据中心。

最后，强化技术创新能力。一方面，前瞻部署技术创新基础设施，面向世界科技前沿，聚焦新一轮科技革命重点方向，建设一批重大科技基础设施，提供极限研究手段，帮助提升原始创新能力、支撑重大科技突破。另一方面，重视研发主体协同发展与能力提升。加快建设一批针对企业数字化转型的创新载体，充分发挥大型平台企业、高校与科研机构在数字技术创新中的作用，由此有效提升原创技术以及基础理论研究创新水平；整合全球人才及平台资源优势，加快与全球顶级科研机构及人才团队合作，组织实施一批重大科技攻关专项和示范应用工程，推进数字技术原创性研发和融合性创新。

（三）强化中小企业数字化转型的激励与保障措施

中小企业是解决产业数字化转型不平衡问题的关键主体，中小企业的数字化转型决定了产业数字化转型发展的均衡性。

一是加大政策扶持力度。针对目前部分企业“不敢转”“不会转”“不想转”“不能转”等问题，应尽快出台相应措施，提升中小企业的数字化转型意愿。如对于投资大、周期长、见效慢的数字化转型领域，各地应构建多方联动机制，推动数字化生态共同体建设，支持中小企业降低数字化转型成本、缩短转型周期、提高转型成功率。同时可以探索新型评价考核机制，重视中小企业数字化转型过程中通过跨界融合所发挥的溢出效应和带动效应，纠正当前评价考核机制重短期轻长期、重直接轻间接、重经济效益轻社会效益的主要问题，以此引导鼓励中小企业数字化转型。

二是完善中小企业数字化服务平台。借助数据中心、工业互联网建设契机鼓励中小企业"上云""赋智""用数"，支持中小企业利用云端进行日常业务管理，利用产业联盟等形式解决中小企业数字化转型中技术、人才、资源等方面问题。探索建立"巨头企业+孵化"的大中小企业协同创新模式和专业化技术公共服务体系。鼓励行业龙头企业帮助带动相关小企业的数字化转型，打造更多适合中小企业数字化转型升级的产品和方案，积极鼓励更多企业上平台、用平台，提供数字化转型升级的咨询和服务能力，以平台为抓手促进中小企业数字化转型。

参考文献

艾瑞咨询：《2022年中国制造业数字化转型研究报告》，2022。

商务部电子商务和信息化司：《2023年中国网络零售市场发展报告》，2024。

杨道玲、傅娟、邢玉冠：《"十四五"数字经济与实体经济融合发展亟待破解五大难题》，《中国发展观察》2022年第2期。

中国互联网络信息中心：第53次《中国互联网络发展状况统计报告》，2024。

中国信息通信院：《中国数字经济发展研究报告（2023年）》，2023。

中国信息通信院：《中国算力发展指数白皮书（2023年）》，2023。

中国信息通信院：《数据要素白皮书（2023年）》，2023。

B.11

2022~2023年中国产业集群数字化转型发展报告

邱磊菊*

摘 要： 2022~2023年，中国产业集群的数字化转型取得了显著进展，成为推动经济高质量发展的关键措施。中国产业园区产业集群的数字化转型得益于数字基础设施的快速发展。产业园区与平台企业的联合运营模式兴起，共享制造平台得到推广，虚拟产业园区开始出现，这些都为产业集群提供了新的发展空间和模式。展望未来，产业园区将逐步从物理空间向虚实交融的数字空间拓展，服务模式将从单一行政审批向产业链级生态化服务升级，赋能工具将从分散平台向产业大脑的协同作战演进，发展方式将从粗放式开发向注重品质的数字零碳融合转变。然而产业集群数字化转型仍面临基础设施建设不足、转型成本与收益不匹配、软性基础设施需提升、数字化服务供给不足、企业对转型认识不足、缺乏统一衡量标准、数据集成融合困难和数字化平台生态构建能力不强等问题。针对存在的问题，建议：加强基础设施建设，奠定数字化转型基础，建立成本分担与激励机制，完善软性基础设施，提升数据管理和应用能力，培育和引进数字化服务商，提高企业对数字化转型的认识，制定统一的数字化转型标准和指南，推动数据集成和融合，构建强大的数字化平台生态系统，促进产业链上下游协同，建立多元化的融资渠道。

关键词： 产业集群 产业园区 数字化转型 数据要素

---

* 邱磊菊，博士，中央财经大学中国互联网经济研究院副研究员，主要研究方向为数字经济、城市经济、数字化转型、家庭决策。

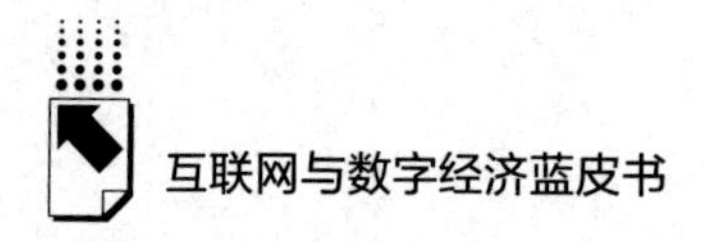

产业集群是指在某一特定领域内，由于共性和互补性，企业或机构在地理上集中形成的相互联系、相互支持的产业群现象。这种集中不仅包括直接参与生产的企业，还涵盖了专业化供应商、服务供应商、金融机构、相关产业厂商以及其他提供专业化服务的机构。随着数字技术与数字经济的发展，中国产业集群数字化转型成为推动经济高质量发展的重要举措。《国务院关于印发“十四五”数字经济发展规划的通知》提出，引导产业园区加快数字基础设施建设，利用数字技术提升园区管理和服务能力。积极探索平台企业与产业园区联合运营模式，丰富技术、数据、平台、供应链等服务供给，提升线上线下相结合的资源共享水平，引导各类要素加快向园区集聚。围绕共性转型需求，推动共享制造平台在产业集群落地和规模化发展。探索发展跨越物理边界的“虚拟”产业园区和产业集群，加快产业资源虚拟化集聚、平台化运营和网络化协同，构建虚实结合的产业数字化新生态。依托京津冀、长三角、粤港澳大湾区、成渝地区双城经济圈等重点区域，统筹推进数字基础设施建设，探索建立各类产业集群跨区域、跨平台协同新机制，促进创新要素整合共享，构建创新协同、错位互补、供需联动的区域数字化发展生态，提升产业链供应链协同配套能力。

产业园区产业集群的数字化转型是推动数字经济发展的重要内容。数字化转型有利于提升产业园区产业集群的整体竞争力，推动区域经济的高质量发展，并为产业创新和经济增长提供新的动力。

一 2022~2023年中国产业集群数字化转型发展情况

（一）基础设施建设加速

随着数字基础设施建设的加速，我国正迅速步入数字化时代，这对于推动产业集群的转型升级具有至关重要的作用。据工业和信息化部公布的数据，截至2023年底，中国5G基站数量已达到337.7万个。5G网络覆盖了所有地级以上城市，为各行业提供了高速、低延迟的网络服务。此外，物联网（IoT）技术的发展也取得了显著成果。《2022—2023 中国物联网发展年度报告》显示，中国物联网市场规模将超过 3.9 万亿元，预计未来几年将保持两位数的增长率。在大数据中心建设方面，大批大数据中心建成，总服务器装机容量持续上升。这一基础设施的快速部署，不仅为产业园区和产业集群提供了强大的数据传输和处理能力，还为企业研发、生产、管理和服务等各个环节的数字化转型提供了坚实的基础。此外，中国的数字经济规模也在不断扩大。国家统计局数据显示，2023 年，中国数字经济规模超过 50 万亿元人民币，总量稳居世界第二，占 GDP 比重提升至 41.5%。

这些数字基础设施的完善，不仅推动了经济结构的优化升级，也给社会各个方面带来了深远的影响。随着技术的不断进步和应用的深化，数字基础设施将继续发挥其在推动中国社会发展和全球竞争力提升中的关键作用。随着 5G、物联网、大数据中心等数字基础设施的快速部署，产业园区产业集群的数字化基础不断夯实，为企业提供了更高效的运营环境和创新平台。

（二）联合运营模式兴起

随着数字化转型的浪潮席卷全球，中国产业园区也在积极探索与平台企业的联合运营模式，以提升服务水平和产业协同效率。这种模式的核心在于资源共享和线上线下结合，通过整合各自的技术和资源优势，共同推动园区企业的数字化升级。数字化服务在中国园区运营中的渗透率不断提升，这一趋势在全国范围内得到了广泛的响应，多数园区已经或计划在未来三年内实施联合运营模式，以提升园区的数字化服务能力。实践中已有多个成功的案例。阿里巴巴集团与杭州余杭区政府合作，共同打造了余杭经济技术开发区的数字化转型项目。借助阿里云的技术支撑，园区内的企业得以利用云计算、大数据分析和智能制造等数字化服务，显著提升了生产效率和市场响应速度。同样，腾讯公司与深圳南山科技园合作，通过提供云服务、移动应用开发和网络安全等解决方案，增强了园区企业的创新能力，加强信息共享。

此外，产业协同效率的提升也是联合运营模式的重要成果。在江苏省苏州市，一个涵盖多个行业的产业互联网平台通过整合供应链信息，实现了资源共享和优化配置，使园区内企业能够更快速地响应市场变化，协同效率大大提升。海尔集团推出的 COSMOPlat 工业互联网平台，通过与青岛高新技术产业开发区合作，为园区内的制造企业提供了定制化的工业互联网解决方案，缩短了产品的研发周期，提高了生产效率。

这些成功的案例表明，联合运营模式不仅能够提升园区内企业的服务水平，还能够显著提升产业协同效率，为产业园区的数字化转型提供了有力支撑。随着更多园区和企业认识到这一模式的优势，预计未来将有更多的联合运营项目在中国的产业园区中涌现，推动产业集群整体升级和竞争力提升。

（三）共享制造平台推广

共享制造平台作为产业园区产业集群的数字化转型的关键组成部分，正逐渐在各地推广并取得显著成效。这些平台通过集中调度和优化分配资源，满足了产业集群内企业的共性需求，有效地促进了资源的高效配置和产业协同创新。

阿里巴巴的“淘工厂”是一个典型的中介型共享制造平台，它连接了制造服务商和制造采购商。制造服务商通过数字化改造将空闲制造产能接入平台，形成虚拟“云工厂”，而采购商则可以在平台上发布生产订单。通过这种方式，淘工厂帮助制造服务商提高了产能利用率，同时降低了采购商的采购成本。iSESOL 网络协同制造平台通过接入企业的制造执行系统和制造装备，实现了生产过程数据的实时采集和分析。它促进了供应链上下游企业之间的协同，通过信息的自由交流和资源共享，实现了供应链的协同制造。此外，该平台还通过物流协同技术实现了物流的精准配送，支持精益生产模式。

“海智在线”和“辅料易”同样是基于云制造技术和工业物联网，提供了制造产能的共享服务。它们通过精准的供需匹配和智能化生产调度，实现了对空闲制造产能的有效整合与利用。Mould Lao 众创空间是一个实体共享工厂的案例，它允许多家企业共享同一个工厂的资源和设备。这种模式不仅提高了设备的使用效率，还降低了小企业的生产成本和门槛。

苏州澳拓美盛纺织服装产业集群共享制造是国内首家通过智能设备服务纺织服装产业集群共享制造的示范项目。澳拓美盛在各纺织服装产业集群原有生产规模的基础上，通过对共享制造模式的优化和实践，打造出了传统纺织服装产业集群全新的发展模式。自动化设备和信息的共享、科学的设备布局、最优的工艺及人员配置等高效要素，促使整个共享制造过程效率提升。初步估算为产业集群提高全要素生产率达30%，在相同耗能的前提下，相较传统纺织制造企业整体产出效率高6%~15%。

这些共享制造平台的成功案例表明，数字化转型不仅能够提升产业园区内部的资源利用效率，还能够通过产业协同创新，加速新技术、新产品的开发和市场化。随着共享制造平台在全国范围内的进一步推广和完善，预计中国的产业园区产业集群将在数字化转型的道路上迈出更加坚实的步伐，为国家经济的高质量发展贡献更大的力量。

（四）虚拟产业园区探索

随着数字化转型的深入推进，虚拟产业园区的概念逐渐成为现实。这些跨越物理边界的虚拟产业园区和产业集群，通过虚拟化集聚和平台化运营，正在构建全新的产业数字化生态。它们利用云计算、大数据、人工智能等先进技术，为企业提供虚拟的办公空间、研发平台和市场接入点，从而实现资源共享、创新协同和产业链的优化升级。

例如，浙江省杭州市推出的“云上开发区”就是一个典型的虚拟产业园区项目。该项目依托强大的云计算基础设施，为企业提供虚拟注册、在线审批、远程办公等服务。据统计，自项目启动以来，已有数百家企业在“云上开发区”注册，这些企业不仅覆盖了电子商务、软件开发等高科技行业，还包括传统制造业。通过这一平台，企业能够快速响应市场变化，实现业务的灵活扩展。

另一个例子是天津市的“智能制造产业园”，该园区通过建立虚拟化的产业集群，促进了区域内外企业的深度合作。园区内的企业可以通过共享的工业互联网平台，实现生产数据的实时监控、远程故障诊断和智能生产调度。这种虚拟化的合作模式，不仅提高了生产效率，还加速了技术创新的传播和应用。

虚拟产业园区的探索不仅限于单一行业或领域，它还涵盖了农业、教育、医疗等多个国民经济的重要部门。例如，四川省成都市的“农业数字产业园”，通过构建虚拟的农业产业链，实现了从种植、管理到销售的全流程数字化。农户可以通过平台获取种植指导、市场信息和在线交易等服务，有效地提高了农业生产的智能化水平和产品的市场竞争力。

总体来看，虚拟产业园区的发展为我国产业园区产业集群的数字化转型提供了新的思路和模式。通过打破传统的物理空间限制，虚拟产业园区正在成为推动区域经济发展、促进产业升级和增强国际竞争力的重要力量。随着技术的不断进步和政策的持续支持，预计未来虚拟产业园区将在全国范围内得到更广泛的推广和应用。

二　2022~2023年中国产业集群数字化转型发展特点

（一）区域协同发展

区域协同发展在我国产业园区产业集群的数字化转型中扮演着至关重要的角色。以京津冀、长三角、粤港澳大湾区等重点区域为例，这些区域通过高效的数字网络连接和数据共享，形成了紧密的区域间协同发展格局。

在京津冀地区，数字经济的发展呈现数据资源集中型的特征。北京作为全国科技创新中心，科研资源集中应用于信息技术领域，推动了一系列“卡脖子”技术的攻克。天津则利用其港口优势，推动数字贸易的发展。河北则依托雄安新区建设等，加速数字城市建设，形成了承接北京、天津科技成果转化的新模式。

长三角地区则展现出数实融合驱动型的特点。这一区域的数字经济发展得益于区域内的产业互补和协同合作。例如，上海在集成电路、人工智能等领域的发展，与杭州的电子商务、云计算等产业相互促进，共同推动了长三角地区的产业数字化转型。此外，长三角地区的G60科创走廊战略布局，加速了数字产业集群的形成，推动了区域内的科技创新和产业升级。

粤港澳大湾区则呈现优势产业放大型的特征。这一区域依托其世界级的制造业集群和贸易优势，产业链条完备且互补性强。随着大湾区内数字基础设施的完善，如5G网络、数据中心等，大湾区正在成为数字经济发展的热土。特别是在制造业数字化方面，大湾区的企业通过数字化转型，提升了生产效率和产品质量，增强了在全球市场的竞争力。

总体来看，我国产业园区产业集群的数字化转型正通过区域间的协同合作，实现资源共享、优势互补，推动产业升级和经济增长。这种区域协同发展的模式，不仅加速了数字技术的创新和应用，也为我国产业园区的未来发展奠定了坚实的基础。

（二）创新要素整合

在我国产业园区产业集群的数字化转型过程中，创新要素的整合共享是推动区域经济发展的关键因素。以长三角地区的产业集群为例，该区域通过构建创新协同、错位互补、供需联动的发展生态，实现了创新要素的有效整合。

首先，长三角地区的产业集群通过建立跨城市的创新平台和研发中心，促进了区域内科研机构、高校和企业之间的紧密合作。例如，上海张江高科技园区与杭州的互联网企业合作，共同开发智慧城市解决方案，实现了技术与市场的紧密结合。这种跨区域的创新协同不仅加速了科技成果的转化，也提高了整个区域的创新能力和竞争力。

其次，区域内的产业集群通过错位发展，形成了互补的产业链。例如，苏州的电子信息产业与南京的软件和信息服务产业相互支持，共同构建了完整的信息技术产业生态。苏州的硬件制造优势与南京的软件研发能力相结合，推动了智能制造和数字化服务的快速发展。

最后，供需联动在长三角地区的产业集群中也得到充分体现。通过建立产业互联网平台，如阿里巴巴的supET平台，区域内的企业能够实现供应链的数字化管理，提高了供需匹配的效率。平台通过整合上下游企业的订单、库存、物流等数据，实现了生产计划的优化和资源配置的合理化，降低了运营成本，提升了整个产业链的响应速度和服务质量。

通过构建创新协同、错位互补、供需联动的区域数字化发展生态，长三角地区的产业园区产业集群成功整合了创新要素，实现了资源共享和优势互补，为我国产业园区产业集群的数字化转型提供了有力的支撑和示范。

（三）产业链供应链协同

产业链供应链协同是产业园区产业集群数字化转型的重要特点，它通过提升信息流通效率、进行资源配置优化，显著增强了产业集群的整体竞争力。以珠三角地区为例，该区域的制造业集群通过数字化转型，实现了产业链上下游企业间的紧密协作和信息共享。

珠三角地区的家电制造产业集群，通过建立工业互联网平台，如格力电器的 G-PLM 平台，实现了供应链的数字化管理。平台上集成了供应商、制造商、物流公司等多方信息，通过大数据分析和实时监控，优化了库存管理，减少了库存积压和生产波动。例如，格力电器通过该平台与供应商共享生产计划和库存数据，供应商可以根据实时数据调整生产和供货计划，确保原材料的及时供应，从而提高了整个产业链的响应速度和灵活性。

此外，长三角地区的纺织服装产业集群也通过数字化转型提升了供应链协同能力。例如，绍兴市的印染企业通过引入智能制造系统，实现了生产过程的自动化和信息化，通过与服装品牌商的系统对接，实现了订单的快速响应和个性化定制。这种协同不仅提高了生产效率，也缩短了产品从设计到市场的周期，增强了企业的市场竞争力。

通过这些实例可以看出，数字化转型通过产业链供应链协同，不仅提升了单个企业的运营效率，更重要的是增强了整个产业集群的竞争力。企业能够更快地响应市场变化，更灵活地调整生产策略，更有效地管理库存和物流，从而在激烈的市场竞争中占据优势。这种转型趋势正在我国越来越多的产业园区产业集群中显现，成为推动区域经济发展的新动力。

三　中国产业集群数字化转型发展存在的问题

虽然中国产业集群数字化转型已经得到一定的发展，然而，许多产业园区在数字化转型的过程中面临着一系列挑战，这些挑战阻碍了园区发展潜力的充分释放，影响了产业集群的整体竞争力。主要存在以下一些问题。

1. 基础设施建设不足

产业园区在数字化、网络化、智能化方面的基础设施建设往往不能满足产业升级的需求。一方面，园区内部缺乏必要的技术支持和设施，导致数据资源无法有效整合和利用。例如，一些园区尚未建立起高速宽带网络和云计算平台，这限制了企业对大数据和云服务的访问能力，影响了生产效率和创新能力的提升。另一方面，园区外部缺乏集中规划和功能协同的数字平台，难以实现产业数据的互联共享，影响了数字经济的优势发挥。这不仅制约了园区内企业间的协同创新，也影响了园区对外部资源的吸引力和整合能力。

2. 数字化转型成本与收益不匹配

数字化转型需要较大的初期投入，包括硬件设施的更新、软件系统的开发和人员培训等。然而，产业园区往往难以在短期内看到明显的经济回报，这导致园区缺乏推动数字化转型的动力。同时，园区为企业提供数字化服务的能力也不足，难以满足企业转型的需求。由于一些园区缺乏专业的数字化服务提供商，园区内企业在转型过程中遇到的技术难题和市场挑战得不到及时有效的解决和指导。

3. 数字化软性基础设施需优化

各地政府普遍重视数字基础设施的硬件建设，但产业数据平台建设、数据资产积累、数据互联互通等方面仍有待加强。园区内外的资源和数据未能有效打通，影响了供需双方的高效协同。例如，一些园区尚未建立起统一的数据标准和共享机制，园区内企业间的数据交换存在障碍，这限制了数据资源的充分利用和价值创造。

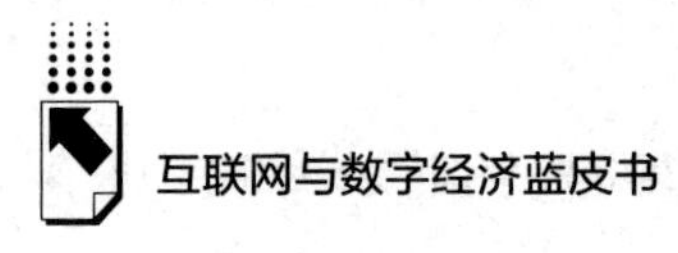

4. 行业性数字化服务供给不足

传统产业在数字化转型过程中面临多种制约因素，其中之一是缺乏与企业需求相匹配的数字化服务商。园区内缺少有效的手段和途径来链接聚焦产业需求的服务商，导致通用型数字化方案无法满足特定产业的转型需求。这不仅影响了企业的生产效率和市场响应速度，也制约了产业集群的创新能力和竞争力。

5. 企业对数字化转型认识不足

许多企业对数字化转型的认知停留在技术层面，缺乏从组织结构、经营理念、业务流程等方面的全面变革。这导致数字化技术无法有效赋能企业价值提升。企业需要意识到，数字化转型不仅是技术的更新，更是一场涉及企业文化、管理模式、市场策略等多方面的深刻变革。

6. 缺乏统一的衡量标准

园区数字化建设缺乏统一的顶层设计和建设标准，导致园区之间的功能水平参差不齐。这不仅影响了园区数字化转型的效率，也制约了园区间的协同发展。为了解决这一问题，需要建立一套统一的衡量标准和评估体系，对园区的数字化水平进行全面、客观地评价，为园区提供改进和升级的方向。

7. 数据集成融合困难

园区和企业间的数据集成融合存在困难，导致数据价值的发挥受限。园区平台与企业平台之间的数据交互不畅，多源异构数据的集成难度大，影响了园区数字化管理服务水平的提升。这要求园区管理机构和企业共同探索有效的数据集成方案，打破数据孤岛，实现数据的无缝对接和高效利用。

8. 数字化平台生态构建能力不强

一些园区管理服务平台在资源整合、技术集成等方面能力有限，无法提供高质量的服务。平台建设跟不上园区数字化转型的需求，影响了园区运行管理的智能化水平。园区需要引入先进的技术和管理经验，构建强大的数字化平台生态系统，提供一站式、全方位的服务，满足企业多样化的需求。

四 中国产业集群数字化转型的发展趋势

1. 空间载体

产业园区正逐步实现从传统物理空间向虚实交融的数字空间的拓展。随着物联网、大数据、人工智能和区块链等数字孪生使能技术的飞速发展和广泛应用，基于数字孪生技术的园区数字化建设日益受到重视。通过物理空间与数字空间的双向同步映射和虚实交互技术，我们正在重塑园区空间与资源承载的物理形态，构建一个深度互联、虚实融合交互的全新空间。此外，基于互联网平台的虚拟产业园和虚拟产业集群，更是打造了一个跨区域协作的虚拟创新环境，打破了物理空间的界限，不断提升园区对产业链的聚合功能，极大地拓宽了产业链数字化协作的范围。

2. 服务模式

园区服务模式正在逐步从单一的行政审批服务向产业链级生态化服务转型升级。过去，园区提供的服务主要集中在企业入驻、开办、建设审批、生产运营直至市场退出的全过程行政审批类服务。然而，园区功能定位不断升级，对于聚合创新要素、拓展产业链条、提升产业集聚水平提出了更高的要求。因此，园区在服务内容上，除了持续优化面向企业的行政审批、政务服务外，更加注重构建贴近区域重点产业发展、链主企业培育、产业链发展和产业集群化发展的综合专业服务体系，打造一个集政策咨询、技术支持、精准招商、培训辅导和品牌运营等于一体的创新服务生态系统。

3. 赋能工具

园区的赋能工具也在逐步从基于分散平台的“单兵作战”向依托产业大脑的“协同作战”演进。随着数字技术的发展和园区管理服务需求的升级，园区数字化建设从 OA（办公系统）、BA（楼宇设备自控系统）、FA（弱电系统）等单一、分散的信息化系统建设，逐步过渡到以“产业大脑”为中枢平台、全量数据融合交互的一体联动发展阶段。这一转变更加注重基于数据分析的运行监测、应急指挥、安全态势感知、分析决策支持等综合性、集成性功能。例如，重庆市已建成市、园区两级联动的统一管理平台，实现了园区内各部门、各企业间的应用服务平台的连通，形成了集运行监测、用地管理等功能于一体的智慧园区管理和服务平台体系，显著增强了市级主管部门对园区的实时监控和动态管理能力。

4. 发展方式

园区的发展方式正在逐步从粗放式的大规模开发向注重品质的数字零碳融合转变。面对复杂多变的外部环境、日益激烈的同质化竞争和资源要素的日益稀缺，园区对数字化管理和招商提出了更高的要求。园区招引企业不再是无差别的“捡到篮里都是菜”，而是通过数字化、绿色化手段获取效益。一方面，一些园区正以数字化为牵引，推动“亩均论英雄”的改革。例如，浙江、江西、安徽、四川、湖北、贵州等地的重点园区，通过数字化手段推动资源要素向高效益、高产出、高技术、高成长性和绿色低碳的企业集聚，推动对低效用地再开发以及低效企业的整治管控。另一方面，一些园区正在积极探索打造数字零碳监测管理平台。2021 年，生态环境部要求 65 个国家生态工业示范园区在自身管理平台的基础上构建“双碳”目标管理平台，增加和完善碳达峰、碳中和管理功能，对园区减污降碳协同效应进行跟踪、评估。2022 年，工业和信息化部公布 10 个“工业互联网平台+绿色低碳”解决方案试点，推动园区、企业实施全流程、全生命周期精细化管理，提升能源资源利用效率。

五　中国产业集群数字化转型发展的对策建议

针对我国产业园区在数字化转型过程中所面临的问题，结合《国务院关于印发“十四五”数字经济发展规划的通知》为我国产业园区的数字化转型提供的明确方向和行动指南，提出以下综合性对策建议，旨在推动产业集群的数字化升级，提升园区竞争力，并促进区域经济的可持续发展。

1. 加强基础设施建设，奠定数字化转型基础

应加大对数字化基础设施的投资力度，包括但不限于5G网络、光纤宽带、云计算中心、大数据中心等。这些基础设施是数字化转型的基石，能够为企业提供高速、稳定的网络环境和强大的数据处理能力。同时，鼓励园区内部企业投资于自动化、智能化设备，提升生产效率和产品质量。

2. 建立成本分担与激励机制

为了减轻企业在数字化转型过程中的经济压力，政府可以提供财政补贴、税收减免、低息贷款等激励措施，降低企业的初始投资成本。此外，建立绩效评价和奖励机制，对于在数字化转型中取得显著成效的企业给予额外的奖励，以此激发企业的积极性。

3. 完善软性基础设施，提升数据管理和应用能力

园区管理机构应重视产业数据平台的建设，推动数据标准化、管理规范化，促进数据资源的有效整合和利用。提供专业培训和技术支持，帮助企业提升数据分析、处理和应用能力，使企业能够更好地从数据中获取洞察、优化决策。

4. 培育和引进数字化服务商

鼓励园区与高校、研究机构合作，培育一批专业的数字化服务商，为企业提供定制化的数字化解决方案。同时，引进国内外优秀的数字化服务商，构建良好的竞争和合作环境，满足园区企业多样化的数字化需求。

5. 提高企业对数字化转型的认识

通过举办研讨会、工作坊、培训班等形式，提高企业对数字化转型的认识，使其意识到数字化不仅是技术的升级，更是经营理念、业务流程、组织结构的全面变革。引导企业从战略层面推动数字化转型，确保数字化技术能够有效地赋能企业价值提升。

6. 制定统一的数字化转型标准和指南

政府应牵头制定园区数字化转型的统一标准和指南，明确转型的目标、路径和要求，促进园区间的协同发展和资源共享。这些标准和指南将为园区提供一个清晰的转型蓝图，帮助园区管理机构和企业更有效地规划和实施数

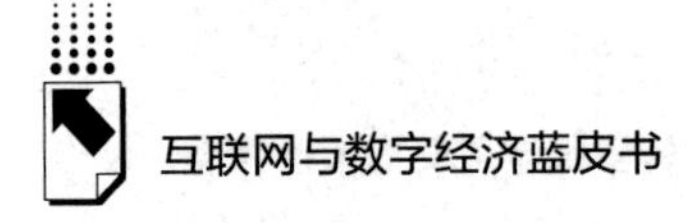

字化项目。

7. 推动数据集成和融合

建立统一的数据交换和共享平台，解决园区和企业间的数据集成问题。推动标准化和规范化的数据管理，提高数据的可用性和价值。同时，加强数据安全和隐私保护，确保企业数据的安全。

8. 构建强大的数字化平台生态系统

支持园区管理服务平台的建设和升级，提升其在资源整合、技术集成等方面的能力。鼓励园区与高科技公司合作，引入先进的管理理念和技术，提高园区运行管理的智能化水平。同时，建立开放的创新生态系统，促进园区内外的技术创新和知识共享。

9. 促进产业链上下游协同

通过建立产业链协同平台，促进上下游企业之间的信息交流和资源共享，提高整个产业链的响应速度和市场适应能力。鼓励龙头企业发挥引领作用，带动中小企业共同参与数字化转型，形成产业链数字化的协同效应。

10. 建立多元化的融资渠道

除了政府的支持外，还应鼓励和引导社会资本参与产业园区的数字化建设。通过设立产业投资基金、发展供应链金融、推广众筹等多元化融资方式，为园区企业提供更多的融资选择，降低融资成本。

通过实施上述对策建议，产业园区可以更好地应对数字化转型的挑战，提升园区企业的竞争力，促进区域经济的可持续发展。同时，这些措施也将有助于构建一个更加开放、协同、高效的产业生态环境，为我国产业集群发展贡献力量。

参考文献

崔志新：《我国产业集群数字化转型发展现状、问题与对策研究》，《城市管理》2023年1月。

戴德梁行：《数字经济产业集群发展白皮书》，2023。

国家工业信息安全发展研究中心、阿里云研究院：《产业集群数字化：构建协同发展的新生态》，2022。

王如玉、梁琦、李广乾：《虚拟集聚：新一代信息技术与实体经济深度融合的空间组织新形态》，《管理世界》2018 年第 2 期。

中国电子信息产业发展研究院：《先进制造业集群数字化转型报告》，2022。

中国工业互联网研究院、国家工业信息安全发展研究中心：《中小企业“链式”数字化转型典型案例集》，2022。

仲量联行：《产业与产业空间，“向上突破”之路：深圳市产业园白皮书》，2023。

B.12
2022~2023年中国数字化转型支撑服务生态发展报告

赵 杨*

摘 要： 发展数字化转型支撑服务生态是《“十四五”数字经济发展规划》提出的重点任务，其关键是培育数字化解决方案供应商、建设数字化转型促进中心、创新数字化转型支撑服务供给机制。本文首先从上述三个方面总结了我国在培育数字化转型支撑服务生态方面取得的进展。结合中央政府和地方政府的工作实际，总结、提炼了数字化转型支撑服务生态建设过程中存在的问题，进而提出了出台税收优惠政策、建立行业数据共享平台、建立资源共享平台等对策建议。

关键词： 数字化转型 支撑服务生态 中小企业

国务院在2021年12月印发了《“十四五”数字经济发展规划》（以下简称《规划》），明确了“十四五”时期推动数字经济健康发展的指导思想、基本原则、发展目标、重点任务和保障措施。《规划》在大力推进产业数字化转型模块部署了四方面重点任务：一是加快企业数字化转型升级，二是全面深化重点产业数字化转型，三是推动产业园区和产业集群数字化转型，四是培育转型支撑服务生态。值得一提的是，这是作为重点任务之一的“培育转型支撑服务生态”在正式规划目标和发展任务中的首次亮相，充分释放了政府加快发展数字经济部署的信号，体现

---

* 赵杨，博士，中央财经大学中国互联网经济研究院副研究员，主要研究方向为数字化转型。

了政府服务产业数字化转型、推动数字经济高质量发展的决心、信心和魄力。

一 数字化解决方案供应商培育情况

目前，多数企业仍处于数字化转型的认知阶段，而非实际行动阶段。同时，由于技术发展不同步以及数据规模、种类和质量的限制，企业往往缺乏核心的数字化转型方案。而市场上绝大多数的通用型解决方案，难以满足企业个性化和一体化的转型需求。因此，转型支撑服务生态首先需要解决的是“不会转”的问题，降低企业数字化转型的门槛。基于此，《规划》提出要面向中小微企业特点和需求，培育若干专业型数字化解决方案供应商，引导开发轻量化、易维护、低成本、一站式解决方案，培育若干服务能力强、集成水平高、具有国际竞争力的综合型数字化解决方案供应商。

为落实《规划》的上述要求，财政部、工业和信息化部以及各地方政府出台了一系列政策加大数字化解决方案供应商的培育力度。

（一）财政支持

2022 年 8 月，工业和信息化部办公厅与财政部办公厅联合下发了《关于开展财政支持中小企业数字化转型试点工作的通知》，目标是聚焦 100 个细分行业，打造 4000~6000 家“小灯塔”企业作为数字化转型样本。这一政策的支持对象不是中小企业，而是包括数字化转型服务商、工业互联网平台在内的服务平台。按照政策规定，中央财政对完成数字化改造目标的服务平台进行资金奖补，标准为不超过单家试点企业实际改造成本的 30%或 30 万元，且每个服务平台的奖补资金年度累计不超过 600 万元。此外，资金安排也更为宽松：在项目实施初期，奖补资金先按照一定的比例预拨；在 1 年的实施期满后，工业和信息化部与财政部会对试点中小企业数字化改造情况进行审核，然后按照实际审核数量核定奖补资金。

2022 年 10 月，工业和信息化部公布了第一批入选平台名单，共 98 家，地域分布如下：江苏省、浙江省各10家，福建省7家，山东省6家，重庆市5家，湖南省、广东省、安徽省、厦门市各4家，北京市、天津市、青岛市、陕西省、江西省各3家，河南省、湖北省、辽宁省、甘肃省、广西壮族自治区、宁波市、深圳市各2家，河北省、山西省、内蒙古自治区、青海省、宁夏回族自治区、新疆维吾尔自治区、大连市、四川省、云南省、贵州省、西藏自治区、吉林省、黑龙江、海南省、上海市各1家。

（二）发展指导

工业和信息化部在2022年11月发布了《中小企业数字化转型指南》，对数字化解决方案供应商的发展提出了具体的指导意见。

一是提高供需匹配度。数字化转型服务商应聚焦中小企业数字化转型的共性需求，研发即时沟通、远程协作、项目管理、流程管理等基础数字应用。遵循“大企业建平台，中小企业用平台”的思路，大型企业打造面向中小企业需求的工业互联网平台，输出成熟行业数字化转型经验，带动产业链供应链上下游中小企业协同开展数字化转型。细分行业数字化转型服务商研发推广具备行业特性的产品服务。低代码服务商持续提升产品的可拓展性，帮助业务人员自主高效构建数字化应用，满足即时个性化需求。

二是开展全流程服务。数字化转型服务商应通过线上线下结合的方式，展示场景融合应用和转型方法路径，增强中小企业数字化转型意识和意愿。数字化转型服务商和第三方评估机构等主体，聚焦中小企业个性化转型需求，帮助中小企业制定数字化转型策略。电信运营商、智能硬件企业、数字化转型服务商等帮助中小企业开展网络建设、硬件改造连接和软件应用部署等，开展配套数字技能培训。基于中小企业阶段性转型需求，数字化转型服务商整合生态资源，为中小企业匹配与现阶段需求适配的产品和服务，推动中小企业转型逐步深入。

三是研制轻量化应用。数字化转型服务商聚焦中小企业转型痛点、难点，提供“小快轻准”的产品和解决方案。研发推广低代码产品服务，助力中小企业自行创建、部署、使用和调整数字化应用，提升中小企业二次开发能力和需求响应能力。发展订阅式软件服务，有条件的数字化转型服务商可面向中小企业提供免费试用版服务，探索发展以数字化转型收益支付服务费用等方式，消除中小企业数字化转型顾虑，降低中小企业数字化转型成本。工业互联网平台企业汇聚工业 App，沉淀工业技术、知识和经验，建设工业 App 商店，加速工业 App 交易流转应用。

四是深化生态级合作。工业互联网平台、数字化转型服务商和大型企业等各方主体，推动产业链供应链上下游企业业务协同、资源整合和数据共享，助力中小企业实现“链式”转型。大型企业搭建或应用工业互联网平台，面向上下游中小企业开放订单、技术工具、人才、数据、知识等资源，探索共生共享、互补互利的合作模式。工业互联网平台、数字化转型服务商和金融机构加强合作，开展物流、资金流和数据流等交叉验证，创新信用评估体系和风险控制机制，提升中小企业融资能力。

（三）白名单推荐

2023 年 6 月，财政部与工业和信息化部联合下发了《关于开展中小企业数字化转型城市试点工作的通知》，随后将苏州、东莞、宁波等 30 个市（区）纳入第一批试点范围。以此为契机，试点城市先后结合本地区产业特征，出台了一批数字化解决方案供应商白名单，推荐给本地企业选择。

• 2023 年 2 月，郑州市发布了第一批制造业数字化转型服务商，包括数字化转型整体解决方案服务商 3 家、数字化转型咨询诊断与培训服务商 3 家、数字化转型专业服务商 22 家。

• 2023 年 2 月，深圳市公布了《2022 年度制造业数字化转型咨询诊断备案服务商名单》，共包含阿里云计算有限公司等 48 家企业。

• 2023 年 10 月，武汉市公布了首批 144 家中小企业数字化转型服务商，包括诊断咨询服务商 22 家、解决方案集成商 16 家、专业软件服务商 106 家。

• 2023 年 10 月，长沙市公布了细分行业中小企业数字化转型集成服务商拟认定名单，包括工程机械类服务商 3 家、先进计算类服务商 2 家、生物医药类服务商3家、烟花鞭炮类服务商6家。

• 2023年11月，南昌市中小企业数字化转型服务商公示名单发布，共包含诊断咨询服务商14家、解决方案集成商10家、专业软件服务商36家。

• 2023年11月，东莞市发布了《关于东莞市中小企业数字化转型试点城市（国家级）数字化牵引单位名单的公示》和《关于东莞市省级中小企业数字化转型试点城市数字化牵引单位（纺织服装鞋帽、食品饮料行业）名单的公示》，共纳入25家牵引单位。

• 2023年12月，重庆市渝北区经济和信息化委员会发布了重庆市渝北区中小企业数字化转型服务商遴选结果，共有42家企业入选，其中总承包商6家、专业服务商36家。

• 2023年12月，杭州市公布了中小企业数字化转型城市试点遴选服务商名单，包括试点服务商52家、试点总包服务商8家、试点培育服务商90家。

• 2023年12月，兰州市公布了中小企业数字化转型城市试点细分行业总承包商及改造实施服务商遴选结果，确定了25家细分行业总承包商和改造实施服务商，其中精细化工行业服务商5家、通用零部件制造行业服务商3家、石油化工装备制造行业服务商3家、生物医药制造行业服务商3家、特色食品制造行业服务商3家、有色金属制造行业服务商3家、绿色建材制造行业服务商5家。

• 2023年12月，石家庄工信局发布了《关于公布石家庄市中小企业数字化转型赋能服务资源的通知》，遴选了咨询评测优选服务商3家、行业优选服务商36家（其中生物医药制造业10家、新一代电子信息制造业10家、先进专用设备制造业10家、现代食品制造业6家）、咨询诊断服务资源池企业15家、行业服务商资源池企业81家。

（四）标杆引领

为促进中小企业数字化转型供需对接，工业和信息化部中小企业局组织开展了2023年中小企业数字化转型典型产品和解决方案征集工作。经企业自主申报、地方中小企业主管部门推荐，共收到典型产品和解决方案618

项。受工业和信息化部中小企业局委托，中国工业互联网研究院组织专家评审，择优遴选出 267 项典型产品和解决方案，其中软件系统及 SaaS 化应用类 233 项、生产设备类 11 项、基础设施类 9 项、咨询诊断类 14 项。

二　数字化转型促进中心建设情况

传统产业数字化转型不平衡不充分问题比较突出，普遍面临着成本偏高的问题。传统产业尽管有了强烈的转型需求与期望，但受转型资金、数字人才等约束，普遍“心有余而力不足”。另外，转型成本和转型后收益不匹配，也是企业不能轻易转型的重要原因。基于此，《规划》提出要依托产业集群、园区、示范基地等建立公共数字化转型促进中心，开展数字化服务资源条件衔接集聚、优质解决方案展示推广、人才招聘及培养等服务。依托企业、产业联盟等建立开放型、专业化数字化转型促进中心，面向产业链上下游企业和行业内中小微企业提供供需撮合、转型咨询、定制化系统解决方案开发等市场化服务。制定完善数字化转型促进中心遴选、评估、考核等标准、程序和机制。

（一）国家数字化转型促进中心建设情况

国家层面的数字化转型促进中心的建设主要由工业和信息化部推动，2022 年和 2023 年，工业和信息化部结合工业互联网试点示范工作，先后推出了两批共 20 家数字化转型促进中心[①]，如表 1 所示。

表 1　工业互联网数字化转型促进中心

批次	序号	项目名称	主持单位
2022 年	1	数字化转型促进中心（工业互联网）	重庆工业互联网创新中心有限公司
	2	AIdustry 数字化转型促进中心（工业互联网）	华能信息技术有限公司

① https：//www. miit. gov. cn/zwgk/wjgs/art/2023/art_9b4a981c321e4e13b2cd22111915a5bd. html.

续表

批次	序号	项目名称	主持单位
2022年	3	消费品行业数字化转型促进中心（工业互联网）	北京鑫创数字科技股份有限公司
	4	船舶行业数字化转型促进中心（工业互联网）	中国船舶集团有限公司第七一六研究所
	5	生物医药数字化转型促进中心（工业互联网）	中国生物技术股份有限公司
	6	供热行业数字化转型促进中心（工业互联网）	中国城镇供热协会
	7	有色行业数字化转型促进中心（工业互联网）	中国铝业集团有限公司
	8	发电装备行业数字化转型促进中心（工业互联网）	哈尔滨电气股份有限公司
	9	固体废物治理行业数字化转型促进中心	首都信息发展股份有限公司
	10	中小企业数字化转型促进中心（工业互联网）	山东青鸟工业互联网有限公司
2023年	1	绿色能源行业数字化转型促进中心（工业互联网）	中国专利保护协会
	2	工业互联网数字化转型促进中心	机械工业第六设计研究院有限公司
	3	数字化转型促进中心	工业互联网创新中心（上海）有限公司
	4	鄂尔多斯市煤炭工业互联网平台	鄂尔多斯市数字经济发展投资有限责任公司
	5	成都市工业互联网数字化转型促进中心	成都市工业互联网发展中心
	6	蓝海工业互联网数字化转型促进中心	山东蓝海工业互联网有限公司
	7	5G+智能矿山数字化转型促进中心	徐州徐工矿业机械有限公司
	8	大连市数字化转型促进中心（工业互联网）	大连市城市建设投资集团有限公司
	9	石化化工行业工业互联网数字化转型促进中心	湖北宜化集团有限责任公司
	10	中德数字经济暨智能制造赋能中心	山东莱茵科斯特智能科技有限公司

（二）省市数字化转型促进中心建设情况

除了国家层面，各省市也结合自身产业发展实际，积极开展数字化转型促进中心的建设。

1. 山东

2023 年 4 月，山东省工业和信息化厅发布了《山东省工业互联网数字化转型促进中心建设工作指南（暂行）（征求意见稿）》，提出按照“系统谋划、聚焦产业；需求牵引、突出成效；市场主导、政府引导；多元开放、协同高效”的原则，推动综合类、行业类和功能类三大类数字化转型促进中心的建设。

2023 年 3 月，国家中小企业数字化转型促进中心落户济南，成为全国首个面向中小企业提供服务的功能类数字化转型促进中心。中心将按照 1 个市场化公司实体，“线上+线下”2 个运营载体，数字经济产业园、民办非企业单位、服务商联盟 3 支推进力量的架构进行高标准建设，目前已汇聚 400 余家数字化转型服务商和 1000 余套数字化转型解决方案。

2. 四川

2021 年，四川出台了《四川省数字化转型促进中心建设实施方案》，提出着重建设区域型、行业型、支撑型三类数字化转型促进中心。2022 年 5 月，四川省又出台了《关于支持四川省数字化转型促进中心建设的政策措施》，从财政和综合绩效考评两个方面明确支持措施：对于年度评价结果为优秀的省级数字化转型促进中心，按照项目总额的 20%（不超过 1000 万元）安排补助资金；对于获批国家级数字化转型促进中心的项目，按照投资总额的 30%（不超过 2000 万元）安排补助资金。此外，对于省属国有企业建设的项目，如果年度评价结果为优秀，则在企业负责人经营业绩考核中给予 0.5 分的加分。

在上述政策的引导下，四川省自 2021 年起，先后共评选出 3 批共 37 家省级数字化转型促进中心，其中区域型数字化转型促进中心 7 家（2021 年、2022 年、2023 年分别为 2 家、3 家、2 家），行业型数字化转型促进中心 18 家（2021 年、2022 年、2023 年分别为 7 家、9 家、2 家），支撑型数字化转型促进中心 12 家（2021 年、2022 年、2023 年分别为 3 家、6 家、3 家）。

此外，四川省在 2023 年还对 2021 年和 2022 年认定的省级数字化转型促进中心进行了评价，其中，成都市大数据集团股份有限公司等 7 家数字化转型促进中心被评为优秀；眉山环天智慧科技有限公司等 9 家数字化转型促进中心被评为良好；遂宁天一投资集团有限公司等 14 家数字化转型促进中心被评为合格。

3. 广西

2022 年 8 月，广西出台了《推进广西行业数字化转型促进中心建设实施方案》，提出 2022 年底在制糖、机械、汽车等广西传统优势产业建设 2 家或 3 家行业数字化转型促进中心，2025 年底建成 10 家以上具有全国影响力的行业数字化转型促进中心，并创建 1~2 家国家级数字化转型促进中心的目标。同时，方案还提出数字化转型促进中心的重点建设任务，包括：全方位技术支持、供需对接与撮合、数据资源开发共享、场景化解决方案提供、多元化产品和个性化服务支撑、产业链数字化融合生态构建以及转型咨询与宣传辅导。

4. 辽宁

2021 年 4 月，辽宁省发布了《关于开展辽宁省数字化转型促进中心创建工作的通知》，提出按照联合孵化创新、产学研用对接、场景应用落地、支撑转型发展的要求创建数字化转型促进中心。在上述政策的指引下，辽宁省共分三批认定了 39 家省级数字化转型促进中心，其中第一批包括东软集团股份有限公司等 16 家中心；第二批包括联通（辽宁）产业互联网有限公司等 13 家中心；第三批包括沈阳中科奥维科技股份有限公司等 10 家中心。

5. 江西

2022 年 7 月，江西省印发了《江西省省级数字化转型促进中心管理办法（试行）》，明确提出要重点建设区域型和行业型两类数字化转型促进中心，其中，区域型数字化转型促进中心的主要任务是面向一定区域内的产业集聚区、开发区数字化转型的现实需要，促进区域内产业集聚区和开发区的数字化转型；行业型数字化转型促进中心的主要任务是面向特定行业内企业的数字化转型需要，推动行业转型升级，为行业内上下游企业数字化转型提供产品和服务。此外，数字化转型促进中心实行动态管理，每年进行一次综合评价，如果连续两次评价不合格将被撤销其数字化转型促进中心称号。

2023年7月，江西省公布了首批15家省级数字化转型促进中心名单，包括以南昌市数字化转型促进中心为代表的区域型数字化转型促进中心7家，以江西汽车行业数字化转型促进中心为代表的行业型数字化转型促进中心8家。

6. 吉林

2023年，吉林省出台了《数字化转型促进工程专项行动方案》，并以此为基础启动了数字化转型促进中心建设工作。2023年12月，吉林省公布了首批省级数字化转型促进中心，包括联通（吉林）产业互联网有限公司、中车长客轨道客车股份有限公司、旭阳数字科技（长春）有限公司等11个建设项目入选。

三　数字化转型支撑服务供给机制创新情况

在起步阶段，企业数字化转型的确会对其本身的运行和发展带来一定影响，这是转型过程中的必然规律，也是任何行业和企业都必须经历的“阵痛”过程。为激发企业参与产业转型升级的意愿，《规划》提出要创新转型支撑服务供给机制，鼓励各地因地制宜，探索建设数字化转型产品、服务解决方案供给资源池，搭建转型供需对接平台，开展数字化转型服务券等创新，支持企业加快数字化转型。深入实施数字化转型伙伴行动计划，加快建立高校、龙头企业、产业联盟行业协会等市场主体资源共享、分工协作的良性机制。

（一）数字化转型供需对接服务

为更好地撮合数字化转型供需双方，目前主要存在两种服务机制：一是组织灵活多样的数字化转型供需对接会；二是依托数字技术搭建供需对接平台，建立数字化转型供需对接的长效机制。

1. 数字化转型供需对接会

为推动数字化产品服务供应商与待转型企业尤其是中小企业的高效匹

配，各地开展了形式多样的数字化转型供需对接会。供需对接会的突出优点是组织形式灵活、供需匹配精准、协同创新效应显著。以 2023 年 5 月举办的“大企业数字化转型与生态合作伙伴供需对接大会”为例进行说明。

此次活动聚焦大企业协同创新与生态合作伙伴对接，开展创新成果发布、场景示范展示、技术方案推介、供需精准对接、交流合作洽谈等系列活动，来自数字化转型领域有关政府部门、国有企业、领军企业、创新企业、联盟协会等 200 余家机构参加本次活动，20 余项数字化创新项目现场展示。主要活动如下。

第一，发起倡议：推动大企业生态合作与协同创新。为了充分发挥国有企业和领军企业的示范作用，促进高效、协同、融合的企业创新生态，中国一汽、北京铜牛、华为等大企业代表，以及中关村数字经济产业联盟、中关村京企云梯科技创新联盟等单位，共同发起了“大企业生态合作与协同创新倡议”。该倡议致力于推动创新链协同、产业链融合、供应链配套和数字化转型，充分利用大企业的产业协同优势，带动产业链上下游企业开展合作与对接。

第二，发布成果：大企业数字化创新成果发布及签约。此次发布聚焦于数字制造、数字文旅、数字管理和数字建筑四大领域，涵盖汽车数字化、轨道交通、智能制造运维、智慧航旅、区块链应用、智慧供应链等数字化转型的关键内容。中国一汽、中国建研院等大企业代表发布了 14 项数字化创新成果。同时，中国一汽、东风汽车、长安汽车与中汽中心联合签署了“汽车企业数字场景创新训练营”协议，致力于开放场景建设需求、共享场景建设能力、探索场景创新路径。

第三，发布需求：华为、百度、金山云开展大企业生态合作伙伴对接活动。此次对接会设立了华为专场、百度专场和金山云专场，旨在以大企业生态伙伴的需求为导向，整合上下游产业的优势资源。会上，华为、百度和金山云的代表围绕共建坚实的数据基础、人工智能应用和数字孪生等主题，发布了大企业生态合作伙伴需求，并推介了数字化转型的技术方案。同时，用友、宝德、中软国际、统信、华鲲振宇、海量数据、软通动力、昆仑芯、中讯邮电和数字冰雹等10家生态合作伙伴企业代表也发布了各自在数字化领域的关键技术、产品和解决方案。

2. 数字化转型供需对接平台

2024年5月，国务院总理李强主持召开国务院常务会议，会议指出，要加大对中小企业数字化转型的支持……探索形成促进中小企业数字化转型长效机制。数字化转型供需对接平台正是机制创新的重要内容。供需对接平台以数字技术为依托，通过供给、需求的智能化呈现，降低供需双方的搜寻成本，其突出特点是匹配高效、沟通便捷、成本节约。下文介绍几个有代表性的数字化转型供需对接平台。

山东中小企业数字化转型供需对接服务平台。该平台是国家中小企业数字化转型促进中心的重要支撑。目前，该平台已完成基础功能模块的开发，并且实现了服务商解决方案（产品）的分级分类管理、企业评测诊断及“精准画像”工具等模块的开发。平台吸引了2400余家企业入驻，汇聚了1800余个需求，注册了740余家服务商，并上线了1000余个解决方案产品。此外，平台还吸引了150名专家进驻。

“数智武汉”平台。该平台是在武汉市经信委的指导下，由武汉筑链科技有限公司打造的数字化转型服务供需对接一站式综合平台。平台基于数字化转型服务能力评价体系，汇聚并共享服务商的资源、业务和能力，实现流程互通、精细管控、业务创新、价值引领及生态构建等多重目标。平台的优势体现为：打造数字转型服务大数据库、建立动态能力评级管理体系、业界资讯即时更新、数字化产品智能匹配、专家智库科学诊断、实现采购线上化、支持圈层生态。

福建省数字技术应用场景对接平台。该平台由福建省发改委和省数字办依托福建省全生命周期项目管理平台建设，旨在汇聚全省的数字技术、产品和解决方案的需求与供给。平台支持分类查找和精准对接，提高数字技术供需对接效率，加速数字技术成果项目的落地，助力全省各级党政机关和企事业单位的数字化转型。平台主要功能包括：需求与供给发布、场景对接与落地、优秀案例展示。

（二）数字化转型服务券

数字化转型服务券（以下简称“数转券”）是指用于补助企业购买指定平台的数字化产品/服务所提供的电子化支付凭证，是以政府购买服务方式支持企业数字化转型的一种制度创新。数转券通过电子券形式发放，实行记名发放、登记使用和备案管理，通常不得转让、流通和挪作他用。下文将以北京、武汉、山东、安徽和陕西为例，介绍数字化转型服务券实行情况。

1. 北京经验

依据《北京市促进中小企业发展条例》，北京市从2020年开始发放服务券工作，服务券领用限额为：国家级专精特新“小巨人”企业不超过20万元，专精特新中小企业不超过10万元，其他中小微企业领用额度不超过2万元。其中，2022年被纳入服务券补贴清单的产品为156款，数字化转型类产品占比约五成；2023年被纳入服务券补贴清单的产品为189款，数字化转型类产品占比约四成。

2. 武汉经验

2022年9月，武汉市出台了《武汉市小微企业服务补贴券管理办法》，明确将数字化服务列为六大服务内容之一。同时，办法规定，单个企业年度领取数字化服务补贴券额度为8000元，且不超过合同实际结算金额的50%；而每个签约服务机构在一个服务年度内兑付的服务补贴券原则上最高不超过100万元，上年度十佳优秀服务机构原则上最高不超过200万元。

3. 山东经验

2023年9月，山东省出台了《山东省中小企业“创新服务券”实施细则（征求意见稿）》，明确将数字化转型赋能服务列为“创新服务券”的重点支持领域。根据细则，单张服务券的补贴额度最高不超过5万元，对于瞪羚企业、独角兽企业、专精特新“小巨人”企业、单项冠军企业以及申请DCMM认证服务和数字化转型贯标试点的企业，单张服务券的限额可提升至10万元。截至2023年底，山东省共发放了454张创新服务券，其中上云用云方向190张，数字化诊断方向149张，DCMM方向109张，两化融合贯标方向 6 张。

4. 安徽经验

2023 年 4 月，安徽省发布了《安徽省中小微制造业企业数字化软件服务包集中采用管理办法（试行）》，通过消费券的形式支持企业进行数字化转型。随后，安徽省公布了“2023 年安徽省中小微制造业企业数字化软件服务包采用软件名单”，其中包含管理数字化、研发设计数字化、生产制造数字化、仓储物流数字化四大类，共计 89 个数字化转型产品。截至 2023 年 9 月，安徽省已向全省 3 万家中小微制造业企业免费发放了总值 3 亿元的“中小微制造业企业数字化软件服务包”消费券。企业通过羚羊工业互联网平台领取 1 万元消费券，用于选购市场价值最高可达 10 万元的软件服务。

5. 陕西经验

2022 年 12 月，陕西省发布了《陕西省小微企业服务补贴券管理办法》，其中信息化服务被列为七大补贴内容之一。根据该管理办法，单个小微企业在每个发放周期内只能领取一次服务补贴券，且遵循“先用先得、用完为止、期满作废”的原则。单个小微企业年度内领取的服务补贴券总额不超过 2.5 万元，每个服务合同中使用的补贴券金额不得超过合同金额的 50%。2023 年，陕西省服务补贴总额为 700 万元。

（三）数字化转型伙伴生态圈

我国中小企业数量众多，但多数规模较小、业务单一，缺乏全面数字化转型的能力。实践中，由于资源和能力的限制，大多数中小企业无法像大型企业那样进行全面的数字化转型，而是依靠数字化平台和生态系统打造数字经济闭环。中小企业的数字化转型实际上是生态系统的转型，因此，构建数字化转型伙伴生态圈成为推动中小企业数字化转型的关键因素。下文将重点介绍上海和合肥在这一方面的工作经验。

1. 上海经验

2023 年 12 月，在上海市中小企业发展服务中心的指导下，由上海市计算机行业协会发起的“中小企业数字化转型伙伴生态圈”正式成立，成立仪式暨研讨会在上海浦东软件园三林园举办。该生态圈需要产业园区作为物理载体和孵化基地，为中小企业数字化转型提供全面的孵化服务。作为上海软件与信息服务产业的新基地，上海浦东软件园三林园将成为该生态圈的首个孵化基地。

上海市中小企业数字化转型伙伴生态圈成立的目标是，为生态伙伴提供品牌展示机会，为行业专家提供经验分享平台，为孵化基地提供推进孵化通道，培养更多数字化人才，帮助中小企业少走弯路、提升成效。

围绕这些目标，生态圈将开展以下工作。一是树立引领灯塔：现场，中国信息通信研究院上海工创中心的蒋鼎峰等6位人员获得首批中小企业数字化转型行业专家聘书。包括才匠智能、数设科技在内的43家企业获首批中小企业数字化转型生态伙伴授牌。二是完善园区服务：园区将努力提升区域营商环境，创建友好的办公环境，营造有利于科技企业发展的沉浸式创新研发氛围。根据不同企业的发展需求，建设专业化的公共服务平台，举办多样的产业活动，积极完善智慧园区建设，以精细化的服务为企业创造更大价值。

2. 合肥经验

合肥坚持“上云用数赋智”导向，致力于打造精准高效、多元融合的数字化转型服务生态圈，其中最突出的经验之一是提升“链主”责任，推动中小企业“链式”智能化转型。

“链主”企业在产业链中具有强大的号召力，能够引领产业链的发展方向，并推动上下游企业的共同成长。以位于合肥的联宝科技为例，它不仅是联想集团全球最大的智能计算设备研发和生产基地，也是世界级的“灯塔工厂”。自2020年以来，联宝科技年营收已突破千亿元，吸引了70余家中小企业在周边落户建厂，形成了一个“4小时产业圈”，带动了超过2万人就业，物料地采配套率超过60%。在联宝工厂，智能排产、智能物流和数字孪生技术的应用，大幅提升了中小企业的智能化水平。

四　数字化转型支撑服务生态发展中存在的问题

在《“十四五”数字经济发展规划》提出以后，我国在数字化解决方案供应商培育、数字化转型促进中心建设、数字化转型支撑服务供给机制创新等方面开创了一系列富有成效的工作，数字化转型支撑服务生态得到了初步发展。但工作中也暴露了一系列问题，有待进一步改进和完善。

在数字化解决方案供应商培育方面，存在的主要问题如下。①现阶段，有关数字化转型的优惠政策主要是针对转型企业的，但对提供数字化转型产品和服务的第三方服务商，却缺乏税收优惠等方面的政策支持，导致第三方服务商市场仍比较有限。②企业的数字化转型需求具有个性化特征，但我国数字化产品和服务供应商仍处于发展的初期阶段，在客户数据积累、个性化方案设计、市场营销等方面仍有很大的提升空间。③基于路径依赖和先行者优势，部分平台汇聚了大量数字服务供应商，但监管这些第三方服务商，仍需制度、方法方面的创新。

在数字化转型促进中心建设方面，主要面临的问题是：在相关政策的激励下，全国各地纷纷开展数字化转型促进中心的建设工作，但由于缺乏统一的规划，不同省份之间，甚至同一省份的不同地区之间存在严重的同质化数字化转型促进中心重复建设问题，这一方面会导致财政资源、技术资源的错配，降低使用效率；另一方面也会带来资源的过度分散，使关键项目得不到有效支撑，降低了政策实施效果。

在数字化转型支撑服务供给机制创新方面，存在的主要问题如下。①生态圈建设需要共同的愿景和公平的分配机制。然而，许多企业只关注自身利益，忽视其他成员的需求，或通过控制资源来获取更多话语权，导致内部矛盾加剧、信任度下降、合作效率降低。②为了形成规模效应和网络效应，生态圈建设需要足够的参与者。然而，许多企业尚未认识到其重要性，缺乏积极参与和贡献，导致生态圈内部活力不足、价值流通受限、效果不显著。③数字化转型供需对接平台仍处于探索阶段，供需匹配的精准性和便捷性尚需提升。

五　数字化转型支撑服务生态发展对策建议

在数字化解决方案供应商培育方面，主要的对策建议如下。①应出台针对数字化转型服务商的税收优惠政策，如减免增值税、企业所得税等，以降低服务商的运营成本。②设立专门的数字化转型服务商发展基金，用于支持这些服务商的研发、市场推广和人才培养等活动。③在政府采购中给予本土数字化解决方案供应商一定的优先权，完善白名单、资源池等工作机制，增加其市场机会和曝光度。④建立行业数据共享平台，鼓励和推动行业数据共享，帮助数字化解决方案供应商更好地理解和满足客户的个性化需求。⑤制定统一的行业标准和规范，对数字化服务商的资质、服务质量和数据安全等方面进行严格监管。同时引入第三方评价机制：建立独立的第三方评价和认证机制，对数字化服务商进行客观、公正的评估，提升市场透明度和信任度。

在数字化转型促进中心建设方面，主要的对策建议如下。①制定国家级规划，由国家相关部门制定统一的数字化转型促进中心建设规划，明确各地区的建设目标和任务，避免同质化和重复建设。同时完善分区分级指导，根据各省份和地区的实际情况，进行分区分级指导，明确不同区域的功能定位和特色发展方向，形成数字化转型促进中心的差异化布局。②建立资源共享平台，推动建立全国性的数字化转型资源共享平台，实现技术资源、专家资源、案例资源的共享，提升资源使用效率。同时建立跨区域协作机制，鼓励相邻省份或地区之间进行资源互补和项目合作，形成协同效应。③针对重点领域、重点项目和关键技术进行集中支持，避免资源过度分散，确保关键项目得到有效支撑。④引导社会资本参与数字化转型促进中心的建设和运营，通过市场化运作提升资源配置效率。同时加强公共服务，进一步提供基础设施和政策支持，促进数字化转型促进中心的健康发展。

在数字化转型支撑服务供给机制创新方面，主要的对策建议如下。①加强生态圈建设与管理。具体包括建立明确的生态圈愿景和目标，确保所有成员认同并共同努力实现；制定透明、公平的资源分配和利益共享机制，保障各方利益；引入独立的第三方机构进行监督和评估，确保资源分配和决策的公正性。②提高企业参与度。具体包括加强宣传与教育，通过行业会议、研讨会、培训等方式，提高企业对生态圈建设重要性的认识；树立示范项目，选择一批具有代表性的企业作为示范项目，展示生态圈建设的成功案例和效益，吸引更多企业参与。③优化供需对接平台，具体包括加强技术投入，提升平台的智能化和数据处理能力，优化供需匹配算法，提高匹配精准度；简化平台操作流程，提升用户体验，增加企业的使用意愿；建立完善的用户反馈机制，及时根据用户需求和反馈进行改进。

参考文献

王宏起、赵天一、李玥：《产业创新生态系统数字化转型的政策组合研究》，《中国软科学》2023 年第 10 期。

梁宏亮、温雅兰：《创新生态系统如何助力企业数字化转型?》，《每日经济新闻》2023 年 8 月 8 日。

李律成、曾媛杰、柯小俊：《创新生态系统视角下企业数字化转型研究述评与展望》，《科技进步与对策》2024 年第 13 期。

谢康等：《企业高质量数字化转型管理：理论前沿》，《管理学报》2024 年第 1 期。

杨柏、陈银忠、李海燕：《数字化转型下创新生态系统演进的驱动机制》，《科研管理》2023 年第 5 期。

张双：《数字化转型应有生态化思维》，《经济日报》2022 年 4 月 29 日。

丁渊：《推动上海制造业数字化转型的生态建设》，《上海经济》2023 年第 5 期。

杨喜明、郭伟：《为中小企业数字化转型营造良好金融生态》，《中国农村信用合作报》2022 年 3 月 8 日。

孙伟增、毛宁、兰峰、王立：《政策赋能、数字生态与企业数字化转型——基于国家大数据综合试验区的准自然实验》，《中国工业经济》2023 年第 9 期。

郝政、吕佳、杨蕾等：《组态视角下商业银行数字化转型路径研究——基于创新生态系统的联动效应分析》，《技术经济》2022 年第 11 期。

数字产业化篇

B.13 2022～2023年中国关键技术创新能力发展报告

中国移动研究院（中移智库）*

摘　要： 数字技术正以新理念、新业态、新模式全面融入人类经济、政治、文化、社会、生态文明建设各领域和全过程，给人类生产生活带来广泛而深刻的影响。数字技术日益从助力发展的辅助工具转变为引领发展的主导力量，促进数实深度融合，激发数字经济新活力。本文从数字技术的政策环境、科研突破、重大事件和创新应用等方面，遴选出5G、人工智能、物联网、区块链四项具有代表性的数字技术，在总结分析四项技术各自的发展情况、发展特点的基础上，发现部分核心技术研发能力和关键领域国际合作水平有待进一步提升；数据流通不畅、场景落地成本高制约行业应用规模化发

* 执笔人：林琳，中国移动研究院用户与市场所所长，主要研究领域为数字经济发展、数字技术赋能、数字生活洞察、数据要素市场、数字治理与安全、战略研究与市场策略、大数据应用等；张政，中国移动研究院用户与市场所主任研究员，主要研究领域为数字技术赋能、数字经济发展、战略研究与市场策略；韦穆华，中国移动研究院用户与市场所高级研究员，主要研究领域为数字技术赋能、战略研究与市场策略、商业模式创新；武丹，中国移动研究院用户与市场所研究员，主要研究领域为新技术应用、市场策略、数据分析；刘慧丽，中国移动研究院用户与市场所研究员，主要研究领域为数字技术赋能、商业模式创新。

展；隐私保护、数据治理、安全管控能力有待进一步提升。依据以上分析，预测中国关键数字技术发展将呈现三个重要趋势：数字技术持续融合创新发展，数字技术将加速赋能产业转型升级，科技伦理治理的复杂性和难度日益凸显。基于此，本文提出，聚焦重点领域，加强关键核心技术攻关，鼓励应用场景创新，推动数实深度融合，完善科技伦理治理体系，保障科技创新健康发展。

关键词： 技术创新 5G 人工智能 物联网 区块链

习近平总书记深刻指出，“当今时代，数字技术、数字经济是世界科技革命和产业变革的先机，是新一轮国际竞争重点领域，我们要抓住先机、抢占未来发展制高点”。党的二十大报告指出要加快发展数字经济，促进数字经济和实体经济深度融合，打造具有国际竞争力的数字产业集群。近年来，中国数字经济规模持续扩大，总体规模已经跃居全球第二位，数字经济已成为中国经济稳定增长的关键力量。数字技术作为数字经济发展的重要引擎，正日益融入经济社会发展的各个领域，促进各类产业技术融合创新、各类模式业态跨界发展，引领经济发展动力从主要依靠资源和低成本劳动力等要素投入加快向创新驱动转变，开辟了新的发展空间，激发了新的发展活力。

《“十四五”数字经济发展规划》明确指出要增强关键技术创新能力，发挥我国社会主义制度优势、新型举国体制优势、超大规模市场优势，提高数字技术基础研发能力，强化优势技术供给，重点布局5G、物联网、云计算、大数据、人工智能、区块链等领域。2022~2023年，中国大力推进数字技术关键领域创新发展，关键技术核心自主可控能力大幅提升，技术创新应用取得重大进展。其中，5G技术为数字经济的发展注入新的活力和动力，应用场景日益丰富；人工智能技术的发展正在深刻改变社会生产和生活方式，不断催生新商业范式；物联网技术通过实现物与物、人与物之间的互联互通，为数字经济发展提供了广阔的空间；区块链技术以其去中心化、透明性和不可篡改性等特性，为数字经济发展提供了重要的信任机制。

一　2022~2023年中国关键数字技术创新能力发展情况

（一）5G技术发展情况

1. 政府高度重视移动通信技术发展，出台一系列政策推动5G规模应用

2022~2023年，国家和地方政府出台了一系列政策，协同推进5G网络基础设施建设，推动5G商用部署和规模应用，如表1所示。

表1　2022~2023年国家和地方政府发布的5G相关政策（重点列举）

发布层次	政策内容	核心要义
国家层面	2022年8月，工业和信息化部发布《5G全连接工厂建设指南》	指导各地区各行业积极开展5G全连接工厂建设，带动5G技术产业发展壮大
	2023年4月，工业和信息化部与文化和旅游部发布《关于加强5G+智慧旅游协同创新发展的通知》	推动5G在旅游业的创新应用
	2023年6月，工业和信息化部发布新版《中华人民共和国无线电频率划分规定》	在全球范围内率先将6GHz频段规划用于5G/6G系统
	2023年11月，工业和信息化部办公厅发布《"5G+工业互联网"融合应用先导区试点工作规则（暂行）》《"5G+工业互联网"融合应用先导区试点建设指南》	指导各地积极有序开展"5G+工业互联网"融合应用先导区试点建设，推动"5G+工业互联网"规模化发展
地方政府	2022年2月，山西省发布《5G引领数字经济发展壮大2022年行动计划》	在5G+工业互联网、医疗、教育、智能矿山、智慧城市等领域培育30个具有示范引领作用、可供行业规模化复制推广的示范项目
	2022年3月，上海市发布《5G应用"海上扬帆"行动计划（2022—2023年）》	上海将围绕重点领域，深度推进5G融合应用发展，将上海打造成全国重要的5G应用创新发展高地、5G发展引领区和示范区，逐步形成5G应用"海上扬帆远航"的良好局面

续表

发布层次	政策内容	核心要义
地方政府	2023年5月,江苏省发布《"5G江苏"专项行动计划》	通过实现重点场所、行政村、江河湖海水域通5G,着力推动"无线江苏"向"5G江苏"升级,打造高标准5G精品网
	2023年8月,北京市发布《关于进一步推动首都高质量发展取得新突破的行动方案(2023—2025年)》	加快布局5G基站

2. 5G技术持续演进，5G-A开启商用时代

5G技术演进实现创新突破。一是5G轻量化技术（RedCap）的突破为5G网络的部署和运营带来了更高的效率。2023年10月，广东移动在广州、深圳、佛山等大湾区核心城市率先进行全连接工厂5G轻量化规模部署，5G模组成本降低60%。二是5G确定性网络为新型工业化提供了关键能力支撑。截至2023年11月，中国5G广域确定性网络已成功覆盖全国38个城市，在100%网络负载、经13个城市网络节点、跨10000公里距离、10000条确定性业务的情况下，实现零丢包、时延抖动小于50微秒①，可赋能工业制造等对网络性能要求严苛的数字经济重大应用，为推进新型工业化提供重要技术支撑。三是5G射频收发芯片实现关键性突破。2023年8月，中国移动发布核心自主创新成果"破风8676"可重构5G射频收发芯片，广泛应用于5G云基站、皮基站及家庭基站，实现了关键技术的创新突破，提升了5G设备的自主可控能力。

5G-A加速迈入商用阶段。2022年6月，R17标准冻结，R18标准启动，标志着5G正式进入5G-Advanced（5G-A）演进阶段。5G-A网络能力显著增强，毫秒级时延将引领AR/VR产业腾飞，感知、高精定位等超越连接的能力拓展为智慧城市建设、数字社会转型及运营商新产业探索提供了强

① 《确定性网络是推进新型工业化的重要基础》，《人民邮电报》2023年11月29日。

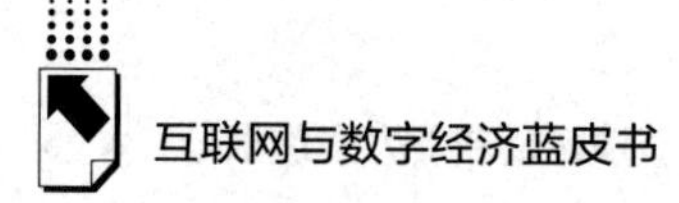

大动力。2023 年 10 月成都马拉松四川移动成功验证 5G-A 三载波聚合业务应用，为 5G-A 赋能体育赛事、工业、交通、政务等行业应用提供了重要技术支撑。

3. 5G 赋能千行百业，激发信息消费新活力

一方面，5G 深化数智融合应用，支撑产业稳健发展。“5G 赋能千行百业”这一愿景正逐步变为现实，截至 2023 年底，5G 应用已广泛渗透至国民经济 71 个大类领域①，在工业、采矿、电力、港口、医疗等行业均实现规模化应用，在海事海洋、地铁轨交、生态保护等领域实现创新性突破。另一方面，5G 满足信息消费新需求，加快融入大众生活。5G 创新应用能够提供在线化、场景化、沉浸化等全新体验，激发消费者日益增长的高清短视频观看、AR/VR 体验、直播购物等新型信息消费需求，有效拉动信息消费增长。例如，2022 年 4 月，中国移动发布的 5G 新通话产品，在 5G 音视频通话的基础上，增加超清、智能、交互等能力，满足用户智能翻译、趣味通话、远程协作等需求，为用户提供融合、智能、交互式的全新通信体验。

（二）人工智能技术发展情况

1. 国家及地方重视对人工智能产业的正向引导

随着国家各部门和地方对人工智能及相关产业的积极推动，各项鼓励政策相继出台，为人工智能技术创新和应用落地创造了有利环境（见表 2）。在政策推动下，2022~2023 年，中国的人工智能产业规模实现了显著增长。根据中国信息通信研究院数据，2022 年中国人工智能核心产业规模达 5080 亿元，相较 2021 年扩张 18%，2023 年，规模进一步扩大至 5784 亿元，增速为 13.9%。

① 工业和信息化部：《2023 年通信业统计公报解读》，2024。

表 2 2022~2023 年国家与地方政府发布的人工智能相关政策（重点列举）

政策类别	发布层次	政策内容	核心要点
鼓励性政策	国家层面	2022 年 7 月,科技部等六部门印发《关于加快场景创新以人工智能高水平应用促进经济高质量发展的指导意见》	系统指导各地方和各主体加快人工智能场景应用,推动经济高质量发展
		2022 年 8 月,科技部提出支持建设新一代人工智能示范应用场景	围绕构建全链条、全过程的人工智能行业应用生态,打造可复制、可推广的标杆型应用场景
		2023 年 4 月,中共中央政治局召开会议	要重视通用人工智能发展,营造创新生态
		2023 年 5 月,国资委常委召开扩大会议	指导推动中央企业加大在新一代信息技术、人工智能等战略性新兴产业布局力度
	地方层面	2023 年 4 月,上海市人民政府办公厅印发《关于新时期强化投资促进加快建设现代化产业体系的政策措施》	对引进符合条件的人工智能关键技术项目给予最高 2000 万元支持
		2023 年 5 月,北京发布《北京市加快建设具有全球影响力的人工智能创新策源地实施方案(2023—2025 年)》	为贯彻落实国家发展新一代人工智能的决策部署,高水平建设北京国家新一代人工智能创新发展试验区和国家人工智能创新应用先导区
		2023 年 5 月,深圳市印发《深圳市加快推动人工智能高质量发展高水平应用行动方案(2023—2024 年)》	提出推进“千行百业+AI”
规范性政策	国家层面	2022 年 3 月,中共中央办公厅、国务院办公厅印发《关于加强科技伦理治理的意见》	为应对科技发展带来的伦理挑战,进一步完善科技伦理体系
		2022 年 7 月,国家互联网信息办公室出台《数据出境安全评估办法》	进一步规范数据出境活动,促进数据跨境安全、自由流动,对人工智能数据使用提出要求

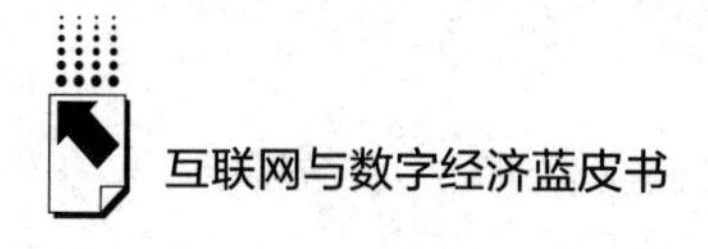

续表

政策类别	发布层次	政策内容	核心要点
规范性政策	国家层面	2023年5月，国家网信办公布了《生成式人工智能服务管理暂行办法》	从生成内容、数据安全、模型算法设计、运营规范四个方面对生成式人工智能产品进行约束
		2023年6月，国家网信办公布了国内首批《境内深度合成服务算法备案清单》	共18家公司的41类算法入围，颁发了第一批"通行证"和逐步清晰化的监管框架

2. 以大模型为代表的前沿技术涌现推动人工智能进入新发展阶段

大模型开启生成式 AI 时代。2022 年，ChatGPT 的问世标志着生成式 AI 时代的到来。2023 年国内科技巨头相继宣布自研大模型上线，百度的文心一言大模型侧重文学创作、商业文案创作、数理推算、中文理解能力，在人文领域具有优异表现；华为的盘古大模型在高效和准确性方面表现出色，能够在保证预测精度的同时，实现高速的文本处理和分析；阿里的通义千问大模型在知识问答、逻辑推理等方面有较好表现，其特点在于可以将不同类型的知识进行融合。

人工智能从大语言模型走向多模态化。多模态大模型是一类支持文本、图像、语音等多种模态信息输入的 AI 架构，相比单一模态大模型，多模态大模型拥有更接近人类的多感官信息收集能力，支持互补和融合的多感官输入，能够解决更大范围的难题，是未来人工智能的重要演进方向之一。例如国内 VLRLab 团队在 2023 年底发布的多模态大模型——“Monkey”（猴子），该模型具有丰富的图片感知能力，可对图片进行精确的多级描述，图片处理能力也较以往大模型更强。

3. 人工智能作为新生产工具丰富应用场景，催生新商业范式

人工智能技术快速发展，在互联网、金融、制造等领域创造了丰富的应用场景。例如，在人工智能加持下，内容推荐、智能客服、智能助手等互联网场景已全面渗透大众生活。营销领域，大模型可以更精准快速地识别和理

解用户不同行为的含义，给出有针对性的营销方案、广告策略，营销内容更具定制化，包括智能广告投放、人工智能生成行动（AIGA）等。文创领域，图画、音乐、文字等领域的人工智能创作平台不断涌现，2022 年 8 月，百度文心一格正式推出，可根据用户提供的关键词生成复杂图画。数字虚拟人领域，部分中国人工智能公司开始尝试“幽灵机器人”研发，如“超级头脑”工作室 2023 年 3 月起接到超过 200 笔制作亡者“AI 虚拟人”订单，利用生成式 AI 技术学习逝者生前的数据和信息，从而实现逝者语言、形象、声音、行为上的克隆。

（三）物联网技术发展情况

1. 政策部署引导物联网产业健康发展

2022~2023 年，中央和地方政府出台了一系列政策，推进物联网新型基础设施建设，充分发挥物联网在推动数字经济发展、赋能传统产业转型升级方面的重要作用，如表 3 所示。2022 年 8 月底，中国成为全球首个实现“物超人”的国家①；截至 2023 年底，移动物联网连接数超 23 亿②，全球占比在 70%以上，物联网企业数量多达 8000 余家，产业规模已经突破 3 万亿元③，保持高速增长态势。

2. 技术升级赋能物联网产业创新发展

一是物联网实现低、中、高速全场景连接，为市场发展注入新的活力。中速物联网空缺的拼图被 5G RedCap 技术广泛部署补齐，可以满足工业、电力、车联网、可穿戴设备、视频监控等领域的物联网业务需求，开拓物联网市场新蓝海。二是新型无源物联网技术解决功耗瓶颈，积极引领物联网产业创新。2023 年 6 月，中国移动发布“e 百灵”新型无源物联系统，为垂直行业提供资产盘点、人员管理、出入库服务，实现物联网全流程、全生产要素的自动化管理。三是 IPv6 支撑海量物联终端连接，促进物联网高效安

① 工业和信息化部：《2022 年 1~8 月份通信业经济运行情况》，2022。

② 工业和信息化部：《2023 年通信业统计公报》，2024。

③ 工业和信息化部：《2023 世界物联网博览会》，2023。

全互联。IPv6 能够提供海量的互联网地址资源，有效解决 IPv4 网址资源枯竭问题，提升物联网互联互通能力。IPv6 相对 IPv4 可有效提升物联网终端攻击溯源定位能力，及时阻断异常终端。截至 2023 年 5 月，我国主要运营商已完成物联网 IPv6 规模化部署，物联网 IPv6 连接数超 4 亿①，超前完成网信办等部门关于 IPv6 发展的工作目标。

表 3　2022~2023 年国家与地方政府发布的物联网相关政策（重点列举）

发布层次	政策内容	核心要义
国家层面	2022 年 9 月，工业和信息化部发布《关于组织开展 2022 年移动物联网应用典型案例征集活动的通知》	进一步发挥移动物联网在赋能产业升级、提升治理能力、丰富社会生活方面的作用，加快推进移动物联网应用发展
	2022 年 12 月，国务院发布《扩大内需战略规划纲要（2022—2035 年）》	加快物联网建设
	2023 年 2 月，国务院发布《数字中国建设整体布局规划》	推进移动物联网全面发展
地方政府	2023 年 1 月，北京市发布《关于北京市推动先进制造业和现代服务业深度融合发展的实施意见》	加快物联网在制造业、服务业的创新应用
	2023 年 7 月，福建省发布《福建省新型基础设施建设三年行动计划（2023—2025 年）》	加大物联网感知设施规模部署和应用场景开放建设力度，培育一批物联网典型示范应用
	2023 年 9 月，上海市发布《上海市进一步推进新型基础设施建设行动方案（2023—2026 年）》	持续更新新型城域物联网感知基础设施建设导则

3. 物联网应用与三大产业深度融合

物联网以农业、制造业和服务业三大产业数字化转型需求为导向，不断丰富应用场景，快速渗透三大产业。在农业领域，物联网技术被广泛应用于

① 《从“能用”到“好用”：我国 IPv6 规模部署迎来关键新阶段》，《人民邮电报》2023 年 5 月 11 日。

实时监测、地形勘查以及质量安全管控等方面；在制造业领域，物联网技术则催生了远程运维、能源监控以及安全监测等新模式；在服务业领域，物联网在疫苗追溯、沉浸式体验等方面发挥着重要作用。例如2023年，江苏无锡丁蜀镇借助物联网应用实现农业科学管理①，种植户可以通过手机和电脑等终端随时随地登录农业大田物联网平台，查看每个监测点传感器收集的环境、气象、作物生长情况等数据，利用数学模型精确计算农作物的浇水、除虫、施肥时间及用量。

（四）区块链技术发展情况

1. 政府推出多项鼓励政策及规范措施以继续推动区块链产业正向发展

2022~2023年，中国发布了一系列区块链政策，旨在推动区块链技术在各个领域的应用和发展（见表4）。

表4　2022~2023年国家发布的区块链相关政策（重点列举）

政策类别	政策内容	核心要点
鼓励性政策	2021年5月，工业和信息化部、中央网络安全和信息化委员会办公室联合印发了《关于加快推动区块链技术应用和产业发展的指导意见》	旨在推动区块链产业发展
	2023年3月，科学技术部、国家发展改革委等12个部门联合重庆市人民政府、四川省人民政府发布《关于进一步支持西部科学城加快建设的意见》	提出开展国家区块链创新应用综合性试点
	2023年9月，人力资源社会保障部联合工业和信息化部发布《关于实施专精特新中小企业就业创业扬帆计划的通知》	围绕智能制造、大数据、区块链等专精特新的中小企业关联度高的新领域，分职业、分方向、分等级开展规范化培训，保障人才供给

① 中纪委：《物联网基础建设位居世界前列》，2023年12月4日。

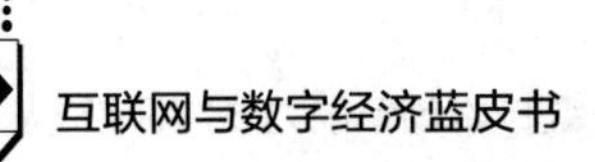

续表

政策类别	政策内容	核心要点
鼓励性政策	2023年4月，国家发展改革委联合工业和信息化部等八部门联合发布《关于推进IPv6技术演进和应用创新发展的实施意见》	提出促进IPv6与人工智能、区块链、大数据、数字身份证等新技术以及网络安全技术的深度融合，强化安全监测、安全编排等技术能力建设
规范性政策	2022年4月，国家发展改革委、中央宣传部、中央网信办、工业和信息化部联合发布了《关于整治虚拟货币"挖矿"活动的通知》	明确禁止在中国进行虚拟货币挖矿活动，以维护经济金融稳定和人民群众利益
	2022年5月，国家发展改革委、中央网信办、工业和信息化部联合发布了《关于促进区块链健康有序发展的通知》	强调要加强区块链技术的监管，促进其健康有序发展

2. 关键算法的突破加速区块链场景渗透

2022~2023年，中国区块链技术在关键算法上取得了新的突破。2023年蚂蚁链发布了基于零知识证明的可信计算架构，是业界在区块链技术领域的重要突破。零知识证明被看作是区块链技术领域最关键的技术之一，采用零知识证明架构的个人或企业，可以在不透露任何关于被证明信息的情况下，确保数据计算和交易过程正确并且可验证，零知识证明在密码保护技术中发挥了重要作用，大大提高了参与主体的匿名性、交易的安全性和数据的流转性，丰富了区块链的应用场景，加速了区块链对产业的渗透。

3. 区块链应用生态初步构建，创新应用百花齐放

区块链技术应用领域的边界不断延展。在金融领域，2022年9月，中国人民银行数字货币研究所在第二届中国（北京）数字金融论坛上正式发布了数字人民币智能合约预付资金管理产品"元管家"，通过在数字人民币的钱包上部署智能合约，可以防范商家资金非法挪用、保障用户权益①；在

① 《2022中国（北京）数字金融论坛举办，发布数字人民币最新成果》，《新京报》2022年9月8日。

文化版权领域，2022 年 9 月，“中国 V 链”平台正式上线，着力解决“确权难、维权难、流通难”的版权界痛点①，为版权确权、版权保护、版权交易提供了安全可靠的交易平台。

为进一步提高城市竞争力，推动城市产业转型升级，打造城市治理新模式，各地方政府积极打造城市级区块链生态平台，打造区块链区域生态。截至目前，一批国内城市已完成区块链基础设施的建设并投入使用。如北京市目录链，采用“技术+基础设施+场景”的特色模式以加快区块链在数字政府、数字经济和数字社会的综合场景应用；其他还有四川省打造的“蜀信链”、重庆市打造的“山城链”、河南省打造的“河南链”等，均已在医疗、金融、农业等领域落地，初步建成区块链生态，有效推动区域数据价值流通。

二 2022~2023年中国关键技术创新能力发展特点

（一）5G 技术发展特点

1.5G 技术融合创新，锻造发展新优势

新兴技术交叉融合，拓宽 5G 能力服务边界。一方面，5G 技术与云计算、大数据、人工智能等技术深度融合，形成交叉发展新格局。另一方面，5G-A 向通算智一体、空天地一体、通感一体等融合技术方向演进。通算智一体技术满足行业应用多样化需求，实现资源复用与灵活加载，降低成本并提升敏捷性。空天地一体技术将卫星与地面网络全方位融合，提供统一终端与服务。通感一体技术实现了通信与感知能力的深度融合，为安防监控、无人机监管、运输车辆避障以及设备形变监测等业务需求提供了高效解决方案。

① 湖南省广播电视局：《“中国 V 链”项目入选区块链创新应用全国十大优秀案例》，2024 年 1 月 25 日。

2. 5G 推进新型工业化，持续放大乘数效应

“5G+工业互联网”释放叠加倍增效应，助力新型工业化。5G 技术在工业中的应用持续深入，已经从“局部单点”走向“生产全局”，由外围辅助环节深入核心控制环节。针对特定行业与场景，5G+工业互联网展现出卓越的组网能力，为云网边端一体化协同的工业数字基础设施提供了稳固支撑，融合应用已从单一的加法效应转变为叠加倍增的乘数效应，释放出巨大的潜能。

3. 5G 应用业态创新，激发数实融合新活力

5G 不断拓展与实体经济融合的深度和广度，催生新产业新业态新模式。例如，5G 直播创新传统媒体传播手段，提升媒体传播的实时性和互动性，推动 5G 直播的新型业务深度赋能文旅、商贸、体育等行业，催生“直播+”经济新模式，释放全新价值空间；5G+无人机构建智慧低空新业态，提升了低空应用的智能化水平，充分释放空地一体的立体化空间潜力，为低空经济的全面发展提供了有力支撑。

（二）人工智能技术发展特点

1. 通专大模型助力人工智能走向更广泛的行业融合

通专大模型是指通用大模型和专用大模型。通用大模型是服务各行业的基础模型，专用大模型则在通用大模型的基础上聚焦某一行业，根据特定需求和任务进行微调和推理，定制适用于该行业的专用模型。随着通专大模型的发展，人工智能呈现与更多行业加速融合的态势，人工智能大模型正在加速服务百业，赋能实体经济，例如，北京市大模型已经在金融、政务、文化旅游、医疗、智慧城市等各个领域得到初步应用，广州、深圳、厦门也在积极推进大模型在政务领域的落地。

2. 人工智能技术应用呈现垂直领域细化的特点

人工智能的应用正逐渐从行业下沉至垂直细分场景，通过对更具体、更细小的子领域的学习，模型能够拥有更全面、更完备的知识储备，从而深入了解特定领域的需求、特点，提供更专业的解决方案。例如，华为云盘古大

模型已经被应用于医疗行业中更细更深的医药研发领域来辅助全新抗生素的研发。

3. 人工智能安全治理趋严、趋紧、趋难

近两年，生成式 AI 在内容创作、逻辑推理能力方面的大幅进步使我们面临愈加复杂的安全挑战。为了应对这些挑战，国家和地方政府加紧制定相关规范，这些规范涵盖生成式 AI、算法治理和伦理，以及人工智能产业发展多个方面。2022 年 12 月，国家人工智能标准化总体组公布《人工智能算法治理与伦理导则》，提出了人工智能算法在设计、开发和部署过程中应遵循的基本原则。2023 年 1~3 月，上海、浙江、深圳相继出台一系列治理方案，旨在加强人工智能的安全应用和从业者的伦理道德规范。

（三）物联网技术发展特点

1. 物联网技术向无源化、智能化发展

一是无源物联网技术通过采用能量采集技术，如射频能量采集、振动能量采集等，实现设备的无电池、无线供电，扩展了物联网设备的应用场景。二是物联网设备的智能化水平不断提高。物联网设备能够收集并分析大量数据，通过机器学习、深度学习等技术，实现自主决策和优化。同时，智能物联网设备还可以与其他设备进行互联互通，构建智能化、自动化的生产和生活体系。

2. 物联网产业全面迈入集约化、创新化发展新阶段

一是物联网产业体系日益完备。中国已经构建了平台服务、网络传输、感知控制、测试验证、行业应用全方位合理完备的物联网产业体系，带动物联网产业规模化发展。二是物联网产业集群建设加快形成新质生产力。目前，中国已建成无锡物联网集群，江苏无锡、重庆南岸、浙江杭州、福建福州、江西鹰潭 5 个物联网示范基地，推进创新链产业链“两链”深度融合，鼓励企业、高校、研发机构等多元创新主体技术攻关、科技创新，加快形成推动物联网产业高质量发展的新质生产力。

3. 技术融合和需求牵引双向驱动物联网技术发展

一是物联网技术正日益与5G、人工智能、大数据、区块链、云计算、边缘计算等先进技术实现深度融合，为各行业提供更加智能化、自动化的解决方案。二是随着社会对智能化、便捷化、高效化服务的需求不断增长，物联网技术的应用场景也日益丰富，从智能家居、智能穿戴到智能交通、智能制造等领域，以满足人们对效率提升、成本控制、资源优化、便捷舒适、健康安全等生产生活需求。

（四）区块链技术发展特点

1. 区块链应用逐渐向跨行业协同作业聚集

区块链技术的发展使企业得以进一步扩展生态合作伙伴、完善生态布局，跨领域跨行业联盟逐渐增多，行业间的协同作业变得更加频繁、高效，并衍生出新的商业范式。例如，区块链的智能合约技术可以有效整合房地产、金融、保险行业，当房屋买卖合同形成并达到履约条件时，便可通过智能合约将款项从买方银行账户自动划归到卖方，并且当触及赔偿条款时，也可以通过与保险公司签订的智能合约进行快速赔偿，不同行业的参与方在区块链技术的支持下完成了高效的协同配合，降低了时间和执行成本。

2. 城市级区块链应用场景扩展，聚焦城市特色

截至2023年12月，全国已有29个省市将发展区块链技术产业纳入地方“十四五”规划①，区块链应用场景更加细化，主要聚焦在政务、城市治理、金融、医疗、农业等领域，目标是促进区域内数据要素流通，建立数据共享共用共通机制，满足城市综合服务的底层共性需求。同时各地依托自身优势打造特色应用场景，例如，四川省成都市聚焦数据共享场景打通了“蜀信链”“星火·链网”等区块链。江西省赣州市依托其农业资源推出了区块链+赣南脐橙的场景应用。

---

① 《中国区块链创新应用发展报告（2023）》，2024。

三 中国关键技术创新存在的问题

（一）部分核心技术存在短板，关键领域国际合作不足

一是部分核心技术研发能力不足。我国在核心算法、操作系统、工业软件、高端芯片、基础材料等方面存在短板，限制了相关产业的发展。以人工智能产业为例，当前我国人工智能产业部分算法模型发展依赖开源代码，导致其效果难以满足具体任务的实际要求，缺少专业性和针对性。二是科研投入存在地区间不均衡问题。仅北京、上海、天津、广东、江苏、浙江、安徽7个省市的R&D强度高于全国平均水平（2.54%），另外24个省（区、市）的R&D强度则低于全国平均水平①。三是国际合作不足。在国际合作方面，中国在关键领域的技术合作有待加强，如5G+工业基础软件、物联网操作系统、人工智能核心算法等方面开展的国际合作较少。

（二）数据流通不畅、场景落地成本高制约行业应用规模化发展

一是数据流通不畅制约数字技术创新应用。数据作为新型生产要素，是实现行业数字化的基础，一些传统行业数据缺少流通，影响数字技术在这些行业的创新效率及应用效果。例如，农业拥有大量的作物、气候、环境等数据，但这些数据都分散在农民或机构手中，难以大规模整合以及深度挖掘。二是场景落地成本高，应用门槛高。例如，很多企业在部署人工智能应用时采用“一个场景一个模型”的小作坊模式，需要针对每个场景独立地完成模型选择、数据处理、模型优化、模型迭代等开发环节，导致投资难度大、模型泛化能力差。

（三）隐私保护、数据泄露增加技术风险，安全治理面临多种考验

一是隐私保护问题。随着数字技术的应用，个人数据和企业数据被大量

① 国家统计局：《2022年全国科技经费投入统计公报》，2023年9月18日。

收集、存储和分析，在缺乏统一规范和标准的情况下，可能导致数据滥用和不当处理。例如，随着人工智能技术的发展，黑客可以通过挖掘大量数据推断出用户的敏感信息，如住址、生活习惯等。二是数据泄露风险。数字技术对连通性和开放性需求的增加使数据在采集、存储、传输、管理等环节面临更严峻的安全挑战。例如大量部署在物联网网络节点中的传感器，一旦被恶意控制，可能导致敏感数据泄露。三是监管难度大，对安全治理能力提出了更高要求。海量数据增加了监管机构对数据主体的追踪难度，安全治理涉及多个部门和领域，需要跨部门、跨地区协调合作，对部门间信息共享的及时性、监管执行的协同性都提出了更高要求。

四　中国关键技术创新能力发展趋势

（一）数字技术呈现融合创新趋势

融合创新将成为数字技术未来发展的主要趋势。当前，以 5G、人工智能、物联网、区块链等为代表的新兴数字技术加速发展，在单点技术不断取得创新突破的同时，技术发展路径从单一走向复杂，多项技术间的融合程度逐渐加深。交叉融合的方式能够打破学科之间的界限，促进知识的交流和整合，推动科技创新，从而创造出更为前沿和实用的科技成果。新技术融合发展，能够提升科技创新能力，加速数字技术在各行业的落地应用，加快推进数字产业化的进程，催生出更多新产业、新业态、新模式，打造数字化时代下的新型价值体系。

（二）数字技术将持续加速赋能产业转型升级

习近平总书记指出，要把握数字化、网络化、智能化方向，推动制造业、服务业、农业等产业数字化，利用互联网新技术对传统产业进行全方位、全链条的改造，提高全要素生产率，发挥数字技术对经济发展的放大、叠加、倍增作用。当前，数字技术日益融入经济社会发展的方方面面，促进千行百业加快转型升级，对生产、生活、社会治理方式转变产生了深刻影响。数字技术与实体经济的深度融合，正促使产业数字化转型升级从局部向整体生态拓展，不断开拓新的投资机会，挖掘并满足市场需求，推动产业格局的深刻变革，显著提升生产效率和企业的盈利水平，逐步成为经济高质量发展的新动力、新活力、新潜力。

（三）科技伦理治理的复杂性和难度日益凸显

科技伦理是开展科学研究、技术开发等科技活动需要遵循的价值理念和行为规范，是促进科技事业健康发展的重要保障①。在科学新发现、技术新突破增进民生福祉的同时，伦理风险和挑战也相伴而生，一方面，科技发展带来越来越多的规则冲突、社会风险、伦理挑战，例如，人工智能发展带来的算法歧视、隐私保护等社会问题。另一方面，中国科技发展逐渐从跟跑、并跑走向领跑，很多领域进入“无人区”，中国要面临新的治理问题，没有前例可参考，对科技伦理治理提出更高要求。

五　关键技术创新能力发展的对策建议

（一）聚焦重点领域，加强关键核心技术攻关

一方面，要聚焦数字技术基础前沿领域和关键核心技术难题等，加大基础研究支持力度，优先攻克高端芯片、高端传感器、高端工业软件、操作系统、人工智能关键算法等制约数字化转型的关键技术，加快国产化进程，增强自主可控能力；鼓励和引导领军企业发挥带头作用，加大枢纽型前沿核心技术攻关支持力度，坚持走技术原创道路，精益求精，提升企业全球竞争力，确保我国在数字技术发展中的主导权。另一方面，要以需求为导向，聚焦5G、人工智能、物联网、区块链等新兴数字技术领域，集中力量进行原

① 中共中央办公厅、国务院办公厅：《关于加强科技伦理治理的意见》，2022年3月。

创性引领性数字技术攻关，为数字经济高质量发展提供源源不断的动力。支持优势企业联合科研机构牵头成立创新联合体，引导产学研用协同攻关，共同推进技术研发、试验验证和产业化应用，加快产业融合标准的制定，提升技术产品的成熟度和市场推广能力。

（二）鼓励应用场景创新，推动数实深度融合

一方面，要坚持需求导向和问题导向，不断探索跨界融合场景，构建标杆示范特色化场景，推动数字经济深度融入实体经济发展，为传统产业注入新活力，为新兴产业拓展新空间。通过跨界融合场景实现前沿技术和产品的跨领域试点探索，深入探索新需求、新应用，开创多元化新场景；在城市管理、交通治理、生态环保、医疗健康、教育、养老等领域持续挖掘场景创新需求，打造应用场景标杆示范，构建更好的场景创新生态，推动新兴数字技术落地应用和孕育新产业。另一方面，要加快推动制造业、服务业、农业等产业利用5G、人工智能、物联网、区块链等新兴数字技术进行全方位、全角度、全链条改造，加快传统产业的数字化转型，提升全要素生产率，加快向价值链中高端跃迁。

（三）完善科技伦理治理体系，保障科技创新健康发展

一方面，要密切关注新兴科技发展前沿动态，对科技发展带来的规则冲突、社会风险、伦理挑战等问题进行预研预判，完善相关法律法规、伦理审查规则及监管框架，促进科技活动与科技伦理和谐共进，推动科技成果更多地惠及于民。另一方面，要加快研究制定与国际接轨、有中国特色的科技伦理治理制度规范和标准，把科技伦理治理要求落实到法律法规、制度规范和行为准则中，并根据科技创新发展态势进行动态调整，以快速、灵活的方式应对科技创新所带来的各种伦理治理挑战，确保科技创新的健康发展。

参考文献

《华为云盘古大模型辅助药物设计，西交大的新型抗生素研发之路》，华为开发者官方网站，2023 年 8 月 1 日。

中国移动：《5G 新技术创造新价值》，2023。

中国移动：《无源物联网典型场景白皮书》，2023。

中国移动：《中国移动 5G RedCap 技术白皮书》，2022。

中国信息通信研究院：《5G 应用创新发展白皮书——2023 年第六届“绽放杯”5G 应用征集大赛洞察》，2023。

中国信息通信研究院：《区块链白皮书（2023 年）》，2023。

丁磊：《生成式人工智能》，中信出版社，2023。

王飞跃、缪青海：《人工智能驱动的科学研究新范式：从 AI4S 到智能科学》，《中国科学院院刊》2023 年第 4 期。

白杨：《人工智能生成内容（AIGC）的技术特征与形态演进》，《图书情报知识》2023 年第 1 期。

郑尧文：《物联网安全威胁与安全模型》，《信息安全学报》2023 年第 8 期。

李鹏：《构建能源物联网　推动新质生产力的发展》，《经济导刊》2023 年第 12 期。

林知微：《区块链技术综述：在下一代智能制造中的应用》，《智能科学与技术学报》2023 年第 2 期。

方鹏：《区块链 3.0 的发展、技术与应用》，《计算机应用》2024 年第 3 期。

查凯金：《区块链安全保护研究综述》，《计算机与现代化》2023 年第 6 期。

Yin S.，Fu C.，Zhao S.，A Survey on Multimodal Large Language Models，2023.

B.14
2022~2023年中国数字经济核心产业竞争力报告

张文韬*

摘　要： 数字经济核心产业涵盖数字产品制造业、数字产品服务业、数字技术应用业和数字要素驱动业，构成了数字经济发展的重要基础。2022~2023年，我国数字经济核心产业总体保持平稳增长的态势，电子制造、软件、信息通信、互联网服务等产业产出及效益恢复良好，成为产业升级和经济增长的重要动能。目前，我国数字经济核心产业表现出企业快速成长壮大、新业态新模式蓬勃发展、空间集聚态势初步形成、区域间梯度特征明显等发展特点，同时也面临着产业基础相对薄弱、产业链供应链风险增多、国际化水平偏低、制度环境不完善等一系列问题。提升核心产业竞争力，需进一步强化自主创新能力，完善产业链供应链体系，抢先培育和布局未来产业，推动平台经济规范健康发展。

关键词： 数字经济核心产业　电子信息制造业　软件服务业　信息通信业　互联网服务业

根据国家统计局2021年6月公布的《数字经济及其核心产业统计分类（2021）》（以下简称《数字经济分类》），数字经济核心产业是指为产业数字化发展提供数字技术、产品、服务、基础设施和解决方案，以及完全依赖于数字技术、数据要素的各类经济活动。目前，我国已基本建立涵盖数字

* 张文韬，博士，中央财经大学中国互联网经济研究院助理研究员，主要研究方向为数字经济。

产品制造业、数字产品服务业、数字技术应用业和数字要素驱动业的数字经济核心产业体系，规模庞大，门类众多，为数字经济发展奠定了坚实基础。其中，数字产品制造业提供数字经济发展所需的各类设备元件等硬件设备和光纤电缆等通信基础设施；数字产品服务业为数字产品提供流通及维修维护服务；数字技术应用业提供数字经济发展所需的软件产品、信息通信技术服务和信息传输服务；数字要素驱动业为产业数字化发展提供基础设施和解决方案，同时还包括互联网批发零售等高度数字化的传统产业。“十四五”规划纲要明确提出，2020~2025年，我国数字经济核心产业增加值占GDP的比重要由7.8%逐步提升至10%，成为引领经济高质量发展的重要产业部门。

一　2022~2023年中国数字经济核心产业发展情况

数字经济核心产业是数字经济时代驱动发展的基础性、先导性产业。经过多年努力，我国数字经济核心产业呈现创新活跃、增长迅猛、效益突出等发展态势，正在成为支撑国民经济发展的重要产业部门。2022~2023年，我国经济经历疫情冲击后开始逐步恢复，发展保持上升势头。其中，以电子制造、软件、信息通信、互联网服务等为代表的数字经济核心产业展现出不俗的发展韧性和强劲活力，率先恢复增长，引领带动其他产业发展，成为产业升级、科技创新和经济增长的重要动能。

2022~2023年，我国数字经济核心产业总体保持稳中有进的良好态势。从基本面来看，数字经济核心产业的生产规模不断扩大，产业收益持续回暖。根据中国信息通信研究院的数据，2022年，我国数字经济核心产业产出规模已达9.2万亿元，比上年增长10.3%，连续两年增速保持在10%以上；占GDP比重为7.6%，较上年提升0.3个百分点，为2018年以来的最大增幅。2023年，数字经济核心产业营业收入增速约为5%，营收人效达154万元；利润总额同比增速达1.6%，利润人效达11万元。从内部组成来看，在核心产业的制造部门中，以电子信息制造业为代表的数字产品制造业表现可圈可点，成为拉动工业生产复苏和制造业转型升级的主力之一；在核心产业的服务部门中，以软件和信息技术服务业、信息通信业、互联网和相关服务业（简称“互联网服务业”）等为代表的数字产品服务业、数字技术应用业和数字要素驱动业产业基础不断夯实，新兴业态加速崛起，为拉动需求增长和优化供给结构提供了坚实支撑。

（一）电子信息制造业保持稳定增长

2022~2023 年，电子信息制造业保持稳定增长，生产增势良好，营业收入及出口降幅收窄，效益逐步恢复。2022 年，规模以上电子信息制造业增加值同比增长 7.6%，分别超出工业、高技术制造业 4.0 个和 0.2 个百分点。规模以上电子信息制造业出口交货值同比增长 1.8%，较上年大幅收窄 10.9 个百分点。电子信息制造业实现营业收入 15.4 万亿元，同比增长 5.5%。2023 年，规模以上电子信息制造业增加值同比增长 3.4%，增速比同期工业低 1.2 个百分点（见图 1），但高于高技术制造业 0.7 个百分点。主要产品中，手机产量 15.7 亿台，同比增长 6.9%，其中智能手机产量 11.4 亿台，同比增长 1.9%；微型计算机设备产量 3.31 亿台，同比下降 17.4%；集成电

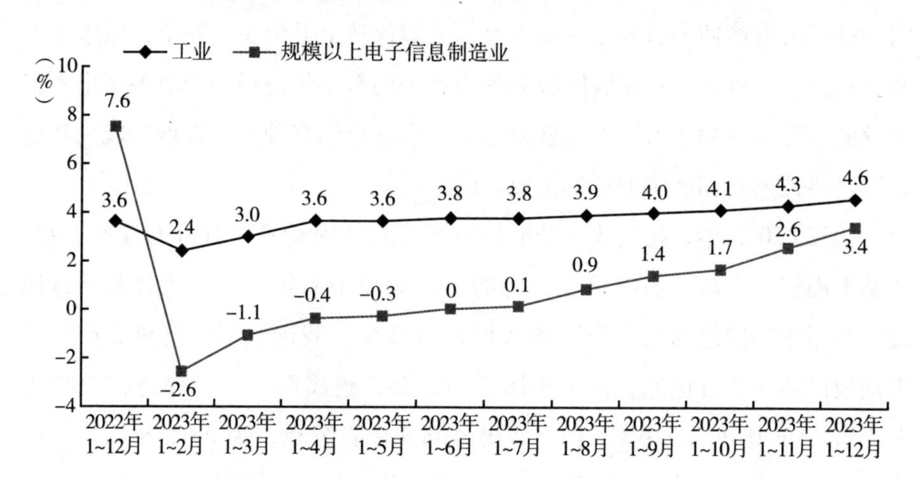

图 1　2022~2023 年规模以上电子信息制造业增加值累计增速

资料来源：工业和信息化部。

路产量 3514 亿块，同比增长 6.9%。2023 年，电子信息制造业固定资产投资同比增长 9.3%，实现营业收入 15.1 万亿元，实现利润总额 6411 亿元，营业收入利润率为 4.2%。

（二）软件服务业持续强劲增长

2022~2023 年，我国软件业务收入实现高速增长、盈利能力保持稳定。2022 年，全国软件和信息技术服务业规模以上企业超 3.5 万家，累计完成软件业务收入超 10.8 万亿元，首次突破 10 万亿元大关。其中，工业互联网核心产业规模超 1.2 万亿元，同比增长 15.5%。2023 年，全国软件和信息技术服务业规模以上企业超 3.8 万家，累计完成软件业务收入 12.3 万亿元，同比增长 13.4%（见图 2）。软件业利润总额近 1.46 万亿元，同比增长 13.6%，增速较上年同期提高 7.9 个百分点（见图 3），主营业务利润率提高 0.1 个百分点至 9.2%。软件业务出口总额 514.2 亿美元，同比小幅下降 3.6%，但软件外包服务出口同比增长 5.4%。

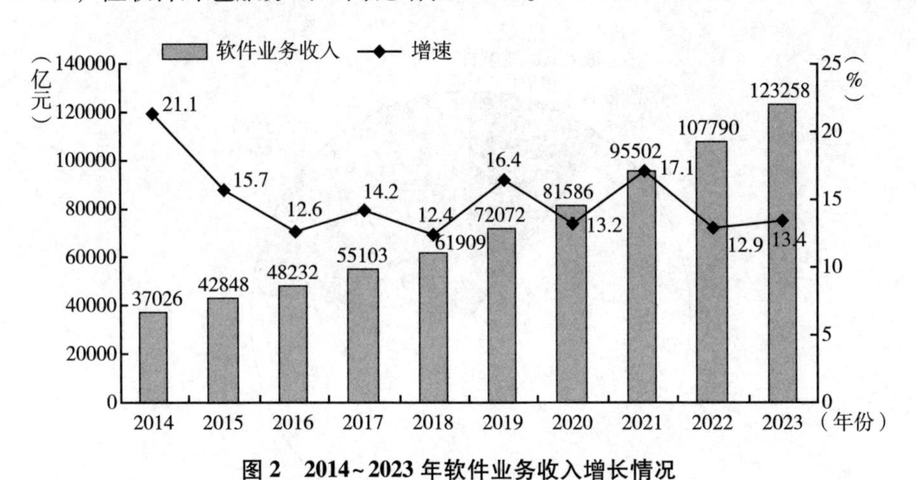

图 2　2014~2023 年软件业务收入增长情况

资料来源：工业和信息化部。

从细分领域来看，软件产品、信息技术服务、信息安全、嵌入式系统软件分别实现营业收入 2.9 万亿元、8.1 万亿元、0.2 万亿元、1.1 万亿元，

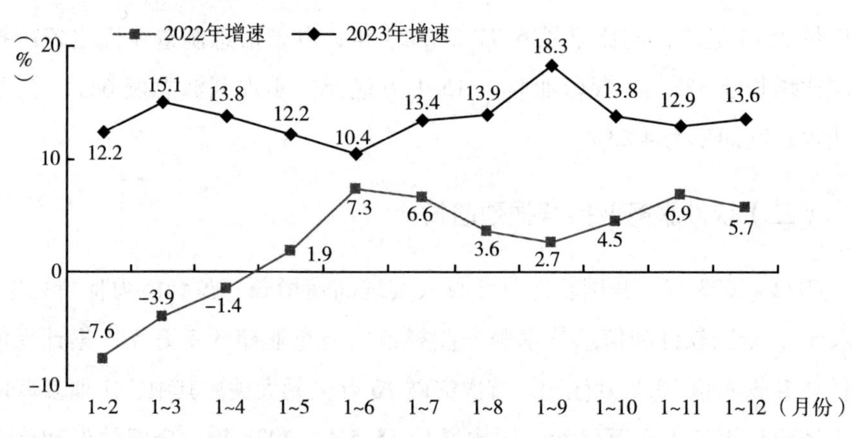

图 3　2022~2023 年软件业利润总额增长情况

资料来源：工业和信息化部。

同比分别增长 11. 1%、14. 7%、12. 4%、10. 6%，占全行业收入比重分别为 23. 6%、65. 9%、1. 8%、8. 7%（见图 4）。其中，云计算和大数据服务实现收入近 1. 25 万亿元，同比增长 15. 4%，增长势头尤为迅猛。

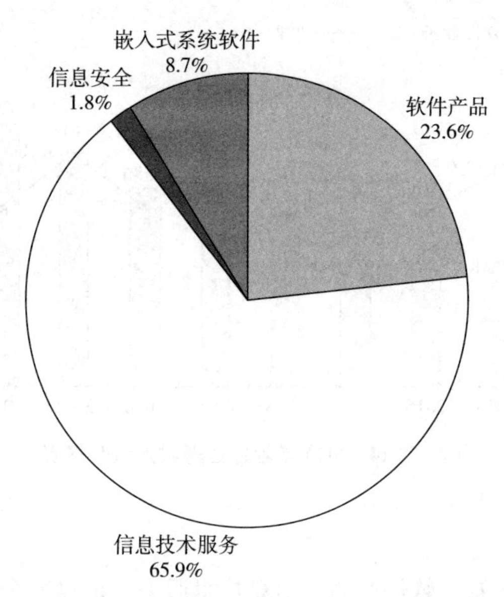

图 4　2023 年软件业分类收入占比情况

资料来源：工业和信息化部。

（三）信息通信业支撑引领作用不断增强

2022~2023年，信息通信业主要指标呈现平稳增长态势，5G、千兆光网等基础设施日益完备，各项应用普及全面加速，对经济社会发展的支撑引领作用进一步凸显。2022年，电信业务收入累计完成1.58万亿元，比上年增长8.0%。其中，数据中心、云计算、大数据、物联网等新兴业务增势突出，全年共完成业务收入3072亿元，比上年增长32.4%，在电信业务收入中占比由上年的16.1%提升至19.4%。2023年，电信业务收入累计完成1.68万亿元，比上年增长6.2%，按照上年价格计算的电信业务总量同比增长16.8%（见图5），高于全国服务业生产指数增速8.7个百分点。全年共完成电信固定资产投资4205亿元，比上年增长0.3%。其中，5G投资额达1905亿元，同比增长5.7%，占全部投资的45.3%。

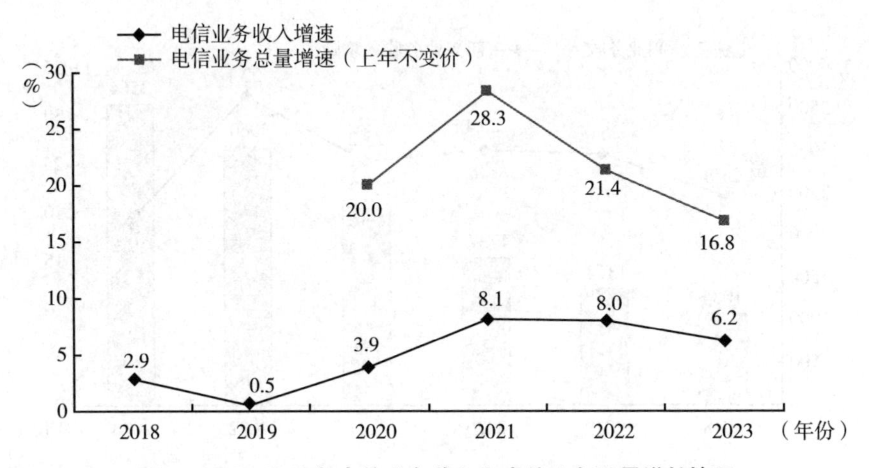

图5　2018~2023年电信业务收入和电信业务总量增长情况

注：自2020年起电信业务总量开始采用上年不变价计算方法。

资料来源：工业和信息化部。

从细分领域看，通信业业务结构呈现移动互联网、固定宽带接入、云计算等新兴业务“三驾马车”共同驱动的特点。2023年，三项业务收入在电信业务收入中占比分别为37.8%、15.6%和21.2%，对电信业务总量的贡献率分别为 36. 9%、26. 8%和 26. 4%。移动互联方面，移动数据流量业务收入实现 6368 亿元，同比小幅下降 0. 9%，移动电话用户总数达 17. 27 亿户，其中，5G 移动电话用户达到 8. 05 亿户，占移动电话用户的 46. 6%，比上年末提高 13. 3 个百分点。固定互联网宽带方面，固定互联网宽带接入业务收入实现 2626 亿元，同比增长 7. 7%，拉动电信业务收入增长 1. 2 个百分点，固定互联网宽带接入用户总数达 6. 36 亿户，全年净增 4666 万户。新兴业务方面，数据中心、云计算、大数据、物联网等产业快速崛起，2023 年共完成业务收入 3564 亿元，比上年增长 19. 1%（见图 6），在电信业务收入中占比由上年的 19. 4%提升至 21. 2%，拉动电信业务收入增长 3. 6 个百分点。其中，云计算、大数据业务收入比上年均增长 37. 5%，物联网业务收入比上年增长 20. 3%，蜂窝物联网用户达 23. 32 亿户，全年净增 4. 88 亿户，占移动网终端连接数比重已达 57. 5%。

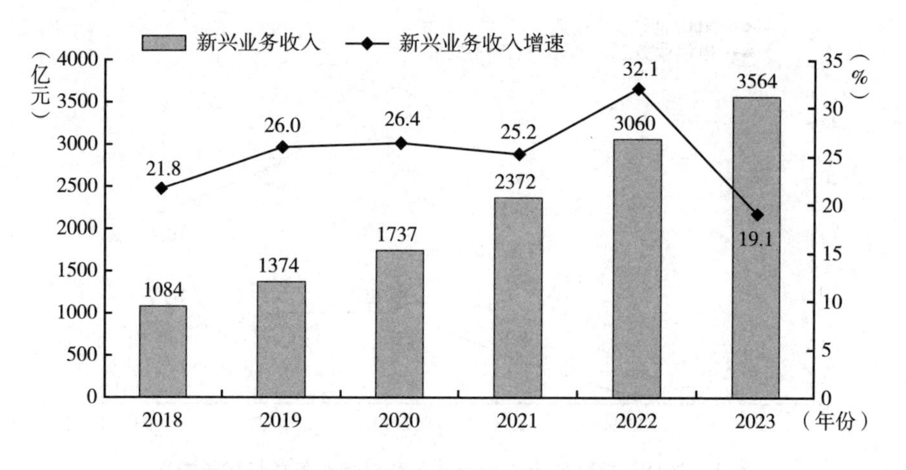

图 6　2018~2023 年通信业新兴业务收入增长情况

资料来源：工业和信息化部。

（四）互联网和相关服务业降本增效初见成效

2022~2023 年，互联网和相关服务业以优化调整助力降本增效，业务收入回归正增长轨道，盈利能力显著提升。2023 年，我国规模以上互联网和相关服务业共完成业务收入 17483 亿元，同比增速由上一年的-1. 1%大幅回升至 6. 8%（见图 7）。实现利润总额 1295 亿元，同比增长 0. 5%。研发投入虽有小幅回落但基本保持稳定，2023 年共投入研发经费 943. 2 亿元，同比下降 3. 7%。

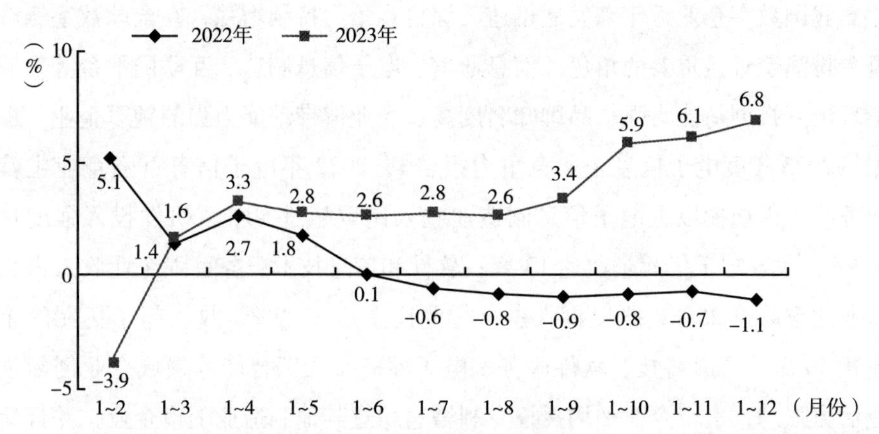

图 7　2022~2023 年规模以上互联网和相关服务业业务收入累计增长情况

资料来源：工业和信息化部。

从细分领域来看，2023 年，以信息服务为主的企业（包括新闻资讯、搜索、社交、游戏、音乐视频等）互联网业务收入同比增长 0. 3%，基本保持稳定；以提供生活服务为主的平台企业（包括本地生活、租车约车、旅游出行、金融服务、房产中介等）互联网业务收入同比增长 20. 7%，提升幅度较大；以提供网络销售服务为主的电商企业（包括大宗商品、农副产品、综合电商、医疗用品、快递等）互联网业务收入同比增长 35. 1%，增长最为强劲。国家统计局和商务部的相关数据显示，2022 年，我国电子商务交易额为 43. 8 万亿元，比上年增长 3. 5%；全国网上零售额为 13. 79 万亿元，同比增长 4%。其中，实物商品网上零售额为 11. 96 万亿元，同比增长 6. 2%，占社会消费品零售总额的比重为 27. 2%，规模居全球第一。

二　2022～2023年中国数字经济核心产业发展特点

（一）骨干企业迅速成长壮大

我国数字企业近年来发展迅速，综合竞争力持续增强，在全球数字经济舞台扮演着日益重要的角色。信息通信、电子信息制造、互联网平台等领域涌现出一批创新能力强、品牌知名度高、产业链带动能力强的领军企业。根据《2023年度电子信息企业竞争力报告》，2022年电子信息百强企业主营业务收入占规模以上电子信息制造业收入比重超过40%，研发投入强度达6.3%，收入超千亿元企业达13家；软件和信息技术服务百强企业收入占全行业比重超过25%，研发投入占全行业比重达27.9%，收入超千亿元的企业达10家。金融科技、软件服务、电子商务、人工智能等领域企业创新创业活力强劲，上市企业平均授权专利增速超过其他制造业上市企业，并且聚集了专精特新“小巨人”企业中三成以上的企业。同时，小米、华为、联想等知名企业加快布局海外市场，数字产品和服务出口贸易保持良好增长势头。海关总署数据显示，2022年我国电子元件、集成电路、手机等数字产品出口均超千亿美元。

（二）新业态新模式蓬勃发展

新一代数字技术与核心产业内各行业、各领域的融合应用不断深化，加快了业务流程优化升级和产品服务迭代创新，催生了更多线上线下融合的商业新模式和大量个性化、多元化服务场景。智能电子产品、可穿戴设备、智能服务机器人、直播电商、共享经济、平台经济等新产品、新模式、新业态不断发育壮大，形成了一批新兴消费热点，成为有效释放内需潜力和打造新质生产力的重要抓手。例如，网约车客运量占出租车总客运量的比重超过35%，成为重要的交通出行方式；在线学习、远程会议、网络购物、视频直播等成为居家生活新常态；网络支付、小程序成为互联网流量新入口。在对外贸易方面，以数据为生产要素、数字服务为核心、数字交付为特征的数字贸易成为新的增长点。商务部数据显示，2022 年，我国可数字化交付的服务贸易规模达到 2.5 万亿元，比 5 年前增长 78.6%；跨境电商进出口规模达到 2.1 万亿元，比两年前增长 30.2%。

（三）空间集聚态势初步形成

随着数字经济朝专业化、精细化方向发展，我国数字经济核心产业开始显现出空间集聚性特点。以电子信息制造业为代表的数字产品制造业主要集中在中部地区，营业收入占区域总业务收入比重超八成、利润总额占比近五成，是带动区域经济发展的重要驱动力之一。以互联网服务、软件服务业为代表的数字技术应用业主要集中在东部、东北地区，营业收入占区域总业务收入比重、利润总额占比均超五成，在区域数字经济发展中更具活力和前景。以信息通信为代表的数字要素驱动业主要集中在中部、东北地区，营业收入占区域总业务收入比重超两成、利润总额占比近四成，通信网络服务功能持续完善，加速赋能区域智慧城市建设。

（四）区域发展梯度特征明显

数字经济核心产业在区域间显现出明显的梯度特征，业务收入、利润等方面差距逐次拉开。京津冀、长三角、粤港澳大湾区三大数字经济核心城市群，依托自身强大的要素禀赋、市场竞争力和资源供给能力，加速布局数字经济核心产业，2022 年已经实现业务收入超 1.5 万亿元，利润总额超 1000 亿元，数字经济核心产业已经成为地方经济增长、技术创新和产业升级的重要引擎，对其他省市的示范引领作用日益凸显。紧随其后的四川、福建、安徽等地，以软件、互联网服务为代表的数字经济核心产业发展势头良好，现已具备一定产业规模（业务收入超 8000 亿元），盈利方面前景较好（利润总额超 300 亿元），正在加速崛起。河南、湖北、贵州等中西部地区，核心产业经济规模加速扩大（业务收入超 1500 亿元），盈利水平持续提升（利润总额超 60 亿元），企业经营势头良好，正在积极学习和追赶先进地区的过程中。内蒙古、新疆、海南等地区，数字经济核心产业基础较为薄弱，资金、人才等生产要素相对匮乏，产业业务收入不足千亿元，利润总额不足百亿元，尚处于探索和起步阶段。

三　中国数字经济核心产业存在的问题

在中国数字经济核心产业快速扩张和发展的同时，“大而不强”“快而不优”的问题和短板依然存在，亟待引起各方的重视。

（一）产业基础相对薄弱，关键领域创新能力不足

数字产业基础是数字产业创新发展的关键支撑，包括基础软硬件、核心电子元器件、关键基础材料和生产装备等底层要素和关键生产资料。数字产业基础自给程度的高低，直接关系着数字产业生态安全可靠能力的强弱。我国数字产业基础相对薄弱，核心技术和产品对西方国家的依存度较高，在操作系统、工业软件、高端芯片、基础材料等关键技术领域的技术研发和工艺制造水平与国际先进水平相比仍有差距。

（二）产业链供应链体系不稳定、不安全风险增多

在全球产业链重构和供应链分化的背景下，我国数字经济核心产业的产业链供应链不稳定、不安全风险有所加剧。一方面，经过多年发展，虽然我国新型显示、通信设备等领域已进入国际前列，集成电路、智能硬件等领域应用丰富，但一些关键技术尚未突破，一些产品核心竞争力不强，制约了数字产业链现代化发展。另一方面，在数字产品生产和流通过程中，由原材料供应商、生产商、分销商、零售商等成员与产业链上下游成员连接而成的数字产业供应链面临的风险因素更为复杂多变。在地缘政治等因素冲击下，全球供应链扰动日益频繁，高端芯片等关键生产元件供给日益紧张，物流成本持续高企，部分数字企业面临着供应链瓶颈甚至断供风险。

（三）企业国际竞争力不强，国际化发展受阻

我国已涌现出一批大型数字企业，但这些企业的国际业务比重相对较低，国际市场占有率较低，在很大程度上影响了中国数字经济核心产业的全球影响力和竞争力。特别是近年来，以美国为代表的个别国家，为了维护自身科技垄断和巩固既有优势，频频利用传统和非传统手段（如技术壁垒、外资审查、知识产权限制等），阻挠我国数字技术领域创新进程，围堵和遏制我国高端数字产业的国际化发展。这些外部不确定性因素给我国数字产业迈向高端化、国际化增加了困难。

（四）产业创新发展面临的制度环境不完善

在数字技术及应用场景的创新周期不断缩短的情况下，数字经济核心产业的治理体系建设有所滞后，适应数字经济发展的规则制度不够健全，成为核心产业进一步提质增效的掣肘。例如，数据要素基础制度体系尚在建设过程中，涉及数据确权、交易等问题的法律制度存在缺位现象，同时缺乏配套的实施细则，造成数据流通交易难以高效推进，增加了数字业务创新的社会风险和金融风险。此外，既能激发创新活力又能保障安全的平台经济治理体系还在探索中，跨部门协同、多方参与的治理机制还需完善，监管部门的数字治理能力尚未完全跟上平台企业创新实践的步伐，平台经济的价值潜力未能充分释放。

四　数字经济核心产业的发展趋势

（一）坚持创新驱动产业高端化，持续突破关键技术

近年来，中国在5G、人工智能、区块链、量子计算等关键技术领域和千兆光网、IPv6、大数据中心等新型数字基础设施建设方面持续加大投入，已经取得一系列重要突破和阶段性成果，为数字经济核心产业的长期可持续发展提供了

强有力的技术支撑。目前，新型显示、智能手机、商用无人机、智能网联汽车等领域数字产品高端化品牌化进程加快，部分领域全产业链体系基本建立。数字技术应用业竞争力显著提升，操作系统、数据库、办公软件等领域形成一系列标志性创新产品，高精度导航、智能电网、智慧物流、小程序等应用软件技术全球领先，5G、云计算、平台软件等领域形成一批国际知名品牌，部分达到国际先进水平。未来，随着技术积累和人才储备的持续提升，我国在光刻机、人工智能等关键技术领域有望取得更多突破，助力核心产业迈向高端化。

（二）积极推进数字产业集群化发展

产业集群化发展能够发挥专业化分工、产业关联和协作效应，降低创新和交易成本，促进生产要素合理流动和优化配置，是数字经济核心产业发展到一定阶段的必然趋势。目前，各地正在积极布局数字产业集群，推动产业园区、企业、科研院校、金融机构等协同合作，打造一批创新要素高度集聚、网络协作特色鲜明、数字生态多元开放、具备全球影响力的数字产业集群。在全国25个先进制造业集群中，以数字产业为主导的先进制造业集群占比已达六成。在66个战略性新兴产业集群中，以数字技术及相关应用为主攻方向的集群占比接近一半。数字产业正向集群化发展方向加速迈进。

（三）逐步构建安全可控、具有国际竞争力的产业生态体系

为了更好地适应数字产业的发展要求，中国正在不断加强和完善数字经济的基础制度和治理体系建设，持续出台或完善涉及数据安全、网络安全、反垄断等方面的法律法规和政策措施。例如，2022年6月，中央全面深化改革委员会第二十六次会议审议通过《关于构建基础制度更好发挥数据要素作用的意见》，提出要建立数据产权制度，推进公共数据、企业数据、个人数据分类分级确权授权使用，建立数据资源持有权、数据加工使用权、数据产品经营权等分置的产权运行机制，在完善数据安全保护的基础上推动数据要素价值充分释放。同时，中国正在积极参与和拓展数字经济国际合作，推动数字丝绸之路建设，与多个国家建立电子商务合作机制，大力发展跨境

电商。华为等数字企业正在加速占领国际市场制高点，积极参与国际标准制定，在5G等前沿领域的核心技术专利数量居于全球领先地位。我国数字经济核心产业将迎来更为广阔的发展空间。

五　提升数字经济核心产业竞争力的对策建议

（一）强化产业自主创新能力

首先，应聚焦数字经济核心产业的短板弱项环节，抓住数字产业基础领域关键技术路径演变机遇，加快高端芯片、工业软件等关键领域研发突破和迭代应用，推动颠覆性技术创新，同时加强量子信息、边缘计算、WEB3.0等前瞻性、引领性技术的研发布局。大力支持大数据、人工智能等重点领域基础算法研究，并以整机产品、重点行业解决方案为抓手，推动关键技术研发、软硬件适配协同、基础物料研发、规模化生产、示范应用等一体化协同发展，加强关键产品自给保障。

其次，应加快建立以企业为主体、市场为导向、产学研用深度融合的产业技术创新体系，推动行业企业、平台企业和信息技术服务企业跨界创新，支持数字技术开源社区等创新联合体发展，强化产业链上中下游、大中小企业融通创新。推动知识产权保护制度优化和细则完善，通过实施“揭榜挂帅”“赛马制”等新机制，进一步激发创新主体的积极性，汇聚各方力量形成合力攻关。

（二）完善产业链供应链体系

首先，应围绕增强数字产业核心竞争力这一根本目标，提升产业链供应链关键环节的自主可控水平，完善重点产业链供应链体系。积极制定重点产业发展路线图，结合产业基础、特色优势、发展需求等制定阶段性策略。聚焦集成电路、通信设备等重点领域精耕细作，加强关键核心技术攻关和产业链重点环节建设，持续增强全产业链优势。同时，应着力培育一批在关键核心技术、品牌影响力、市场占有率等方面具有显著优势的数字经济龙头企业，支持其创新应用场景，加速产品和服务迭代，提升产品附加值和竞争力，打造能够占据国际市场竞争制高点的王牌企业，并带动全产业链升级。

其次，应着眼于产业效益和国家安全，打造安全可靠的产业链供应链。梳理重点产业链供应链情况，开展供应链安全评估，加快重点产业链本土备份系统建设，推动符合同等标准或近似标准的技术、产品和产能备份，确保重要产品和供应渠道有替代来源，减少外部依赖性。鼓励企业建立重要资源和产品供应链风险管理体系，提高供应链风险管控水平。推动建立全球产业链供应链应急协调和管理机制，推进与更多国家和地区的政策、规则、标准联通，深化产业链供应链互补性合作，分散和降低外部风险。

（三）抢先布局和培育未来产业

首先，应立足于满足未来大范围、广领域、海量数据的算力服务需求，着力打通5G应用创新链、产业链、供应链。协同推动技术融合、产业融合、数据融合、标准融合，打造5G融合应用新产品新业态新模式，推进5G在产业转型、生活消费、民生服务等重点领域应用创新，构建多方联动、跨域融合、标准互通、适度超前的5G应用生态。

其次，应以释放数据要素价值为导向，推动大数据产业发展。充分发挥数据大体量、多样化、动态性、高质量、高价值等特性优势，提升全链条大数据产品质量和水平，创新大数据服务模式和业态，加快建设区域数据交易中心和行业大数据平台，打造成熟行业应用场景，推动大数据与各行业各领域深度融合，充分发挥数据要素的乘数效应和倍增作用。

最后，应紧跟生成式人工智能等技术潮流，培育人工智能应用新模式新业态。推动人工智能重点产品规模化发展，增强人工智能创新应用基础平台能力。培育发展自动驾驶、智能医疗装备、智能运载工具、智能识别系统、智能家居等智能硬件，推动智能产品的创新研发与集成应用。支持建设人工智能开放创新平台，加强大语言模型、计算机视觉、语音识别、知识图谱、决策智能等领域核心算法开发，在制造、零售、交通、医疗等重点行业和领域创设更多应用场景。开发面向工业场景需求的工业软件，推进工业互联网与智能制造协同发展。

（四）打造规范健康发展的平台经济

平台经济是数字经济核心产业的重要组成部分。由于长期依赖流量红利，平台创新能力有所减弱，滥用市场支配地位等发展不规范、不充分问题日益突出，从长远来看不利于行业整体良性发展。要从根本上解决这一问题，必须推动完善平台经济治理体系，坚持规范和发展并重，引导平台经济向开放、创新、赋能方向规范健康发展。

发展平台经济，应从构筑国家竞争新优势的战略高度出发，打好根基，着眼长远。一方面，支持引导平台企业在科技创新上增加研发投入，夯实底层技术根基，提升平台算法和整体运营效率，深度挖掘数据红利，增强自身核心竞争力。另一方面，支持平台企业积极开拓海外市场、参与国际竞争，着力提升平台企业对国际规则的适应能力，探索在跨境电商、电子支付等优势领域率先形成国际通用规则的中国方案，强化对平台企业“走出去”的支撑保障服务，提升平台企业国际竞争力。

参考文献

中国信息通信研究院：《中国数字经济发展研究报告（2023年）》，2023。

国家互联网信息办公室：《数字中国发展报告（2022）》，2023。

工业和信息化部：《2023年通信业统计公报》，2024。

工业和信息化部：《2023年软件业经济运行情况》，2024。

工业和信息化部：《2023年全国软件和信息技术服务业主要指标》，2024。

工业和信息化部：《2023年电子信息制造业运行情况》，2024。

工业和信息化部：《2023年互联网和相关服务业运行情况》，2024。

鲜祖德、王天琪：《中国数字经济核心产业规模测算与预测》，《统计研究》2022 年第 1 期。

易明、张兴、吴婷：《中国数字经济核心产业规模的统计测度和空间特征》，《宏观经济研究》2022 年第 12 期。

李栋、张映芹、李开源：《中国省际数字经济核心产业集聚度、非平衡性与动态演进》，《统计与决策》2023 年第 18 期。

B.15

2023年中国电子商务新业态新模式发展报告

李鸣涛*

摘　要： 2023年，中国电子商务新业态在新一轮科技革命和产业变革的浪潮中持续蓬勃发展，呈现深度融合、创新活跃、赋能广泛的鲜明特征。本文总结了2023年中国电子商务的总体情况，重点分析了直播电商、即时零售、跨境电商等重点领域创新情况；分析了电子商务新业态在市场竞争、数实融合及开放发展等方面的特点及在可持续发展、创新发展及国际化布局等方面的挑战，并对下一步发展机遇与趋向作出了基本判断：服务新消费和下沉市场为网上零售提供增量空间，新技术发展将驱动电商应用场景创新，数实融合发展为电商创造新服务市场，全球市场开拓将成为电商发展的必然趋势。

关键词： 电子商务　新业态　新模式

2023年，中国电子商务在恢复和扩大消费、促进传统产业数字化转型、助力开拓全球市场等方面继续发挥重要作用，电子商务成为构建“以国内大循环为主体、国内国际双循环相互促进”新发展格局的重要力量。电商产业自身在高质量发展方面也取得积极成效，直播电商、即时零售、跨境电商及大模型AI应用等领域创新活跃，用户服务体验持续提升，电商国际化步伐不断加快。

---

* 李鸣涛，中国国际电子商务中心电子商务首席专家，高级工程师，国家电子商务示范城市专家组委员，主要研究方向为电子商务、数字商务。

一　中国电子商务年度发展情况

（一）电商整体交易规模保持较快增长

伴随我国互联网普及率及网络购物用户渗透率的逐年提升，网购已成为居民日常消费的主要方式之一。中国互联网络信息中心数据显示，截至2023年12月，我国网络购物用户规模达9.15亿人，较2022年12月增长6967万人，占网民整体的83.8%[①]。国家统计局发布数据显示，2023年，电子商务交易额468273亿元，比上年增长9.4%。网络零售额154264亿元，比上年增长11.0%。其中，全年实物商品网络零售额130174亿元，按可比口径计算，比上年增长8.4%，占社会消费品零售总额比重为27.6%[②]。

从商品品类看，服装鞋帽、针纺织品，日用品，家用电器和音像器材网络零售额排名前三，分别占实物商品网络零售额的21.98%、14.45%、10.59%，服装鞋帽、针纺织品已连续多年保持电商零售交易第一大品类市场地位（见表1）。

表1　2023年分商品大类网络零售额情况

单位：%

排序	商品品类	占比	同比增长
1	服装鞋帽、针纺织品	21.98	7.5
2	日用品	14.45	4.6
3	家用电器和音像器材	10.59	9.5
4	通信器材	8.41	20.2
5	粮油、食品	7.13	3.7
6	化妆品	6.22	2.0

① 中国互联网络信息中心：第53次《中国互联网络发展状况统计报告》，2024。

② 国家统计局：《中华人民共和国2023年国民经济和社会发展统计公报》，2024年2月28日。

续表

排序	商品品类	占比	同比增长
7	文化办公用品	6.00	3.1
8	家具	5.01	2.4
9	体育、娱乐用品	3.95	15.8
10	其他商品	3.56	22.8
11	金银珠宝	2.61	40.3
12	五金、电料	2.46	6.8
13	建筑及装潢材料	1.66	1.5
14	中西药品	1.33	16.9
15	汽车	1.33	0.3
16	饮料	1.24	5.7
17	烟酒	1.09	17.1
18	书报杂志	0.96	2.0
19	电子出版物及音像制品	0.02	26.6

资料来源：商务大数据。

网上零售在助力打造消费热点、引领消费趋势等方面发挥了重要作用。中国互联网络信息中心数据显示，2023 年下半年，在网上购买过绿色节能产品的用户占网络购物总体用户的比例达 29.7%，购买过国货产品的用户占比达 58.3%。此外，新产品、新品牌引领消费新风尚。近半年购买过新产品或新品牌，如全新品类、品牌首发等商品的用户占比达 19.7%。

（二）直播电商继续保持迅猛发展势头

伴随直播带货用户数的快速增加和直播带货产业链的快速完善，直播电商的交易规模、直播场次、参与人数等核心指标均继续保持快速增长势头。中国互联网络信息中心数据显示，截至 2023 年 12 月，我国电商直播用户规模为 5.97 亿人，较 2022 年 12 月增长 8267 万人，占网民整体的 54.7%[①]，消费者通过直播电商购买商品已成为一种常态化的购物方式。商务部电子商

① 中国互联网络信息中心：第 53 次《中国互联网络发展状况统计报告》，2024。

务司监测数据显示，重点监测电商平台累计直播场次超 2.7 亿，累计观看超 1.6 万亿人次，活跃主播超 400 万人。另据艾瑞测算，2023 年中国直播电商市场规模达到 4.9 万亿元，同比增长 35.2%，艾瑞报告也显示，2023 年品牌商店播的市场规模占比已达 51.8%，超过达人主播的市场规模。直播电商用户数的快速增长以及直播带货形成的海量交易规模表明直播电商作为一种新型线上销售模式，其成熟度和影响力快速提升，同时店播交易规模占比的快速提升也充分说明，直播电商在网红达人带动下已经迅速成为线下主体开拓线上市场又一重要选择。

从直播电商行业市场份额角度看，淘宝直播、抖音电商、快手电商三家占据了主要的市场份额，按照平台企业公布的用户数量，截至 2023 年 12 月末，抖音、淘宝、快手、京东、小红书、拼多多及哔哩哔哩（也称“B 站”）7 家头部平台 MAU（月活跃用户）分别达 7.64 亿、7.45 亿、3.91 亿、3.69 亿、3.41 亿、3.02 亿及 2.61 亿。其中，打出全域兴趣电商的抖音电商公布 2023 年全年商品交易总额增幅超 80%，据此可测算抖音电商 2023 年成交额约 2.88 万亿元。

2023 年也成为直播电商转型发展之年。从年初李佳琦直播翻车、辛巴慕思床垫事件到东方甄选“小作文”事件，促使逐步去头部化变成各大 MCN 机构为应对风险不得不去做的选择。各大 MCN 机构进行多元化布局，不过多依赖头部主播。同时，从直播电商行业整体角度看，在经历了最近五年的爆发式增长后，当前越来越贵的流量、越来越低的转化率、越来越难的选品以及中小主播越来越卷的生存空间也迫使行业不得不思考未来的创新发展之路。

2023 年，数字人主播也成为直播电商行业创新的聚焦点之一。借助基于大模型 AIGC 的强大用户交互能力，具备低成本优势的数字人主播受到 MCN 机构及店播主体的青睐。从行业数字人主播应用情况看，对于大的 MCN 机构而言，数字人主播尚处于补充地位，机构更多的是出于未来技术储备角度进行数字人主播投入。但从品牌商使用数字人的情况看，数字人主播可以实现更低成本、更长时间的直播带货，尽管受限于交互水平无法达到真人主播的转化率，但其高性价比优势更受到店播商的青睐。

综上所述，2023 年的直播电商领域展现出增长势头强劲、用户黏性增强、商品品类广泛、服务优化、商业模式创新、行业格局调整、平台竞争激烈、技术要求提升以及内容切片化等多重特点，体现了这一业态在新零售格局中的重要地位和持续演进的趋势。

（三）即时零售向全域即时快速渗透

从市场规模来看，商务部研究院及中国国际电子商务中心发布的报告显示，2023 年我国即时零售达到 7000 亿~8000 亿元的市场规模，年均增速超过 50%。快速增长的市场容量也吸引了美团闪购、饿了么、京东到家、抖音等平台企业加大对即时零售业务的投入。美团闪购在业内率先探索“万物到家”零售新业态，最早布局即时零售业务，在用户基础、商家数量和配送网络上具备先发优势，且即时零售新业态培育方面创新不断。2023 年上半年，美团闪购单日订单峰值突破 1100 万单，年活跃商家数量则同比增长 30%。美团还将“美团买菜”调整为“小象超市”，在买菜业务的基础上升级为全品类零售平台。天猫超市已于 20 个城市上线“半日达”服务。京东财报显示，2023 年第二季度京东到家活跃门店数量超过 30 万家，同比增长超七成。抖音、快手等短视频直播电商平台也纷纷在本地生活、团购及外卖业务发力。2023 年 10 月，抖音旗下的“小时达”业务获得独立入口，已接入闪送、顺丰同城和达达来补齐自己的配送运力。

即时零售可实现线上下单、线下快速送达的服务体验，销售的范围逐步从商超、餐饮店、生鲜便利店等向专卖店旗舰店、专业店集合店等新领域延伸，履约能力上从满足到家应急需求向到场应景需求转变，即时零售的覆盖范围也从一、二线城市向三、四、五线城市甚至是县域及农村地区快速拓展。另外，伴随消费者对即时零售服务认知的提升和使用习惯的养成，服务需求逐渐从“日常买”“应急买”扩大至“大促买”“尝鲜买”“送礼买”等多种情境，形成“万物到家”的消费模式，驱动“即时+”新业态快速发展，即时零售与各类业态结合形成“即时+”的新商业模式，重塑城镇商业基础设施，成为线上线下新零售蓝海的重要组成部分。2023 年，即时零售行业继续呈现高速成长态势，市场规模不断扩大，服务场景日益丰富，同时在技术、政策以及市场需求的多重驱动下持续创新和完善。

（四）跨境电商全球布局取得新突破

中华人民共和国海关总署数据显示，2023 年中国跨境电商进出口总额为 2.38 万亿元，同比增长 15.6%。其中，出口 1.83 万亿元，增长 19.6%；进口 5483 亿元，增长 3.9%。在全球贸易增速下滑、中国外贸面临诸多挑战的大环境下，中国跨境电商出口依然取得了 19.6%的增速，充分展现出中国跨境电商的强大竞争力。

跨境电商通过灵活快速的供应链体系精准匹配全球用户的碎片化需求，充分发挥了互联网的网络效应价值，在此基础上，跨境电商通过减少环节可以保持商品价格优势，更能适应当前全球经济下行下消费更加理性的趋势。基于中国制造的强大竞争力和跨境电商成本效率优势，2023 年涌现出的中国跨境电商出海“四小龙”（SHEIN、TEMU、Tik Tok shop、速卖通）均取得突破性进展。TEMU 携全托管模式在海外市场发展迅猛，已成为全美用户数仅次于亚马逊的第二大电商平台。除 TEMU 外，跨境电商出海“四小龙”的其他三家也是风光无限，SHEIN 在应对 TEMU 竞争中通过平台化延展服务品类，坚守品牌化策略，强化数智化供应链能力，最新估值已达到 900 亿美元。Tik Tok shop 在美国市场稳扎稳打，在加拿大、欧盟、东盟及日韩市场不断加大开发力度，巨大的流量优势在电商市场转化潜力大。老牌跨境电商服务者速卖通没有受到阿里集团组织变化的影响，在海外多个市场实现快速增长，在韩国市场成为 2023 年新增用户最多的手机 App，并于 10 月超越韩国本土老牌电商 Gmarket 成为韩国第三大电商平台，这是韩国电商平台前三名中首次出现海外平台。中国跨境电商快速增长也得益于政策的加持，中国高度重视跨境电商的发展，2023 年持续优化跨境电商综试区等政策载体，便利通关环境，鼓励海外仓等基础设施建设及品牌打造，这有利于进一步强化中国跨境电商的全球竞争力。

2023 年，在激烈跨境电商商家争夺战中，跨境电商+产业带成为跨境电商平台企业布局的重点，也是政策重要的支持方向，跨境电商对于产业带而言是订单驱动、市场带动，把全球市场的有效需求和产业带的生产制造能力相匹配，打造数智化的供应链体系，实现对全球需求快速反应能力的持续提升。针对产业带商家的不同需求，根据产业主体的特点，跨境电商发展出诸如全托管、半托管、跨境直播等服务模式，全托管、半托管等模式极大地降低了对商家跨境电商专业能力的要求，进入跨境电商市场的门槛进一步降低，品牌商家可以更加专注于产品制造和研发设计，跨境电商的市场主体范围进一步扩展。

二　中国电子商务新业态发展年度特点

（一）商品价格成为年度竞争焦点

在宏观经济形势影响下，消费者消费需求和消费意愿均受到一定的影响，对产品价格的敏感性日益上升。为了应对市场疲软的消费环境以及用户追求性价比的消费趋势，以阿里、京东为代表的电商平台在 2023 年纷纷打出“低价”营销策略。在“6·18”“双十一”等电商大促期间，大规模宣传“低价”主题，希望借此在消费者理性消费时代确立明确的价格竞争优势，在尽力维持平台用户规模的基础上吸引更多新增用户下单。如天猫在“双十一”期间推出“全年最低价”及大规模官方立减；京东 2023 年全面推进低价策略，上线百亿补贴频道、放开 POP 招商、下调运费门槛等，在“6·18”大促期间更是采取“百亿补贴”、9.9 包邮频道、“买贵双倍赔”等举措以确立京东在消费者认知中的低价心智。在理性消费时代，深挖电商高效供应链支撑下形成的价格成本优势，“6·18”、“双十一”等电商大促期间，低价都成为最大的宣传主题，拉动消费效果也非常显著。为了保持商品的价格优势，各大电商平台纷纷给予中小商家更多的流量扶持，对于中小商家降低线上营销成本有所帮助。对于中小商家而言，网络消费首先是一个充满活力的市场，其不断增长的市场规模，可以为中小商家提供足够大的市场空间，同时网络消费有大数据的支撑，可以通过消费分析更好地聚焦细分市场、优化调整商品、打造专属品牌。对用户的争夺也体现在平台规则层面，2023 年“仅退款”规则成为各大电商平台的标配。在各大电商平台加大力度争抢用户、确保市场份额的背景下，出台“仅退款”规则总体上是有利于消费者的，可进一步增强消费信心和下单意愿，同时对商家提高商品和服务质量产生压力和督促作用，这也体现出在用户竞争日趋白热化的背景下，消费者主权会进一步增强，消费者福利会进一步增加。

（二）“电商+产业带”持续赋能传统产业

无论是国内电商还是跨境电商，产业带都成为各大平台企业争夺优质商家的发力方向，“电商+产业带”模式也快速推动产业带源头商家利用电商进行数字化、品牌化转型。淘天集团公布的数据显示，2023 年在淘宝天猫平台上交易额超过 100 亿元的产业带共有 50 个，覆盖金华、广州、杭州、佛山、嘉兴、保定等 21 个城市，以及女装、住宅家具、手机等 27 个类目。产业带电商渗透率持续提升，产业带商家已经成为天猫新品牌的第一大来源，占新电商数的四成以上。电商平台深入产业带服务源头，商家将持续提升产业带中小企业供应链反应能力，助力产业带数字化转型和供应链在更大范围、更深层次协同，在这个过程中也不断催生新产品、新品牌。另外，平台企业也加大力度发展工业品电商采销，淘宝天猫、京东等电商平台均已打造工业品一站式采购平台，通过构建网上工业品流通市场贴近或参与到制造业产业链中，发挥电商优势，提升工业品供应链效率。中国互联网络信息中心数据显示，淘宝天猫工业品市场每年采购用户数超过 9000 万人，年交易额超过 1000 亿元。京东工业通过开展工业品线上销售、探索工业供应链服务等方式，已服务约 6900 家重点企业和逾 260 万家中小企业。2023 年商务部重点监测平台面向产业带产品的交易额增幅达到 30%，各地方利用国家电子商务示范基地整合培育形成 30 余个数字化产业带，助力行业企业降本增效。

在跨境电商助力产业带拓展海外市场方面，随着“跨境电商+产业带”被列入全国跨境电商综试区考核指标，全国165个跨境电商综试区城市加大力度支持本地优质产业带与跨境电商企业对接合作。同时，各大跨境电商平台持续加大与产业带合作力度，通过深度服务助力产业带企业更加精准、高效地拓展海外市场。如2023年9月跨境电商平台SHEIN宣布推出全国500城产业带出海计划，三年内将深入全国500城产业带，把产业带与数字贸易和数字化柔性供应链贯通，提供从生产端到市场销售再到品牌成长的一体化赋能，帮助产业带拓展全球市场，获得品牌提升。面对众多产业带中小商家缺乏跨境电商人才的瓶颈问题，各大跨境电商平台纷纷推出全托管、半托管等服务，适应不同类型商家运营跨境电商的需要。在全托管模式下商家只需要将通过平台审核的商品按库存数量运送到平台企业国内集货仓，平台负责后续商品的上架、销售、物流、售后等，商品销售完成后商家即可收到货款。全托管模式极大地降低了跨境电商的进入门槛，拓展了跨境电商商家的范围，也有助于众多优质产业带的中小微企业发挥自身产品生产优势，同时利用跨境电商订单的小规模、多频次的特点驱动自身提升“小单快反”的供应链能力。

（三）开放发展和国际化取得重大突破

2023年，与我国签署电子商务合作备忘录的“丝路电商”伙伴国已增加到30个。我国与“丝路电商”伙伴国将建立电子商务合作机制，加强政策沟通和经验分享，支持企业间开展电子商务合作，开展人员培训和联合研究，不断提升贸易投资便利化水平，拓展数字经济合作领域。2023年10月，国务院批复同意在上海市创建上海“丝路电商”合作先行区，在跨境数据产品、“一次申报、双边通关”服务模式、电子提单、电子发票等方面率先探索开放合作机制，在电子商务制度型开放新高地建设方面初见成效。在电商规则开放方面，我国与东盟共同发布加强电商合作倡议，积极推动WTO电子商务规则谈判，举办了国家级全球数字贸易博览会，搭建电商规则研讨与交流合作新平台。

在电商国际化布局方面，2023年有跨境出海“四小龙”之称的阿里旗下的速卖通（AliExpress）、拼多多的跨境电商平台 TEMU、抖音的国际版 TikTok 以及快时尚领域的独角兽企业 SHEIN 在海外电商市场不断取得新的突破。据研究机构 Similarweb 披露数据，截至 2023 年 12 月，TEMU 的独立用户数量已达 4.67 亿，位列全球电商排行榜第二，亚马逊以 26.59 亿用户稳居第一，SHEIN 则以 1.723 亿用户排名第三。到 2023 年 9 月，TEMU 上线一周年已登陆 47 个国家，App 下载次数达 2 亿次。SHEIN 经过 10 年的海外深耕，其估值保持在 650 亿美元的高位，2023 年 SHEIN 的 GMV 预计将超过 400 亿美元。跨境电商平台在海外的快速扩张，也带动了物流、快递、海外仓等配套产业及设施的全球化。跨境电商的物流渠道多元化趋势明显，除自发货的小包、快件外，海外仓已经成为众多跨境电商卖家的必选项。商务部公布的数据显示，截至 2023 年，我国海外仓超过 2500 个。在跨境电商海量物流配送需求的带动下，顺丰、"三通一达"、菜鸟、极兔等快递物流服务商纷纷加速国际化布局。如申通快递先后开通了伯明翰、纽约、洛杉矶的仓配分拨中心，中通快递已在欧美、日韩、东南亚等国家和地区设有 10 余个海外仓，圆通推出的"全球闪送"国际急件最快只需 10 小时，韵达国际物流服务网络已开通至 30 个国家和地区，菜鸟联合速卖通在英国、西班牙、荷兰、比利时和韩国 5 个国家上线"全球 5 日达"的基础上，加速构建"全球 5 日达"服务网络。各大快递公司灵活采用多种出海方式不断提升海外快递物流本土化服务能力，一个"以中国为中心，连接世界各大洲，通达主要目标市场"的全球快递服务体系正加速构建。

三　问题与挑战

（一）低价导向下的可持续发展挑战

2023 年国内电商平台企业大搞"低价"促销，跨境电商平台快速发展依托的是中国制造商品的高性价比，直播电商渗透率不断提升也是基于集中促销的价格往往低于传统电商平台的标价。消费者心智中已经对电商形成了

“低价”的认知，而且随着电商竞争的日趋激烈，价格再次成为电商企业的撒手锏，但“低价”带给电商卖家的结果经常是“有了销量，少了甚至是没了利润”，供应商面临越来越低的利润率和越来越高的库存风险等。在一定程度上，电商领域也会形成低价低质商品往往会占据更多流量的局面，低价商品的销量也会占据优势。长期来看，电商的低价导向不利于引导生产商开展研发创新及品牌建设等升级行动，而导致生产商聚焦于通过各种方法降低生产成本，低价导致低质的恶性竞争也必将最终影响整个电商产业链的可持续发展。

（二）创新发展动力与投入不足

近年来，我国电商市场竞争变得异常激烈，电商平台企业关注的重点集中在保持市场份额、扩大用户数量、维持现有业务增量等方面，而技术创新、模式创新、场景创新方面投入明显不足，这也导致电商存量市场的争夺成为重点，而增量市场空间没有被成功创造。同时，线上流量获取成本也在不断上升，投入资金购买流量已成为线上营销的必备手段，包括直播电商在内的流量价格不断攀升，企业的营销成本也在不断增加。尽管2023年以来基于大模型的人工智能（AIGC）等新技术的出现催生一些新的赛道和应用场景，AI电商概念也被提出并引发关注，但基于AI、区块链、Web3等底层技术的电商场景创新尚未真正出现。

（三）电商国际化发展遭遇规则与准入门槛

伴随着我国跨境电商市场规模不断扩大及跨境电商平台企业的全球拓展，部分海外市场开始关注中国跨境电商对本土商家带来的冲击与影响。如印度尼西亚政府针对Tik Tok直播带货出台政策文件禁止社交平台直播带货，迫使Tik Tok只能通过收购印度尼西亚当地电商平台的方式进入印度尼西亚市场。在传统的跨境电商平台上，欧盟等区域对于产品认证的要求越来越高，除原有的强制认证外，“生产者责任延伸”认证等附加要求越来越多，在一定程度上也抬高了跨境电商的进入门槛和运营成本。同时，海外市

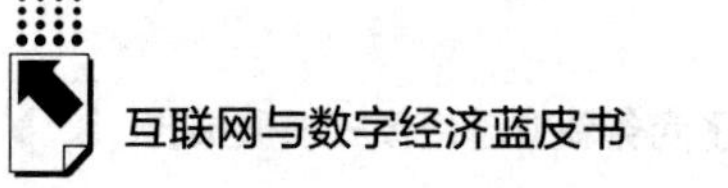

场的复杂性、文化差异、法律法规等因素都可能给跨境电商企业带来较高的运营风险，合规要求的日益严格也迫使跨境电商企业解决物流、支付、税收等一系列合规问题，这也增加了企业的经营难度和风险。

四　机遇与趋势

（一）服务新消费和下沉市场为网上零售提供增量空间

近年来，伴随“悦己消费”“多巴胺经济”等过年消费热点涌现，电商在服务新消费方面的优势开始加速显现。无论在打造爆款品类方面，还是在创造消费 IP 话题等方面，电商都发挥出巨大的潜力，凭借快速触达消费者的反应能力和强大的传播能力，电商成为引领新消费发展趋向的重要渠道。同时，绿色、健康、个性化、定制化消费趋势和消费理念的兴起也为电商行业提供了新的发展方向，电商企业可通过技术手段不断提供满足市场新需求的个性化产品和服务，也可以顺应低碳发展趋势积极推广环保、健康的产品和服务，拓展新的市场空间。随着国内消费市场的持续扩大和消费者需求的多样化，电商行业在服务消费、创新消费、引领消费等方面有着巨大的市场增量空间。在区域方面，特别是在农村电商市场，随着农村互联网普及率的提高和物流体系的完善，农村电商市场将迎来爆发式增长。这也为电商企业提供了广阔的市场空间和发展机遇。

（二）新技术发展将驱动电商应用场景创新

当前基于大模型的 AI 工具已经在电商领域有了诸多应用，如智能客服、数字人主播、智慧选品等。人工智能、区块链、大数据等新技术的应用可以帮助电商企业更精准地洞察消费者需求，提升用户体验，提高运营效率。未来，新技术的应用将为电商行业带来更多的创新机会，在持续提升消费者服务体验的基础上，也将进一步推动电商行业的智能化、个性化和社交化发展。例如，社交电商的兴起使购物变得更加社交化和娱乐化，通过社交平台上的内容分享和互动，电商平台可以实现更精准的用户定位和营销推广。

（三）数实融合发展为电商创造新服务市场

数字经济的快速发展已经极大地加快了传统经济的数字化转型步伐，云计算、大数据、AI 等在传统行业的应用普及程度持续提升。在服务线下传统产业数字化转型方面，电子商务可发挥订单和市场驱动优势，让生产商、服务商的数字化转型目标更加明确、收益更加可见、路径更加具体。例如，“跨境电商+产业带”的快速深入，“小单快反”等供应链数字化能力的提升就离不开跨境电商平台企业的订单拉动；线下餐饮企业应用平台门店管理系统既可以承接平台订单，也可以优化内部管理、提升服务效率等。另外，传统产业数字化转型的巨大需求，也为电商提供了发展空间最大的服务市场。

（四）全球市场开拓将成为电商发展的必然趋势

国内电商市场的内卷和存量化，迫使电商“走出去”开拓全球市场的步伐不断加速。跨境电商的增长也为电商企业提供了新的发展机遇。随着全球化贸易的推进和消费者对多样化商品的需求增加，跨境电商将依托中国制造的供应链优势迎来更大的市场空间。跨境电商的迅猛发展也将带动快递物流、第三方支付、海外仓及面向海外市场供应链服务等配套产业快速完善，构建起适应全球市场的新一代国际贸易及跨境零售基础设施网络，服务包括中小企业和个人在内的市场主体，通过跨境电商平台更方便地将产品销往全球，实现国际化经营。在这个过程中，政府的角色也会变得更加重要，一方面可通过通关便利化服务及税收政策等引导跨境电商企业合规化运营，另一方面也可借助“丝路电商”国际合作及多边经贸规则谈判等创造及优化跨境电商国际规则与标准，为我国跨境电商企业更好地开拓国际市场创造良好的政策法规环境。

参考文献

商务部：《中国电子商务报告 2023》，2023。

中国互联网络信息中心：第 53 次《中国互联网络发展状况统计报告》，2024。

B.16

2022~2023年中国产业创新生态发展报告

李东阳*

摘　要：　本文全面分析了 2022~2023 年中国产业创新生态发展的现状、特点、存在的问题及未来发展趋势，提出了对策建议。详细评述了 2022~2023 年中国产业创新生态发展在技术推动、行业焦点和区域发展等方面的具体进展，并分析了技术创新驱动、产业链整合和行业融合、政策支持与市场响应等主要特点。讨论了创新不均衡、资金与资源配置不足、国际合作与竞争等现阶段产业创新生态发展所面临的关键挑战，针对技术发展前景、市场需求变化、政策变动等方面，提出了未来产业创新生态的发展趋势，最后给出了加大创新投入、优化资金与人才流动、促进国际合作等对策建议。

关键词：　产业创新生态　数字技术　创新政策　智能制造

随着全球化的加深及科技的迅猛发展，产业创新已成为推动经济增长和提升国家竞争力的关键因素。中国强调了创新驱动发展战略，通过科技创新和产业升级，实现经济结构优化和高质量发展。2023 年，面对复杂多变的国际环境及国内经济转型的压力，中国进一步加大了对产业创新的支持力度，特别是在人工智能、高端制造、生物科技和数字经济等领域。在此背景下，全球产业竞争格局呈现新的变化，新技术革命和产业变革加速演进，其中，中国的产业创新生态呈现出独特的发展模式。这一生态不仅包括技术创

* 李东阳，博士，中央财经大学中国互联网经济研究院助理研究员，主要研究方向为数字经济、产业组织理论、反垄断与规制。

新本身，还涵盖了政策环境、市场需求、资金支持、人才培养等多个方面。产业创新生态的健康发展，为中国乃至全球经济增长提供了新的动力和可能。

一　2022~2023年中国产业创新生态发展情况

2022~2023年，我国产业创新飞速发展，成为推动我国经济转型和高质量发展的重要力量。中国数字创新高地在全球创新版图中的影响力不断增强，尤其是在数字技术及产业发展方面，中国已经形成庞大的技术簇群与产业体系，在技术硬件和设备领域拥有明显的集聚效应和规模优势，特别是长三角、粤港澳大湾区的上市企业数量超过400家。在新动能培育方面，中国的数字创业生态培育能力也进一步增强。在软件与服务领域，京津冀和长三角地区上市企业数量也都在400家以上，显示出中国在这些关键领域的深厚积累和强劲发展势头。2022~2023年，我国人工智能、大数据、云计算、物联网等关键技术领域不断进步，应用水平不断提高。这些数字技术的发展不但巩固了我国在数字经济、智能制造和生物科技等领域作为全球创新领导者的地位，同时也推动了区域经济的多元化发展。

（一）产业创新生态发展的技术推动力

2022~2023年，中国数字科技创新的核心力量继续集中在人工智能、大数据、云计算和物联网等关键技术领域。这些技术不仅推动了新产品和新服务的开发，也极大地提高了传统行业的效率和智能化水平，推进数实融合，促进了我国经济的高质量发展。

随着计算能力的增强和算法的优化，AI大模型在中国得到了广泛的应用。中国的科技企业如百度、阿里巴巴、腾讯、科大讯飞等均在AI大模型产品上取得了显著进展，这些产品已经被应用于语音识别、自然语言处理、图像识别等多个领域，有效支持了医疗、教育、金融等行业的创新。百度在2023年10月发布“文心一言4.0”，其理解能力、生成能力、逻辑能力、记忆能力全面加强和提高。月之暗面的 Kimi 智能助手于 2023 年 10 月发布，具有阅读约 20 万汉字的无损上下文能力。科大讯飞星火认知大模型的能力已接近行业领先的 ChatGpt4. 0。百度的“飞桨”平台服务大量的 AI 模型开发者，深度助力 AI 技术的发展和普及。

云计算继续在政府部门和企业中得到广泛应用，提高了数据处理的效率和灵活性。《2023 数字中国年度报告》预计 2025 年我国云计算整体市场规模将超万亿元。据工业和信息化部的数据，截至 2023 年 6 月底，中国的数据中心机架数量已经超过 760 万个标准机架。同时，中国的计算能力总规模已经达到 197EFLOPS，居全球第二位。过去五年，中国的算力总规模年均增长率接近 30%，而存储能力总规模已超过 1080EB。具体地，阿里云和腾讯云等企业在提供云服务方面取得了新的进展，为各行业的数字化转型提供了支持。这些云平台通过提供高效的计算能力和大规模的数据存储，加速了智能制造和智慧城市项目实施。云技术的发展为企业提供了更为灵活和高效的数据处理能力。

大数据和物联网技术在智能制造、智慧城市、智能交通系统等领域的应用越来越广泛。5G 和物联网技术显著降低了数据搜集成本，助力装备制造业数据的互联互通，促进数字经济与实体经济的深度融合。例如，根据《数字经济与实体经济融合发展报告（2023）》，徐工的汉云工业物联网平台项目累计帮助 23 家大型客户以及超过 60 家中小规模企业降低成本超过 8500 万元。另外，物联网技术已经在多个大型城市中部署，用于监控交通流量和公共安全，有效提高了城市管理的智能化水平。例如，成都市 2023 年着力建设成都市交通运行协调中心（TOCC），根据《交通行业大数据应用发展报告》，该项目累计接入的结构化数据超过 1600 亿条，视频监控图像达到 9. 9 万路，每日还新增卫星定位数据 2. 8 亿条和订单数据 332 万条。

（二）产业创新生态发展行业焦点

2023 年，中国的产业创新生态发展集中在几个关键行业，包括智能制造、生物医疗等。这些行业的发展受到新的数字技术影响，展现出较大的发

展潜力。同时，在传统的数字经济行业，我国也形成了独特的优势。这些行业的发展不仅推动了相关技术的进步，也在全球范围内产生了显著的影响。

首先，数字技术与智能制造业深度融合。通过引入高度自动化的生产线和机器人技术，中国的制造业正在向更高效、更环保的方向转型。工业互联网利用数字化仿真、AI+、SaaS 和定制化等技术方案不断朝一体化、自动化的方向发展。例如，视比特机器人公司在汽车制造业中推出了 AI+3D 视觉的智能上下料系统，可以自动识别汽车零部件，并精准地进行上下料作业，显著提高了生产效率；如本科技针对客车制造业的焊接流程，开发了 3D 视觉机器人技术，利用 AI 算法对焊缝进行三维识别，自动完成焊接工作，从而提高了焊接质量和生产速度。

其次，数字技术促进了生物医疗等行业的快速发展。利用 AI 等数字技术，中国生物医药领域在药物研发、脑机接口等前沿技术方面取得了显著进展。这些技术的应用不仅提升了研发效率，也推动了生物医药产业的快速发展和国际竞争力的提升。通过依托 AI 药物研发平台，中国科研人员能够高效地进行医学文献和数据集的挖掘与抽取。这些平台利用机器学习和数据分析技术，总结和归纳出药物研发的基本规律，极大地优化了药物的筛选流程。北京、上海、广东等地设立了近百家脑科学与类脑研究中心，这些研究中心集聚了大量创新型企业，积极开展前沿成果的研发和产业化应用。这些研究中心不仅推动了专利申请量和标准制定量的增加，还促进了市场融资量的增加，显示了中国在全球脑机接口领域的竞争力。

最后，传统的数字经济行业仍表现出较快发展势头。根据中国互联网络信息中心的数据，2023 年，网络视频、网络支付、网络直播、网络音乐等行业都达到几千万人的用户增长幅度。其中，网约车用户增长最多，达到 9057 万人，而网络视频用户占全体网民数量的比例最大，达到 97.7%。这些行业经过多年的发展，已经进入成熟期，成为我国经济增长的有力引擎。

（三）区域发展

2023 年，中国产业创新生态在技术和行业层面表现出色，但在区域间的发展上显示出显著的差异。这些区域差异反映了各地对创新策略的响应、资源分配的效率以及地方政府的支持力度。

首先，东部沿海地区继续高速发展。东部沿海地区，包括珠三角、长三角和京津冀地区，依托其强大的工业基础和开放的经济环境，继续引领中国的产业创新。根据 AMiner 的报告，全球人工智能创新城市 500 强中，北京和上海进入全球十强，香港、杭州、深圳、南京等进入全球二十强。特别地，深圳作为高新技术产业的集聚地，已成为全球重要的创新中心之一。深圳的创新输出主要集中在电子信息、生物科技等领域，吸引了大量国内外投资，促进了高技术产业的快速发展。

其次，中西部地区展现了显著的追赶效应。相比于东部地区的高速发展，中西部地区虽然起步较晚，但近年来通过一系列政策扶持和资本投入，开始快速追赶。例如，成都和重庆在电子信息产业等方面取得了显著进展，逐步形成了以高新技术产业为主导的产业结构。政府先后制定《成都市加快大模型创新应用推进人工智能产业高质量发展的若干措施》《重庆市以场景驱动人工智能产业高质量发展行动计划（2023—2025 年）》，展现出政府大力推动产业创新的决心。武汉和长沙在数字创新中也居于前列，尤其是在移动互联、数字导航等领域发展快速。

最后，东北地区大力投入补短板。东北地区作为中国老工业基地，面临较大的转型压力。在政府的“东北振兴”战略推动下，这一地区开始聚焦于传统产业的升级和新兴产业的培育。哈尔滨和沈阳等城市通过引进高端人才、优化产业政策，逐渐发展出新能源、智能装备制造等新兴行业，这些行业的发展为东北地区的经济复苏注入了新活力。2023 年下半年，东北地区的文旅行业异常火热，带动了数字文旅等行业的进一步发展。

二　2022~2023年中国产业创新生态发展特点

2022~2023 年，中国产业创新主要体现在创新驱动型增长、产业链整合以及政策支持与市场响应三个方面。中国经济的增长模式显著向创新驱动型转变，突出表现在对高技术和新兴产业的重点投入及其在国民经济中日益增长的贡献。同时，产业链的优化整合提升了各行业之间的协同效应和整体竞争力，使产业生态呈现跨行业整体化的态势。政府政策的有力支持和市场机制的有效响应进一步催化了这一过程，使产业创新生态得以持续、健康发展。这反映了我国在推动产业创新和技术进步方面的策略和成效，展示了创新在促进经济结构优化和产业升级中的关键角色。

（一）技术创新驱动

2023 年，创新驱动成为中国经济增长的主轴。政府和企业尤其是在人工智能、大数据、云计算等领域加大了对科技研发的投资力度。这些技术的发展和应用不仅提升了产业效率，也带动了新兴产业的快速增长，从而提高了中国企业的竞争力。

人工智能等数字技术在制造业中的应用，深度助力工业互联网和智能制造领域，使生产过程更加智能化和自动化。AI 在产品设计、生产计划、质量控制等环节的应用，显著提高了生产效率和产品质量，减少了资源浪费，同时降低了制造成本。达闼技术开发了数字孪生智能工厂，该工厂应用了先进的人工智能和数字孪生技术，实现了智能机器人的快速迭代和生产效率的大幅提升。新产品的导入周期缩短了 40%。这一创新不仅提高了生产线的柔性和自动化程度，还实现了生产操作工和物流人员的明显减少，推动了制造业的高端化、智能化、绿色化发展。此外，AI 技术还被广泛应用于服务行业，如金融行业中通过算法进行风险管理和资产配置。即时通信服务如钉钉和飞书在 2023 年进行了智能化升级，如使用“通义千问”大模型和智能伙伴功能，这些服务不仅提高了用户交流的效率，还通过提供智能翻译和自动问答等功能，进一步提高了企业的运营效率。另外，多个行业实现了与 5G 技术的深度融合，推动了智慧生活服务的发展。例如，中国移动构建的“OneTraffic 智慧交通平台”有效提升了智慧交通的数智化应用能力，同时，黑龙江省文化和旅游厅推出的智慧文旅小程序“一键玩龙江”，让游客享受到更加便捷的文旅体验。

总的来看，近年来的技术进步，尤其是AI等数字技术的进步，为产业创新生态发展注入了新的活力。

（二）产业链整合与跨行业融合

中国的产业链整合尤其体现在高技术领域和关键制造业中。随着全球经济环境的变化和国内外市场需求的快速调整，企业和政府都在努力通过技术创新来优化产业链结构、提升整体竞争力和抗风险能力。同时，中国产业创新生态的显著特点之一是信息技术与传统行业的深度融合。这种融合改变了行业运作模式，催生了新的商业模式，并推动了产业结构的优化和升级。

在供应链管理方面，数字化和智能化技术的应用成为常态。据工业和信息化部数据，2023年，工业互联网平台在连接工业设备方面达到了8900万台（套），融入45个国民经济行业大类的生产活动，实现了全要素、全产业链、全生命周期的深度整合。企业可以利用云计算和物联网技术优化其全球供应链，实现了供应链的实时监控和智能管理。数字技术的应用不仅提高了运营效率，还增强了对市场变化的快速响应能力。在价值链重构方面，更多企业开始关注如何通过整合上下游资源来优化产品和服务，这样不仅可以优化自身产品性能和成本，还推动了整个行业价值链的升级。此外，跨行业合作和平台化战略也成为产业链整合的重要趋势。中国的多个互联网巨头，如阿里巴巴和腾讯，通过建立开放的平台和生态系统，与不同行业的企业合作，共同开发新的产品和服务。这种模式不仅加速了创新的商业化过程，也为参与各方创造了新的增长点。另外，数字技术与制造业、零售业、生物技术继续深度融合，促进了智能制造、数字零售、数字医疗等行业的进一步发展。信息技术的深度融合，不仅有助于提升各行业的技术水平和效率，而且推动了产业结构的优化升级，为中国经济的持续发展注入了新的活力。

（三）政府与市场双向发力

2023年，中国产业创新生态的发展显著受到政府与市场双方的推动。政府不仅作为政策制定者和监管者，还以资金提供者和技术创新促进者的角

色，积极参与市场活动，这种互动极大地激发了市场活力和企业创新能力。

政策引导和财政支持是推动技术创新和产业升级的关键因素。政府通过出台一系列创新激励政策，如研发税收抵免、创新基金和科技创新奖励，有效地降低了企业研发的成本和风险。2023 年 2 月，中共中央、国务院印发《数字中国建设整体布局规划》，对未来数字经济建设作出周密部署，推动数字技术与实体经济深度融合，在农业、工业、金融、教育、医疗、交通和能源等重点领域，加快数字技术创新应用。北京出台《北京市加快建设具有全球影响力的人工智能创新策源地实施方案（2023—2025 年）》《北京市促进通用人工智能创新发展的若干措施》《北京市数字经济促进条例》《北京市促进未来产业创新发展实施方案》，针对人工智能、6G、量子信息技术、类人机器人等前沿科技领域推出了一系列具有前瞻性的政策文件，以加快建设具有全球影响力的人工智能创新策源地。

同时，市场机制在资源配置和技术商业化过程中发挥了核心作用。政府通过放宽市场准入、优化营商环境和强化知识产权保护，为私营企业和外资企业提供了平等的竞争环境。这些措施不仅提高了市场的效率和透明度，也吸引了更多的国内外投资进入高技术领域。例如，上海自贸试验区提供了一系列创新的政策试点，如简化外资企业设立程序和减少行政审批，这些举措有效地促进了外资在中国的技术投资。另外，政府还注重创新生态系统的建设，通过搭建平台和网络连接包括高校、研究机构、初创企业和大企业在内的不同的创新主体。这些主体共同建立研发中心和孵化器，提供技术支持和资金援助，帮助创新型企业加速成长，推动了地区经济转型和产业升级。这种政府与市场的互动模式不仅提升了产业的创新能力，还加快了新技术的应用和普及，为中国产业创新生态的发展提供了坚实的支撑和持续的动力。

三　中国产业创新生态发展存在的问题

尽管中国在推动产业创新和科技进步方面取得了显著成就，但仍面临若干问题和挑战。首先，不同地区和行业之间存在创新能力不均衡的问题，导致技术进步和经济增长的潜力发挥不充分不彻底。其次，资金与资源配置的不足也严重制约了研发活动的有效开展和创新成果的商业化转化。最后，国际合作与竞争的挑战则体现在全球化背景下的技术封锁和市场准入限制。这些问题和挑战不仅影响了中国企业的国际市场扩展，也影响了国内产业的技术更新和知识引进。

（一）创新能力不均衡

在中国的产业创新生态发展中，创新能力不均衡是一个突出的问题。尽管中国在全球创新指数中的排名持续上升，显示出强大的创新潜力，但创新能力在不同行业之间以及不同规模企业之间的分布不均衡。这种不均衡影响了整体的经济效率和竞争力，也制约了国家创新系统的持续发展。

在行业层面，高科技行业如信息技术、生物科技和新能源相对于传统行业如制造业、农业和服务业在创新能力上有明显优势。高科技行业的企业通常具有更强的研发能力和更高的技术水平，也更容易获得政府的政策支持和资金扶持。而许多传统行业则面临技术落后、创新动力不足的问题。在企业方面，大企业通常因为拥有更多的资源和更大的市场影响力，能够进行大规模的研发投入和技术创新。相反，中小企业虽然灵活且具有创新潜力，但往往因资金限制、技术壁垒和市场准入难度等因素，难以进行有效的技术开发和创新应用。这种规模上的差异不仅影响了中小企业自身的发展，也影响了国家创新体系的整体活力和多样性。

（二）资金与资源配置的不足

产业创新生态在资源的有效利用和合理分配上存在一定问题，这在很大程度上制约了国家创新体系整体效能和竞争力的提升。

在人才资源配置方面，中国虽有庞大的科研人力资源池，但高端人才，尤其是顶尖科学家和工程师比较缺乏，依然是创新能力提升的瓶颈。人才流动的局限性，进一步加剧了人才配置方面的问题。人才培养与市场需求之间存在错位，也影响了创新资源的有效配置。技术资源的利用效率，尤其是先进技术的利用效率仍有待提高。许多有价值的科技发明和研究成果未能得到有效商业化，其潜在经济价值和社会影响未能充分实现。这些问题导致科研投入与产出效率不成比例，阻碍了科技创新的速度和质量。

（三）国际合作与竞争压力

中国的产业创新生态面临着来自国际合作与竞争的双重压力。中国在一些领域，如大模型，虽然取得了较为领先的地位，但仍面临美国等国家的激烈竞争。中国企业在扩展国际市场时，经常面临一系列的挑战，尤其是在质量控制、环境保护和知识产权保护等方面。这不仅增加了企业的运营成本，也限制了其在国际市场上的竞争力。在全球经济中，贸易保护主义的兴起也对中国的创新产业带来了直接的影响。例如，美国对中国的高科技产品和服务施加额外关税和严格的出口限制，这对中国的科技企业形成了巨大的市场准入障碍。这种国际贸易环境的不确定性，对中国企业的国际经营战略和全球竞争策略构成了严峻挑战。

四　产业创新生态发展的趋势

随着人工智能、区块链、量子信息等关键技术的迅速进步，预计这些领域将继续引领全球技术革新，并从制造业到服务业等多个行业推动根本性变革。同时，消费者需求的多样化和个性化趋势将驱动企业采纳新技术以满足这些需求，尤其是推动企业在产品定制化和服务个性化方面的投入和发展。预计我国将进一步加大对科技研发的投资力度，支持创新企业的成长，同时调整国际合作和竞争策略，增强我国在全球创新中的地位和作用。

（一）技术趋势

随着全球科技创新的快速发展，中国的产业创新生态在人工智能、大数据和生物科技领域正面临重大的技术冲击。这些领域的技术进步不仅推动了产业结构的变革，也为经济发展注入了新动力。

人工智能技术作为创新的引擎，其应用范围进一步扩展到医疗、金融、教育和制造业等行业。通过增强学习和深度学习的进步，AI的决策能力和效率得到显著提升。首先，区块链技术在提供透明、安全的数据交易方面显示出巨大潜力。其次，区块链在供应链管理、金融服务及版权保护等领域的应用日益增多。这一技术可以帮助企业降低成本、提高操作效率，并增强数据安全性。再次，随着中国数字经济的不断发展，大数据的发展同样迅猛。随着可搜集和公开的数据量的不断增加，大数据行业将迎来新的发展。最后，元宇宙、数字孪生等数字新兴领域将得到进一步发展，催生出更多的新业态新模式，促进新产业的诞生。

（二）市场与消费趋势

随着全球经济环境的演变和消费者行为的变化，市场需求的动态变化对中国产业创新生态产生了深刻影响。

随着消费者对产品和服务质量的期望不断提高，市场对于定制化和高度个性化的产品和服务的需求显著增加。这推动了企业在产品开发、生产流程和客户服务等方面采取更灵活和响应迅速的策略，进而推动了大数据技术的应用和供应链的柔性化。

数字化消费已经成为常态。电子商务、在线支付、社交媒体和移动应用的普及极大地改变了消费模式。企业通过利用大数据和人工智能来分析消费者行为，能够更准确地预测市场趋势和消费者需求，从而提供更加个性化的服务。这不仅提升了用户体验，也为企业创造了新的增长点。

随着科技产品的普及，消费者对新技术的接受度日益提高。智能家居、可穿戴设备、虚拟现实等技术逐渐进入普通家庭，成为日常生活的一部分。这种趋势推动了相关技术的快速发展和迭代，也促使企业不断创新，以满足消费者对高科技产品的期待和需求。

（三）政策趋势

预计未来政府将继续出台一系列支持科技创新的政策，包括增加研发投资、提供税收优惠、建立更多的科技园区，推动高等教育和职业培训中的科技教育。这些政策将进一步激发企业和研究机构的创新活力，促进高新技术的研发和商业化。

随着经济增长模式的转变，政府正在推动传统制造业向高技术和服务导向的产业结构转型。这包括通过政策引导支持新能源、新材料、信息技术、生物科技等战略性新兴产业的发展。此外，政府也在通过政策促进中小企业的创新，改善创新的整体环境，使之更加有利于技术创新和产业升级。

在全球化的背景下，国际贸易政策和技术转移规则的变化对中国的产业创新生态产生了深远影响。面对日益复杂的国际贸易环境，中国会加大对外开放和国际合作的力度，同时不断提升产业链韧性，预防“卡脖子”风险，以确保维护自身的经济安全并在全球价值链中保持竞争力。

五　产业创新生态发展的对策建议

面对我国产业创新生态发展所面临的挑战，应进一步增强创新能力，优化资金和人才流动，促进国际合作，支持区域协调发展，积极响应市场需求变化。这有助于激发市场和企业的创新潜力，加快科技成果的商业化进程，增强我国产业在全球经济中的竞争力，同时确保产业创新生态的可持续发展。通过各主体的共同努力，中国将能更好地应对未来的挑战，把握发展的机遇。

第一，进一步增强创新能力。首先，持续推进科技教育的普及。从小学到高等教育阶段，加大科学技术、工程和数学教育的投入，培养学生的科学素养和创新思维。鼓励在职员工通过终身学习平台和职业培训课程进行技能升级，特别是在人工智能、大数据分析和机器学习等领域。其次，增加研发投资。政府可以通过匹配基金、税收优惠或直接资助的方式，激励私营部门增加在研发上的投资。建立专项基金支持前沿科技研究，如量子计算、生物技术和可持续能源技术。最后，加强创新平台建设。加大对创新平台和孵化器的支持力度，为初创企业和科研机构提供更多资源和服务。建设国家级和地方级创新中心，通过集聚学术资源、企业和政府资金，推动技术创新和产业升级。强化产学研合作，通过政策激励措施鼓励高校和研究机构与企业合作。

第二，优化资源配置。首先，优化资金流动。与金融机构合作，创新财政资助和投资机制。设立或扩大与私人资本合作的风险投资基金，着重支持初创科技企业和高新技术项目。建立多层次资本市场，完善资本市场结构，支持科技企业通过公开市场融资、优化创业板和科创板的上市规则、降低小型和中型创新企业的上市门槛，提供更多的流动性和资本支持。其次，优化人才配置。制定区域人才发展战略，通过提供住房补贴、税收优惠、职业发展机会等措施吸引高技能人才到较不发达的地区工作。创新人才培养项目，与高等院校和职业学校合作，开展针对未来产业需求的人才培养。加强实验室建设和产学研合作，确保教育培养与市场需求紧密对接。最后，优化技术资源配置。建立国家或区域级的技术转移平台，促进科研成果的商业化。支持行业技术升级，制定专项基金支持传统产业通过技术创新进行转型升级和数字化转型。

第三，扩大国际合作。首先，通过双边或多边科技合作协议，加强与其他国家科研机构的合作。其次，积极加入国际科技组织和标准制定机构，确保中国在全球科技标准制定中发挥影响力，提升中国科技产品的国际接受度和市场竞争力。再次，建设海外创新中心和孵化器，促进技术和文化的交流，增强中国在国际科技创新中的软实力。最后，优化外国人才引进政策，充分利用全球人才资源，优化外国人才引进政策，吸引顶尖国际科技人才来华工作和生活。

第四，促进区域平衡发展。首先，制定区域发展特色策略，根据不同地区的产业基础和资源优势，制定具有地区特色的发展策略。其次，加大对中西部和东北地区的支持力度，在基础设施建设、教育和科技创新等方面加大投入，建设科技园区和创新孵化器，吸引高科技企业和人才落户，鼓励投资。再次，促进区域间科技资源共享，建立区域间科技资源共享机制，促进科研成果的跨区域转移和应用。最后，推动跨区域协同创新，提供政策引导

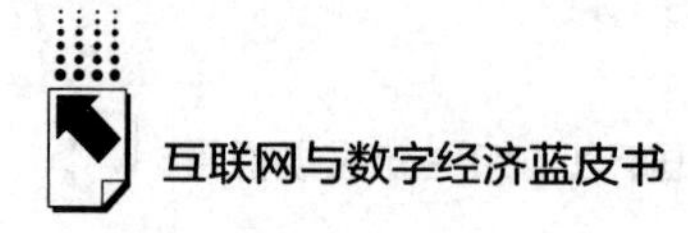

和协调，促进东部发达地区与中西部、东北地区的企业和科研机构合作，共同解决技术难题，开发新产品。

第五，积极响应市场变化。强化市场驱动的研发政策，鼓励企业开展需求拉动型创新。促进消费者参与创新过程，开放创新平台和用户反馈平台，鼓励用户对产品进行反馈。积极调整和优化产品标准与监管政策，尤其是在快速发展的领域加快产品标准的修订和制定，建立科学有效的监管体制，促进市场健康发展。支持企业市场调研，加快公共数据的开放，建立完善数据要素市场，帮助企业探索海外市场。

参考文献

第一财经研究院：《2023 数字中国年度报告》，2023。

华福证券：《2024 CES 大会行业专题报告：AI 深度赋能，产业创新纷呈》，2024。

人民网财经研究院、至顶科技：《2024 年中国 AI 大模型产业发展报告：开启智能新时代》，2024。

中国通信标准化协会大数据技术标准推进委员会和北京千方科技股份有限公司：《交通行业大数据应用发展报告》，2024。

大数据技术标准推进委员会：《汽车数据发展研究报告（2023）》，2024。

中国信息通信研究院：《全球产业创新生态发展报告（2023 年）——数字创新高地全球图景与中国位势》，2024。

阿里研究院：《全球数字经济财税金融动态》，2024。

中国电子信息产业发展研究院、新华网：《数字经济和实体经济融合发展报告（2023）》，2023。

场景与案例篇

B.17
5G+工业互联网案例研究

中国移动研究院（中移智库）*

摘 要： 当前，5G+工业互联网作为新一代信息通信技术深度融入工业领域的新型基础设施，已成为构建全产业链、全价值链工业服务体系的重要保障。中国移动积极响应国家推进新型工业化的号召，持续推进OnePower工业互联网平台，构建“1+1+1+N”产品能力体系，大力建设5G全连接工厂，助力筑牢网络、平台、安全等工业互联网发展关键底座，丰富数智应用，融合产业生态，赋能工业数智化转型，为推进国家新型工业化贡献力量。在一系列工业领域数智化转型实践中，中国移动与行业客户紧密合作，积累了大量优秀案例。本文以四川成都微网优联5G全连接工厂和广东清远富盈电子智能制造两个行业应用案例为代表，介绍中国移动为行业客户提供

* 执笔人：李健楠，中国移动研究院用户与市场所副主任研究员，主要研究领域为数字技术赋能、数字经济发展、市场策略与商业模式；史家韵，中国移动政企事业部工业能源行业拓展部行业经理，主要研究领域为新型工业化、工业互联网发展、制造业市场拓展策略；郭佳哲，中移湾区（广东）创新研究院有限公司研发工程师，主要研究领域为节能双碳、工业互联网应用；屈希比，中国移动通信集团四川有限公司成都分公司5G产品经理，主要研究领域为5G产品能力与行业洞察、5G全行业产品创新与融合；王波，中国移动研究院用户与市场所主任研究员，主要研究领域为新技术使能、产业数字化和商业模式。

的5G+工业互联网解决方案、典型应用及应用效果。

关键词： 新型工业化　5G+工业互联网　中国移动OnePower平台　5G全连接工厂

一　中国移动大力推进5G+工业互联网建设与发展

工业是我国国民经济的主导产业，是推动国家创新发展的基石。习近平总书记指出，新时代新征程，以中国式现代化全面推进强国建设、民族复兴伟业，实现新型工业化是关键任务。当前，5G+工业互联网作为新一代信息通信技术深度融入工业领域的新型基础设施，已成为构建全产业链、全价值链工业服务体系的重要保障，助推千行百业生产力变革的强劲动能，促进数实融合、加速经济社会高质量发展的有效抓手。

作为全球规模领先的运营商，中国移动锚定“世界一流信息服务科技创新公司”发展定位，始终致力于更有深度、更有力度、更有厚度地赋能产业数智化转型，以“推进数智化转型，实现高质量发展”为主线，系统构建“连接+算力+能力”新型工业信息服务体系，积极推动工业互联网赋能企业数字化转型的探索实践。中国移动一方面融合5G和AICDE技术，构建OnePower工业互联网平台产品能力体系，提供面向工业场景的各类通用和定制化产品，引领5G+工业互联网产业协同发展；另一方面响应国家号召建设5G全连接工厂，充分利用以5G为代表的新一代信息通信技术集成，打造新型工业互联网基础设施，新建或改造产线级、车间级、工厂级等生产现场，形成生产单元广泛连接、信息（IT）运营（OT）深度融合、数据要素充分利用、创新应用高效赋能的先进工厂[①]。依托OnePower工业互联网

① 工业和信息化部：《工业和信息化部办公厅关于印发5G全连接工厂建设指南的通知》，2022年8月25日。

平台和5G全连接工厂，中国移动助力筑牢网络、平台、安全等工业互联网发展关键底座，丰富数智应用，融合产业生态，赋能工业数智化转型。

（一）中国移动构建 OnePower 工业互联网平台，深度赋能工业数智化转型

中国移动自研OnePower工业互联网平台，构建“1+1+1+N”产品体系，包含一系列5G工业终端、1张5G工业专网、1个OnePower工业互联网平台以及N个细分行业领域，联合各省份公司打造云、网、边、端、用一体化新型工业互联业务模式，涵盖研、产、供、销、服各个环节（见图1）。

历经三年迭代开发、10余次版本发布，OnePower平台目前已形成应用类、平台类、网络类、终端类共计50款工业应用，可面向细分行业提供一体化解决方案。跨行业通用应用包含工业安监、工业质检、设备云巡检、工业标识等；面向冶金、矿山、电力等领域提供5G视觉质检、设备云巡检、应急安监等应用，面向区域政府提供工业经济监测、政企服务、标识解析等应用。同时，积极构建OnePower应用生态，吸引优质第三方App和开发者，沉淀10余款应用反哺OnePower平台。

凭借在产品创新、品牌实践、行业引领等方面的卓越表现，中国移动OnePower工业互联网平台在工业互联网行业权威媒体工业互联网世界发布的“2023年工业互联网100佳”榜单中已晋升榜单第10名。

（二）中国移动建设5G全连接工厂，助力生产制造全流程数据采集与融通

中国移动以5G专网为抓手，全面推动5G全连接工厂建设，结合不同工厂的转型需求和实际现状，实现流程5G全覆盖、场景5G全应用、生产要素5G全连接，助力企业内工业网络互联互通，进一步释放数据价值。截至2023年底，携手合作伙伴共同打造超2.3万个5G行业商用案例（业内第一），超4000家智慧工厂，在智慧工厂、智慧矿山、智慧电力等多领域打开了数智化转型新局面。

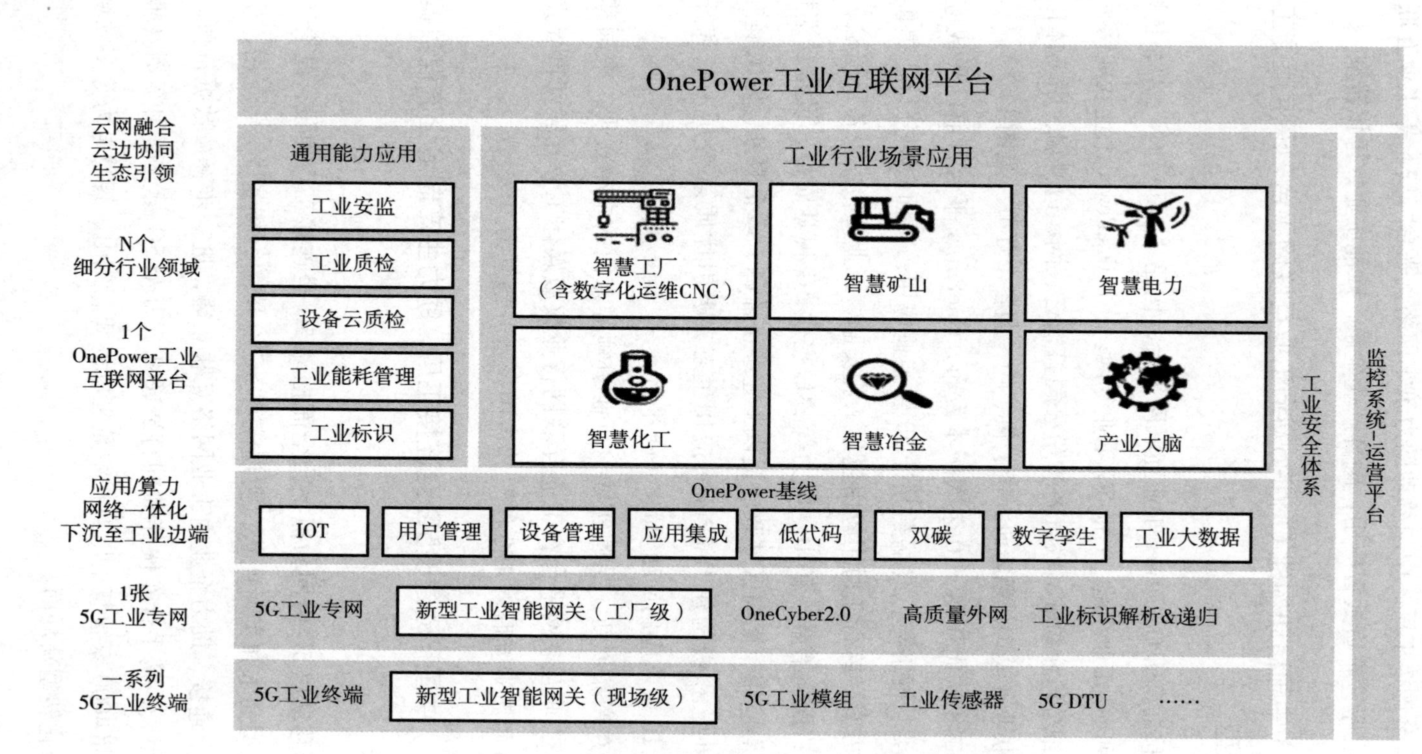

图 1　中国移动“1+1+1+N”工业互联网产品体系

1.5G 智慧工厂解决方案

依托5G 技术，建设满足工业企业生产要求的虚拟专网，依托中国移动工业互联网平台，深度结合智慧工厂场景的特殊属性，打造工厂内部数字化运营平台和企业间协同制造平台，实现工厂内部全连接以及产业链上下游的数据互通。形成集网随业动、平台赋能、智慧应用于一体的行业解决方案，聚焦 AI 视觉、室内高精度定位、AR 辅助等应用，助力工业企业智能化生产与转型升级。

2.5G 智慧电力解决方案

提供面向生产控制大区的电力专用切片、面向管理信息大区的电力通用切片，以及 5G 电力定制化 CPE、5G 电表通信舱等终端，实现 5G 配网差动保护、5G 配网自动化三遥、5G 智能化巡检、5G 智能配电房等数字化场景，满足电力业务发、输、变、配、用各个环节的安全性、可靠性和灵活性需求，促进电力业务高质量发展。

3.5G 智慧化工解决方案

依托中国移动 5G 网络优势和 OnePower 云平台通用技术能力，以实现安全生产数字化监控和管理为目标，围绕安全生产、应急管理、危化封闭区域管理、综合能源管理、环境管理等内容，建设集安全生产和视频监控于一体的管理平台，提供通用化和定制化的软件产品与 5G 创新应用，以及面向化工园区和化工企业的全套解决方案，通过危险源 24 小时监控、风险分级与差异化防控、员工踪迹定时定位覆盖等数字化手段，帮助化工园区和化工企业切实落实安全生产主体责任，全面提升安全生产管理水平。

4.5G 智慧矿山解决方案

提供井上/井下 5G 专用网络，接入矿山设备并集成矿山各业务子系统，实现多网融合、超大带宽、超低时延、海量连接，支持井下融合组网、高清视频监控、无人化采掘、无人矿卡作业、矿用机械远程控制重点场景，满足露天矿山、井下矿山的智能建设要求，实现有效整合、集中管控，及时指导、处理矿山生产系统各环节的运行，提升矿山智能决

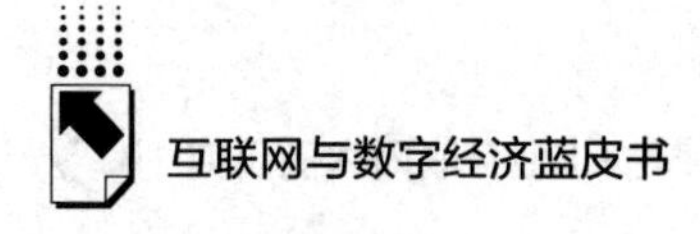

策水平。

5. 5G 智慧冶金解决方案

围绕生产辅助及相关的生产保障性环节，构建 5G+MEC 边缘计算+智慧冶金工业互联网平台的服务体系，聚焦 5G 无人天车、机器视觉质量检测、区域入侵检测（电子围栏）、危险行为识别等应用场景，助力冶金企业实现智能化、绿色化生产，逐步实现高质量发展。

二 中国移动5G+工业互联网行业应用案例

（一）成都移动助力微网优联打造5G 全连接工厂

中国移动四川公司、中移物联网、中移上研院助力微网优联打造西南最大 5G 全连接工厂标杆。项目充分集成以 5G 为代表的新一代信息通信技术，以打造“5G 全连接示范工厂”、“5G 新型工业化示范园区”、“5G 工业互联网示范产业链”和“全球灯塔工厂”为目标，不断深化“5G+工业互联网”实践，建设 OICT 新型工业互联网，形成生产单元广泛连接、信息（IT）运营（OT）深度融合、数据要素充分利用、创新应用高效赋能的智能工厂、智慧园区和智慧产业链。吸引一批上下游配套企业集群成链，发挥优秀企业示范引领作用，打造国家级和世界级先进制造业集群。

1. 5G 全连接工厂整体情况

“5G 全连接工厂”OICT 综合解决方案为生产设备、物联终端联网夯实“通信基础”，为工业互联网云平台筑牢“云网根基”（见图 2）。

（1）建设 OneCyber 融合组网管理平台，创新 5G 专网运维模式

OneCyber 融合组网管理平台将不同类型的网络设备、网络流量、用户资源等集中管理，通过统一的运维管理和监控界面，实现跨部门、跨区域、跨厂区的网络统一管理，提高网络的可管可控性。并且引入探针和自动化运维工具，实现 5G 专网的可管、可视、可控以及自主运维能力。

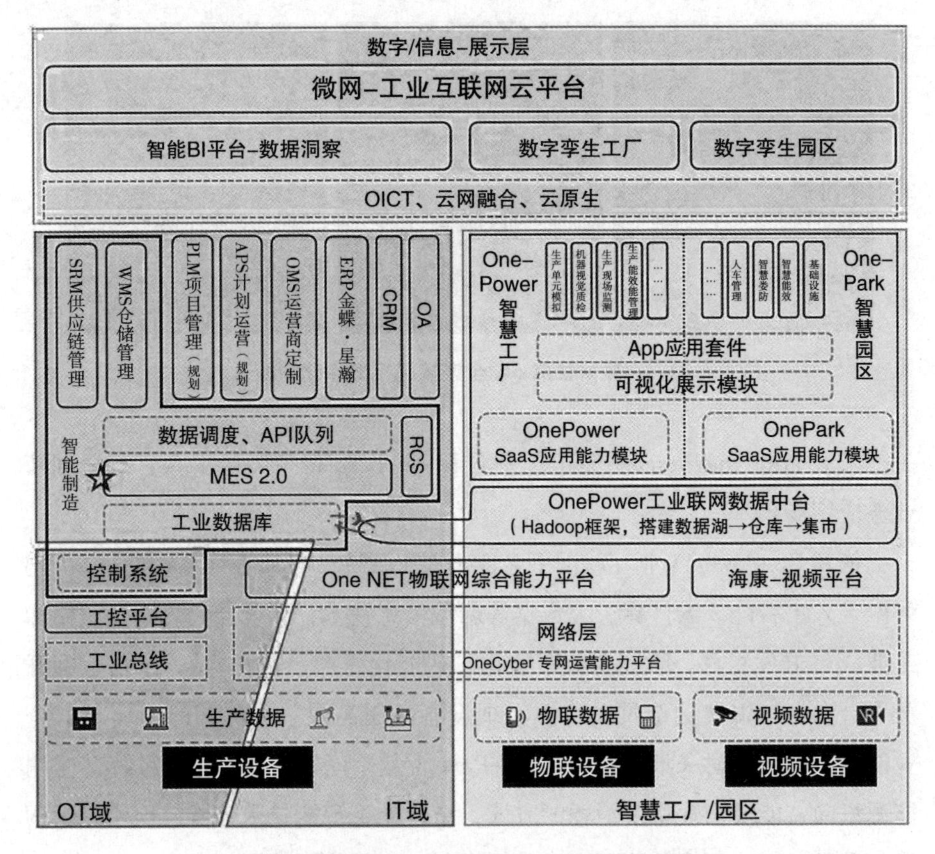

图 2　微网优联 5G 全连接工厂总体方案架构

（2）建设物联网综合能力平台和工业互联网数据中台，解决数据孤岛问题，迈出数字化转型关键一步

通过建设物联网综合能力平台和工业互联网数据中台，将各类数据资源进行整合、共享和统一管理，实现企业人员、设备、系统之间广泛连接与数据互通，打破信息孤岛，提取有价值的数据支撑企业决策和业务优化。在完成数据互通后，进一步打造数字化看板和数字孪生平台（见图 3）。基于 Unity3D 技术对园区/厂房/车间/产线等模型数据、生产数据、传感数据等进行渲染和呈现，将复杂的关键指标数据以直观、清晰的方式呈现，迈出数字化转型关键一步。

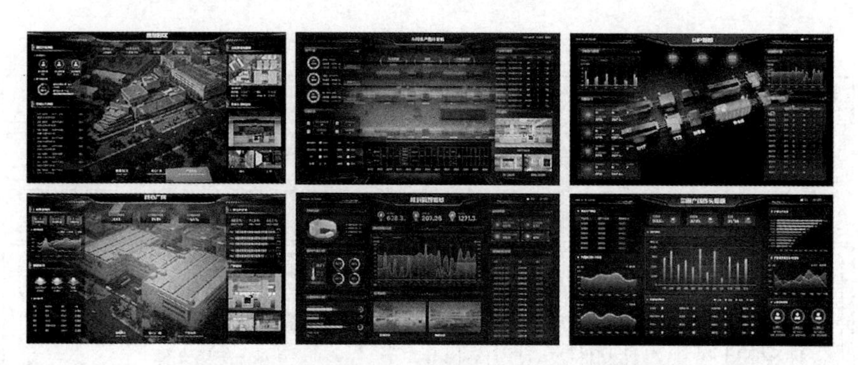

图 3　微网优联 5G 全连接工厂数字化看板

（3）依托 OnePower 智慧工厂平台和 OnePark 智慧园区平台，打造创新业务应用场景

依托 OnePower 工业互联网平台能力及 PaaS+SaaS 服务体系，通过 5G 网络融合人工智能、云计算、大数据等新型信息技术，结合低代码开发组件和工业 App 开发组件，赋能企业数字化、智能化生产。依托 OneNet 物联网开放平台和 5G+IIOT 边缘网关，在实现设备数据高效采集的同时，实现对企业能耗数据的实时采集。并通过 OnePark 智慧园区平台能效管控系统，监测能源流向、能源消耗量及消耗的方式，结合人工智能技术分析，构建能源调度、设备运行、环境监测等多维分析模型，实现能耗数据可视化、全局化管理，以数据驱动智慧节能，优化生产能效，实现节能减排，助力“双碳”目标实现。

2. 5G 在数字工厂的应用

在云网基础设施和工业 PaaS+SaaS 平台的基础上，中国移动联合微网优联共同打造了 12 项 5G 全连接工厂典型应用场景，推动 5G 进入核心生产环节，高效赋能生产运行、检测监测、仓储物流、运营管理等众多数字化应用场景。

（1）5G+柔性生产制造

产线生产设备通过 5G+IIOT 边缘网关接入 5G 专网，实现设备连接无线化，大幅降低网线布放成本，缩短生产线调整时间，并部署柔性生产制造应用，满足工厂在柔性生产制造过程中的实时控制、数据集成与互操作的需求，让生产制造柔性化，提高生产效率。

（2）5G+工艺合规校验

在关键工艺环节部署工业相机和测试机台，结合5G+AI技术完成对典型工序场景的机器视觉学习，基于样本训练建立数据模型，运用AI技术做实时比对分析检查，实现对自动插件、人工插件的漏插、误插、反插等缺陷自动识别，同时检测结果以毫秒级时延返回现场端，与自动化生产线同频联调，助力精益生产，提升产品质量。

（3）5G+设备故障诊断

基于5G+IIOT边缘网关和OneNET物联网综合能力平台，将采集到的设备状态数据、运行数据和现场视频数据交由设备故障诊断系统进行诊断和定位，实现对设备故障的快速定位、告警、运维调度，设备资产管理的线上线下结合、运维流程的线上线下闭环管理，提高维护效率，保障生产平稳运行。

（4）5G+生产现场监测

基于5G云网基础设施，结合实时数据采集、图像识别、自定义报警等技术，利用两大类15种AI监控视频分析算法，实现生产现场全方位智能化安全监测和管理，识别生产现场人员未穿静电服、现场操作行为不规范等问题，并进行抓拍记录、实时告警，提高安全生产水平，减少生产安全隐患。

3. 5G全连接工厂应用效果

生产运行环节，从“刚性生产”向“柔性制造”转型，生产效率比传统工艺提升了45%，关键设备联网率达到100%。仓储物流环节，从“传统仓储”向“智慧物流”转变，结合AGV运输、自动装箱、智能理货等智能应用，数据准确率可达100%，包装效率提高80%，进出时效提高50%，同时降低了40%人力成本。检测监测环节，从“传统管理”向“AI智能视觉”发展，产品质检准确率提升至99.5%以上，设备故障率降低25%以上。

（二）清远移动助力富盈电子5G+工业互联网智能制造

清远市富盈电子有限公司（以下简称“富盈电子”）成立于2001年3月，是一家专业从事生产、销售双面及多层线路板产品的企业，产品应用领域广泛，包含工控电子、通信电子、汽车电子、消费电子、安防电子、医疗电子等。为提升工厂生产效率，增强核心竞争力，由中国移动广东公司工业BG、中移湾区（广东）创新研究院、上海产业研究院、清远分公司共同组建联合赋能团队，与富盈电子合作启动了5G+工业互联网数字化智能制造项目，建设“5G数字工厂”，以生产过程中的产品物料数据、设备状态信息、生产工艺参数等相关数据为基础，构建从设备采购、设计、生产到销售全流程数字化的智能工厂（见图4）。

1.5G数字工厂整体情况

项目结合中国移动5G技术和OnePower平台，对全流程数据进行采集与传输，打造大数据平台，建设排单系统（APS）、生产管理系统（MES）、产品溯源系统等，通过生产过程感知式管理、设备状态预警式管理、产品质量全生命周期式管理、资源配置按需式管理等方面的场景应用，实现生产实时监测、车间可视化管控、产品全流程追溯。

APS：通过将生产订单进行分类，按每类订单需要的原材料和设备投入进行反推计算，得出全系统最优排单计划，提升整体生产效率。

MES：对生产工序进行合理编排，对生产环节进行管理，通过系统调度、跟踪、管理，提升生产效率。

智能制造系统：监控整个生产环节、生产参数，建立生产大数据，通过大数据分析，找到最佳生产方案，实现智能制造。

产品溯源系统：记录生产的每个环节，将数据进行采集编码，全程实现产品的可溯源和可追踪。

精准定位：为优化成品仓库物资管理，采用UWB作为物资定位技术。在仓库现场部署UWB定位基站，当带有定位标签的物资进入后，解算平台实时计算出物资坐标数据，并通过5G网络推送至定位平台，实现物资精准定位，解决有序摆放、及时查找、禁区禁入等问题。

能耗管理系统：采用新增智能电表和解析网关作为采集终端，通过采集终端进行电表数据采集处理后，通过4G网络将数据传输到监控中心的能耗云，快速实现设备用能监测、能耗分析、用能异常告警等功能，帮助企业实现能源优化、降低用能成本和管理成本。

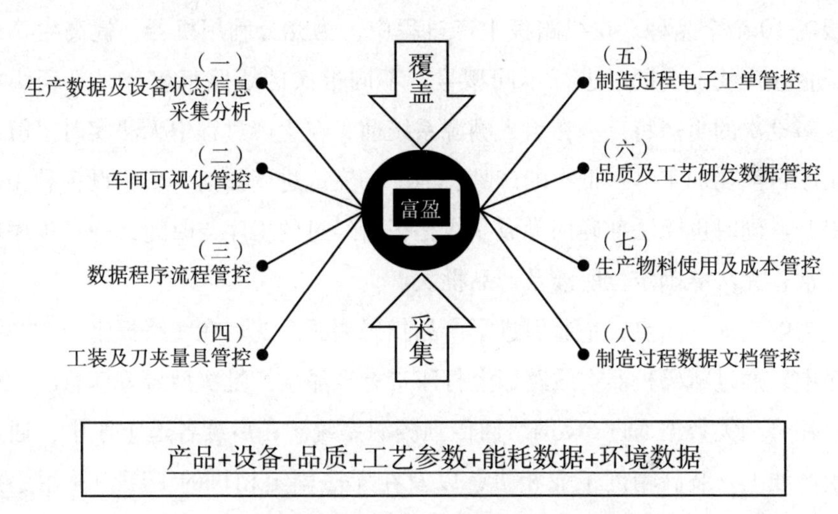

图4　中国移动助力富盈电子打造5G数字工厂

2. 5G在数字工厂的应用

实现生产全过程数字化管理，需要具备三个条件。一是解决生产设备工业协议标准不统一、不兼容的问题；二是在采集过程中需要保证重要工业数据和用户隐私信息的安全；三是为了保证生产线的高速运转和精密生产，数据采集需要准确而快速。数字工厂通过建设5G专网，实现生产现场多台生产设备数据的多重通信，厂区内移动终端（AGV、PDA等）的实时通信，以及生产网络和办公网络的隔离，为数字工厂构建了坚实的数字化底座。

（1）5G+精准定位

在仓库管理方面，工厂成品仓库没有出入库记录，无法快速定位需要出库的货品，同时货物存放空间有限，货物进出无序，调度复杂，盘点难度大，并存在占用禁止区域等情况。为优化成品仓库物资管理，在仓库现场部署 UWB 定位基站，当带有定位标签的物资进入后，实时计算出物资坐标数据，并通过 5G 网络推送至定位平台，实现货物的实时精准定位、有序摆放，方便仓库管理人员对货物进行查找，减少了管理员物资盘点的工作量。

（2）5G+溯源码应用

富盈电子生产的线路板产品种类丰富，包括 HDI 板、多层板、刚挠结合板等 10 余个品种。在线路板生产过程中，为充分利用机器、提高生产效率，企业产线上会同时进行不同型号、不同批次的线路板生产，呈现小批量、多批次的生产特点。在引入溯源系统前，在生产过程中无法实时了解某道工序目前在加工哪一批次的产品、当前的完成进度如何，影响设备利用率的提升。同时也无法准确回溯成品线路板所经过的工序与时间，一旦工序出现异常，无法准确定位所涉及产品批次。

为解决这一痛点，企业引进了产品扫码溯源系统。在线路板生产的初始工序中，通过赋码机器在线路板上打印带有产品生产批次型号等信息的二维码，并将相关数据通过 5G 网络回传到溯源系统。在后续各道工序中，通过在生产线上安装高精度工业相机，以及在无法固定相机的工序中使用手持 5G 扫码终端，完成对 PCB 板的二维码扫描，并依托 5G 网络实现高清图像即时上传，实现产品从源头到终端的生命全周期信息数据采集。引进扫码溯源系统后，企业可实时掌握各工序当前加工线路板类型和批次，合理安排生产计划，提高设备利用率，订单准时交付率由 60%提升至 87%。在工序出现异常时，快速溯源定位异常线路板批次，从此前无法定位异常转变为可秒级定位异常。

（3）5G+AGV 小车

板材仓库对板材的搬运，以往通过人工驾驶叉车进行，对板材进出批次时间等信息无法形成数字化记录，依靠人工记录难免会有错漏缺失。针对这一痛点，企业引进 AGV 无人小车，通过二维码导航自动运行进行板材搬运。每一批次的板材进出数据均通过 5G 实时上传后台管理系统，实现对板材搬运过程的有效管理。5G+AGV 小车的应用，减少了人工投入，提升了货物配送的效率。

3. 5G 数字工厂应用效果

富盈电子的5G数字工厂已取得良好效果。一是生产效率提升，TOC排单准确率提升86%以上，生产周期由约15天缩短至10天以内，订单准时交付率由60%提升至87%，月产能在原有基础上提升30%~40%，产量由每年42万平方米提升至每年52万平方米。二是库存降低，资金周转效率提高，物料资金周转率由约200%提升至310%，产品月周转率提高了3.5~4倍。三是生产能耗降低，设备水电能耗降低5%~10%。

B.18
人工智能应用场景案例研究

亿邦智库*

摘　要： 近年来，5G、大数据、人工智能（AI）、云计算等新兴技术在交通运输领域的不断应用，促进了交通运输行业的智能化发展。随着时代变迁和技术进步，铁路行业也在日新月异地发展，在跨过工业时代、电气时代、信息时代后，当前已经进入智能时代。智能时代最显著的特点是人工智能技术全面应用到铁路行业，帮助铁路集团降本增效、优化体验、提升安全，全方位提升铁路集团运营和管理能力。作为在铁路行业深耕近30年的企业，华为认为：通过打造以5G+云+人工智能为核心的数智基座，能够更好地服务于铁路智能化、数字化。

关键词： 5G　大数据　人工智能　智能化　节能减排

铁路既是国家重要的基础设施，也是国民经济运行的大动脉，对经济社会发展具有举足轻重的促进作用。截至2023年底，全国铁路营业里程突破15.9万公里，其中高速铁路4.5万公里，建成全球最大的高速铁路网络和先进的铁路网络。国铁集团《“十四五”铁路网络安全和信息化规划》提出：以推动铁路业务与数字化深度融合为主线，大力推进铁路网信治理体系和治理能力现代化，服务铁路高质量发展。数据、信息、智能控制、决策科学、秩序优化使铁路网络化数字化进程不断提速。

---

* 亿邦智库是亿邦动力网旗下的研究和咨询机构，长期为国家发展改革委、商务部等相关部委以及各地政府部门，提供电子商务、跨境电商与产业数字化政策研究服务，是目前国内电子商务政策规划的重要智囊机构之一。亿邦智库主要业务包括产业政策研究、产业地标招商运营、行业研究咨询三大核心服务，在零售电商、跨境电商、产业互联网、B2B等领域有丰硕的研究成果。

一　5G+云+人工智能驱动智能铁路时代加速到来

2024 年政府工作报告将“大力推进现代化产业体系建设，加快发展新质生产力”列为首要任务，铁路行业数智化转型势在必行、前景广阔。当下，AI 大模型蓬勃发展，人工智能在为铁路客运、货运、机务和工务等铁路业务场景提供 ICT 基础设施服务的“新”智能铁路基础设施中扮演着非常重要的角色。

智能铁路的建设，能够促进铁路行业提升运营效率、改善服务和体验、降低成本、保持竞争力、提升安全和应急管理能力。运用大数据、云计算、人工智能等技术，能够对数据和设备状态进行全面采集和感知，通过对采集信息的智慧分析和处理，实现人员、设备、环境的协同，引领铁路运行工作方式的深度变革。例如，该行业通过智能化技术，逐步实现了对列车运行速度、路径的智能检测监控，对列车的实时状态监测，以及预见性维护等功能，从而能够对列车运行状态进行自动调整，提供更加便捷和个性化的服务，提升出行体验。此外，智能技术的应用能够实现资源的合理利用和节能减排，对促进铁路行业绿色、可持续发展和技术创新、产业升级起到关键作用。

算力是数字经济时代的基础生产力，铁路系统面对的是庞大的客运货运数据，每一列疾驰的列车都在分秒不停地生产数据，每一节车厢的转向架都在不间断地反馈状态数据，如此庞大的数据生成，如果没有强大的算力基座是难以胜任先进铁路运营需求的。未来，AI 在车辆维修保养、运营调度等方面的应用仍在继续，只有进一步提升智能算力供给能力，才能满足持续增长的算力需求。

智能化也为目前铁路部门积极推进从购票到乘车全程电子化的铁路行业带来诸多便捷体验；车站自助服务终端能够让旅客购票、取票、退票等操作更加便捷；隐形的“智能列车员”系统，可实现对列车状态的实时监控和智能预警，提高列车的安全性和服务能级。新服务、新设备、新技术的实现，都与强大算力支撑的信息与通信技术（ICT）基础设施建设密不可分。

作为 ICT 基础设施和智能终端的全球领先提供商，华为在铁路行业的深耕已近 30 年，持续思考如何更好地服务铁路行业，如何利用新技术快速更换新技能，实现质量提升、效率提升。在各国纷纷发布未来铁路相关规划、强调新技术的应用、促进铁路的全面数字化的大背景下，华为认为，需要以5G+云+人工智能为核心，打造数字智能底座，这样才能更好地为铁路数字化、智能化服务。

铁路行业智能化发展是挑战也是机遇。以需求驱动 AI 赋能，铁路行业的需求是持续提升旅客的出行体验，这正是铁路智能化发展的核心之一。中国铁道科学研究院集团有限公司科信部部长史天运曾指出，为推动铁路人工智能的应用，特别研发了铁路人工智能平台，通过样本收集、算法建设，推进各个场景人工智能应用，实现了样本标注、模型训练、模型评价和模型推理，推动人工智能加速应用[①]。

二　AI 技术为解决 TFDS 图像分析问题带来了可能

铁路货运是经济发展的“晴雨表”，反映了现代经济发展的活力和实力。中国拥有载货汽车超过 1000 万辆，多年来，铁路车辆部门研制、应用和推广了一系列先进的货车安全监控设备和系统。其中，车辆故障图像智能识别[②]（以下简称 TFDS）是十分重要的系统之一，该系统利用高速相机拍摄列车底层、侧部照片，并通过图像判断部件故障。TFDS 在确保铁路货车运行安全方面发挥了积极而巨大的作用，不仅可以提高列检作业的质量和效率，还能够提高车辆安全防范水平。

1. 传统作业急需智能分析手段

作为我国路网中心和承东启西、沟通南北的重要交通枢纽，中国中铁郑

① 华为全联接大会 2023 全球铁路峰会公开发言。

② 车辆故障图像智能识别 Trouble of Moving Freight Car Detection System。

州局集团有限公司素有“中国铁路心脏”之称。郑州北车辆段位于全路运输繁忙区段，管内京广线、陇海线、京九线、焦柳线均为全路繁忙干线，列车开行密度很大。铁路货车技术状态直接影响着列车运行安全和货物运转效率，为确保铁路货车车辆运行安全，在郑州北车辆段 5T 检测车间，动态检车员需要认真查看 TFDS 设备拍摄的每一幅图片，对每一辆车每一个配件状态进行确认，通过“找不同”发现车辆故障和潜在的列车安全隐患，5T 检测车间共有检测工位 80 个，日处理货车 4 万余辆，检查图片 280 余万张，人均日处理 3. 5 万张。面对巨大的工作量和高标准质量要求，“大海捞针”式的人工查看图片发现故障的方式，给管理和作业人员都带来巨大挑战。作业人员业务技能、精神状态、图片质量等多重因素，会带来漏检漏报故障的风险，将会给车辆运行安全埋下隐患。因此，郑州北车务段急需智能分析手段，提高铁路故障发现能力，提高动态检车员的工作效率。

2. 智能技术革新组织生产方式

国铁集团机辆部货车事业部将 TFDS 故障图像智能识别项目作为国铁集团首批科研计划“揭榜挂帅”课题，指定郑州北车辆段等与华为技术有限公司、慧铁科技有限公司联合开展科研攻关，共同推进 TFDS 故障图像智能识别项目。

华为投入数十人的专业团队，其中包括 20 位算法博士和人工智能领域首席科学家，为项目推进和成果实现提供保障。郑州北车务段 5T 检测车间为提高故障识别能力和算法精准度、降低误报率，依托多年积累的历史典型故障数据，从故障分类分级、故障特征、判断方法、预警策略等方面对华为进行业务指导。

盘古铁路大模型为华为智能铁路 TFDS 解决方案提供了技术先进性的保障和支持，基于全球领先的数十亿级参数的 CV 训练模型，能够显著缩短算法训练周期，提高迭代速度和算法精确度。华为 TFDS 解决方案在盘古铁路大模型的基础上，通过对大量数据样本的深度学习，自动总结元器件特征，自动寻找故障规律，并在实际试用中不断提升分析效果，实现从整体到局部再到故障特征的全方位精准识别。该方案采用自适应增强检测算法、数据增强、图像重构、不均衡识别器等技术，针对机型多、故障类型多、样本分布不均衡、干扰因素多等问题进行全方位、精细化识别。

面对 TFDS 作业方式的变革，据该 5T 检测车间主任介绍，“一列铁路货车平均有 4000 张图片，4~5 名检车员要在 15 分钟左右完成全列作业，正常情况下每张图片只有 1~2 秒作业时间，但是这一张图片有几十个配件需要检车员去确认。人工智能技术可以提高故障发现能力和故障发现率，还可以减轻职工劳动强度，通过与各站段交流发现，大家都想借助 TFDS 智能识别实现铁路行业作业方式的变革”。通过应用华为 TFDS 解决方案，郑州北车辆段 5T 检测车间作业能力得到了显著提升，同时革新了生产组织方式，实现了信息化、智能化作业，并取得了一系列实践成果。

3. 依托智能化实现提质增效

华为 TFDS 解决方案支持 TFDS-2 面阵相机拍摄和 TFDS-3 线阵相机拍摄图片识别，可覆盖 95%车型，实现对《铁路货车运用维修规程》规定的人机分工精准识别 67 种车型的 430 多种故障，综合故障识别率大于 99.3%，并支持持续新增的故障类型研发运用。应用 TFDS 解决方案，能够实现工作效率提高 200%，通过 AI 识别，无故障画面筛除率能够达到 95%以上，车辆均报故障数量小于 4 个，人工看图工作量得到大幅减少，工作效率明显提高。此外，华为 TFDS 解决方案可实现 7×24 小时高精度不间断工作，减轻了动态检车员的人工作业压力，尤其是在不可抗力导致人员无法全员到岗的特殊情况下，仍能高效识别故障画面，确保 TFDS 检车作业正常运转。

铁路行业作为传统行业，首先要开放思想，了解前沿技术的发展，以探索变革的可能方向。智能识别作为新兴前沿技术，具有通用性的特征，但要实现传统行业与智能识别技术的有效结合，就必须满足每个行业的特定需求，不是“拿来就能用”，需要进行适应性学习和模型优化调整。所以，科学技术的发展为行业变革提供了重要支撑，但同时要真正实现行业变革仍然需要付出大量的努力。在国铁集团的领导和支持下，以及郑州北车辆段专家团队与华为、慧铁共同努力下，智能识别技术在铁路行业落地、开花、结果，为进一步解放生产力和保障本质安全探索了新途径、闯出了新路子。

三　数智化深度融合，成都动车段进入检修智能排程时代

动车段/动车所作为动车组检修站，专门负责动车组列车的检查、测试、维修和养护等工作，随着中国高铁的快速发展，动车组列车数量呈逐年上涨态势，动车检修任务日益加重，亟须通过技术升级、新技术的应用提高生产管理效率。

动车组检修系统共分为五个等级，以走行公里周期为主、时间周期为辅。其中，一到二级修统称为运用修，三到五级修统称为高级修。一级修：上线前的快速例行检查、试验和故障处理。二级修：周期性深度维护保养、检测和试验，如轮轴探伤、车轮镟修等。三级修：对转向架、牵引电机进行分解检修和功能确认。四级修：对重要系统进行分解检修。五级修：对整车进行全面分解检修和升级改造。

中国铁路成都局集团有限公司成都动车段（以下简称“成都动车段”）是西南地区最大的动车检修基地，总占地面积约 1968 亩，运用车间配置 16 线 2 列位动车组检修库，库线规模目前位居世界第一。从“双脚丈量”跨入“高速时代”，随着动车组配属及运维工作量不断攀升，风险防范、质量管控、生产效能、经营管理等方面问题在动车段日益凸显，在设施无法扩容的情况下，想要在短时间内实现检修任务翻倍，就需要向数字化、智能化要生产力，并通过 ICT 数字技术与业务场景深度融合，驱动行业智能化从“量变到质变”，实现跨越式发展。

首先，顶层架构是基础。成都动车段基于过往信息化经验，率先确立“1+6+N+1”数字化架构。以大数据平台构建“1”个数据分析系统，通过数据汇集、整合及贯通，打破数据孤岛，建立数据资产；并通过华为数字化作业平台 ISDP 贯穿“6”大业务域，支撑“N”个子业务系统建设，不断完善各项业务执行及管理；以三维可视化平台打造“1”个前端，模拟动车段生产管理全过程，实现数字孪生。

其次，平台建设是核心。动车段与传统的信息化系统建设不同，动车段

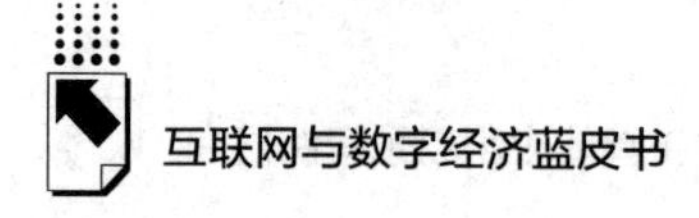

转变建设模式，搭建了智能、专业、可扩展的数字化平台“动车段数智底座”，实现了业务驱动和数据驱动，并总结出了“数智底座”需要具备六大核心能力。

①云化基础设施能力：能够按需扩展资源，降低基础设施成本，并支持广泛的服务和工具部署，满足各种业务需求。

②零代码/低代码的应用开发能力：面对灵活多变的业务需求，引入华为数字化作业平台 ISDP（Integrated Service Delivery Platform+），该平台是面向生产场景的零代码/低代码开发平台，提供全场景可视化、拖拉拽开发模式，可缩短 50%上线周期。

③作业数字化支撑能力：传统动车检修作业大量依赖人工和纸质化管理，通过华为数字化作业平台 ISDP，将检修计划、执行过程与物料体系关联，在实现安全质量双达标的同时提升约 30%生产效率。

④大数据分析能力：通过全面数据治理，构建全业务系统分层分级的数据治理体系和一站式管理平台。并建立各专业领域主题库 894 个，融合各数据至车组一张图 1065 项，与国铁、路局数据中台交互 1700 余万条，全段各车间、科室动态管理数据 462 项，形成六大专业领域管理指标 427 个。通过不断研究数据分析模型、挖掘数据价值，使能数据良性循环，促进业务提升。

⑤AI 能力：使用 APS 智能排产算法一键智能生成检修日、列计划及股道排布使用计划，并自动调派到班组，实现了数字化的转变。

⑥数字孪生能力：通过三维建模实现虚拟数据与真实物体相关联，模拟动车段生产管理关键过程，虚实同步映射，做到现场情况“理得清”。

当下，新旧动能转换在“成都动车段建设元年”迅疾起势，当前技术管理已 100%实现线上承载，高级修基本实现数字计划作业，自动派工提升 70%计划排产效率，解决了经验传承难的问题。利用人工智能算法优化生产资源配置使检修效率提升 30%；基于大数据和数字化作业能力，调整物资采购高低线值，提升 30%物料周转率，减少无效库存。通过挖掘不合格检测对象的分布规律，降低故障根因定位天级至分钟级，重点部件检修效率提升 15%。此外，以技术结构化作业为核心、以 AI 算法引擎为工具，实现

"计划生成、任务下发、物料配送、工步指引、质量卡控、记录形成"等全流程、全要素的管理，指导现场严格按标作业，在保障安全的同时提升生产效率约30%。

四 人工智能应用将成为中国智能铁路的重要组成部分

面向未来，数字化动车段的建设会持续基于数智底座、AI和大数据分析的构型管理实现合理修，并通过物料协同实现自动驾驶无人物流，构建大数据指标体系实现持续运营，数智底座让一切成为可能。"人工智能+"计划的实施，为各行业应用创新、各行业智能化转型升级提供了有力支撑，促进了人工智能技术与经济社会各领域的紧密融合，不仅提高了生产效率、激发了创新活力，还重塑了产业生态，为经济发展注入新的动力。这一系列的变化，共同构建了以人工智能为核心的创新要素，形成了更为广泛和深入的经济社会发展新形态。

建设六大现代化体系，高质量推动铁路发展，率先实现铁路现代化，勇当"火车头"，服务和支撑中国式现代化建设，是当代铁路人矢志不渝的奋斗目标和追求。随着铁路智能化、数字化建设的不断深入，智能科技的力量将在未来进一步注入，人工智能应用也将在铁路运营管理的各个角落大放异彩，将中国铁路标准更新升级为中国智能铁路标准，树立全球铁路建设的先进标杆。

参考文献

《数字技术为铁路现代化添动力》，人民铁道网，2023。

《铁路货运为国民经济发展赋能》，人民资讯，2021。

《AI新技术助力郑州货列"体检"：让铁路货车更加高效运行》，新华社，2024。

前瞻产业研究院：《中国铁路机车车辆及动车组制造行业市场需求预测与投资战略规划分析报告》，2024。

B.19
数据要素应用场景案例研究

亿邦智库*

摘　要：　随着数字化转型的深入，数据要素已成为推动各行业发展的关键力量。河钢集团利用数据要素改进供应链，支撑智能物流，指导智能生产，畅通产业融资。中农网构建农业行业数据空间，整合产业链数据资源，提供综合服务价值，构建智慧农业生态。希音以数据驱动运营管理，优化供应链和生产制造，提供个性化消费体验。索菲亚家居通过数据要素重构、创造及创生作用，实现智能制造转型。从具体的企业实践中汲取共性经验，可认为企业释放数据要素潜力的路径包括战略规划、体系搭建、资源收集、场景开发、隐私保护和人才培养等关键环节。企业可从建设数据安全合规体系、拓展数据要素应用场景、加强前沿数字化技术研发和推进数据导向的运营管理等方面发力，结合具体的应用场景充分激活数据要素价值。

关键词：　数据要素　应用场景　数字化转型　柔性制造　产融协同

习近平总书记指出，“要构建以数据为关键要素的数字经济”“做大做强数字经济，拓展经济发展新空间”，《“十四五”数字经济发展规划》将数字经济表述为继农业经济、工业经济之后的主要经济形态。数据作为新时代的关键生产要素，不仅是数字经济的核心资源和发展驱动力，而且还是价值

---

* 亿邦智库是亿邦动力网旗下的研究和咨询机构，长期为国家发展改革委、商务部等相关部委以及各地政府部门，提供电子商务、跨境电商与产业数字化政策研究服务，是目前国内电子商务政策规划的重要智囊机构之一。亿邦智库主要业务包括产业政策研究、产业地标招商运营、行业研究咨询三大核心服务，在零售电商、跨境电商、产业互联网、B2B 等领域有丰硕的研究成果。

生成的主要源泉，能够精准调配资源、促进产业革新、增强国家整体竞争力。激活数据要素价值要求加快探索数据要素应用场景。

一　数据要素具体应用场景

（一）河钢集团：数据要素赋能钢铁产业供应链新发展

河钢集团是国内第二大钢铁企业，经过多年数字化转型实践，河钢集团不断改进供应链环节数据资产的管理，积极推广先进数字化技术应用，释放数据资产潜能，为传统冶金行业高质量发展注入新活力。

1. 数据要素支撑智能物流

在物流层面，河钢集团与中兴交路基于物联网与人工智能等底层技术整合“人、车、货、企”等各方数据要素，合作打造智能物流平台，通过深度融合智能物流平台与 GIS 地图制作技术，结合地面采集与无人机勘察手段，全面测绘厂区地表环境，并基于获取的地理与地图数据进行深入分析处理，推出了路线策划与厂区引导等实用功能。

2. 数据要素指导智能生产

在生产层面，河钢集团位于唐钢新区的产销平台用宏观数据指导微观决策，于传统重工业领域内实现柔性制造。柔性制造强调生产系统对内外环境动态的快速响应能力，唐钢新区智能产销平台会收集订单信息，基于生产的成本消耗和市场价格，测算出指定品种钢材的效益，制造部门可以根据测算结果选择效益最大化的订单优先组织生产，在满足客户期望的同时实现盈利目标。

3. 数据要素畅通产业融资

在融资层面，河钢集团开发数据的信用媒介功能，以金融服务链接上下游客户，畅通全供应链资金流动。河钢集团供应链与多家金融机构建立并维持合作关系，借助核心企业的数字增信机制，确保交易数据的真实性，降低银行业务面临的风险，将信贷资源导向核心企业上下游的合作伙伴。此外，河钢集团“铁铁易融”钢贸平台将买卖双方贸易过程中的真实数据完整呈现给银行，配套销售方控货和价格追踪手段，帮助产业链上的中小型企业快速解决银行授信与融资问题。

（二）中农网：基于农业行业数据空间构建智慧农业生态

中农网基于数字技术底座，聚焦以交易为核心的供应链综合服务，推出行业内首个数据空间，深度融合成熟的数字贸易平台模式与全链条供应链管理服务能力，为农业全产业链创造“降本、增效、提质、减耗、增信”的综合服务价值。

1. 农业行业数据空间概览

行业数据空间是打通行业内数据生态系统的数据、算法和应用程序的共同市场，可以使参与主体跨企业进行数据活动。中农网与广州数据交易所联合打造农业行业数据空间，整合农业产业链上下游数据资源和政府公共数据要素，该空间依托来源广泛的庞大数据流，能够精准识别农业市场需求动态，在数据处理过程中揭示隐晦的关键信息，实现产品设计优化、农业生产提效以及企业决策支撑等功能。

2. 农业行业数据空间的技术构成

数据要素和数智技术全方位渗透于农业行业数据空间的系统组件中。在技术基底层面，该空间以区块链 Z-BaaS 平台链接各类生产、运输、服务机构，记录各环节全流程的产业链供应链数据，并将信息透明化、共享化，使交易成本大幅降低。在产融协同层面，该空间开放“信贷工厂”数字风控金融接口，辅以 B2B 在线支付和供应链票据功能，协同金融机构打造“企业级数字货币”，为经销商提供一站式产融服务。在智慧物流层面，该空间通过自研运输管理系统和仓储管理系统，有效整合产业仓运资源，提供覆盖运输、仓储、运营和结算环节的个性化物流解决方案。

3. 农业行业数据空间的应用价值

农业行业数据空间采纳“1+1+N”布局，即 1 个行业数据交互平台+1 个农业领域数据运营机制+N 个深度场景集成的数据产品，推出“AI 糖”

“甜味价格指数”“中农行情指数”“惠猪宝生猪养殖助贷”等农业数据产品，促进多个细分领域农业产业数据顺畅流通，消除政企间数据交流壁垒，进一步拓宽农业行业数据应用领域，成功激活了数据要素对产业发展的潜在驱动力量。

（三）希音：数据导向运营管理，打造国际时尚电商巨头

希音（SHEIN）以数据为驱动开展管理和技术应用实践，协调优化供应链、销售渠道、市场推广等运营工作，为全球不同地区消费者提供个性化消费体验，成功进军国际市场，迅速崛起为全球年轻人瞩目的快时尚品牌。

1. 产品设计：用数据捕捉市场需求变化

希音运用爬虫技术及 Google Trend Finder 等高效工具在时尚网站及竞品网站抓取流行趋势，精准捕捉欧美电商成熟市场的时尚需求动向，包括流行元素、热门面料和热推款式在内的市场洞察数据被传递给设计师团队，经团队评审和改造后能为产品的开发和生产提供明确指导。以数据为核心的设计策略不仅可以显著缩短产品开发周期，更能确保产品设计流程具备高度市场敏感性，使时尚单品能够迅速匹配用户偏好。

2. 组织管理：用数据增强组织市场韧性

在组织管理层面，数字化智能决策系统凭借大数据和人工智能算法动态优化组织结构、人力资源和业务流程，加速公司内部对市场变化的响应与适应，为希音参与激烈的市场竞争夯实情报基础。

3. 仓储物流：用数据优化货件运储控制

在仓储物流层面，希音的库存管理系统不仅具备可视化动态化管理功能，还与后端生产系统互通，使补货量被控制在基于库存压力数据的合理范围内，同时物流路线也经过数据分析优化，从而实现最低成本配送。

4. 生产制造：用数据实现敏捷柔性管理

在生产制造层面，希音会将自研的 IT 生产管理系统配置给每一位合作供应商，让双方均能实时可视化跟踪每个订单的每个生产环节，通过对 SKU、面料消耗情况、工厂产能饱和度等关键信息的收集与更新，实现对生

产流程的控制、调整和效率优化，该管理系统还能与供应链前端联动，将市场需求动态数据与产能调整精准对接，为“小单快返”的生产模式提供坚实支撑。

（四）索菲亚家居：数据驱动家居企业智能制造转型

索菲亚家居是中国首家A股上市的定制家居行业企业，营业收入额与总资产长期稳居行业首位，综观索菲亚从大规模定制到智能制造的数字化转型过程，数据要素始终在发挥关键的重构、创造及创生作用。

1. 数据要素的重构作用

数据要素重构，指数据要素与既有生产要素结合，重构既有要素配置格局。为适应品牌矩阵战略和制造体系升级，索菲亚重构管理机制，信息中心将数据要素配置管理设定为常态化机制，运用数据实时监控集团品牌的生产制造流程。此外，索菲亚还推进数字系统价值重构，凭借数字孪生系统将差异化订单细分为不同颜色、大小与厚度的板件，为管理者提供与实时生产进度同步的流程模拟功能和动态调整制造过程资源配置方案的调度功能，实现制造技术范式的数字化跃升。

2. 数据要素的创造作用

数据要素创造，指数据要素自身释放价值创造功能，形成场景创新或模式创新。索菲亚利用数据主导产品创新，使产品设计师的工作流程从传统的经验导向变为数据导向，设计师可以从数字系统中定位最优设计方案并根据客户实际需求调整，显著降低工作成本。同时，索菲亚还依托用户从搜寻比对到消费决策再到售后服务的全流程数字留痕，将用户的隐性知识与显性评价应用到后端智能制造环节，精准匹配个性化需求，提高服务满意度。

3. 数据要素的创生作用

数据要素创生，指数据要素基于在传统要素配置中的桥梁作用形成数据网络外部性，并利用数据要素与传统要素之间的连接网络关联企业价值链中的其他资源节点，形成数字生态系统能力。一方面，索菲亚通过挖掘直播间用户大数据得知直播间用户与线下店用户在需求细节层面存在差异，据此迅速推动制造工厂敏捷调整，形成数据要素自我强化机制，使制造流程更依赖数据要素。另一方面，索菲亚还与利益主体共创价值，通过向电商平台开放制造端数据使平台能更精准地把握产业动态和发展趋势，电商平台又反馈自身捕捉到的目标客群需求，双方基于数据要素的链接互利共生。

二　数据要素开发路径分析

企业释放数据要素潜力的路径包括以下主要环节：战略规划、体系搭建、资源收集、场景开发、隐私保护、人才培养。其中的每个步骤，企业都需要关注细节，确保数据要素的应用切实带来价值增量，同时还需要保持开放创新的态度，不断探索数据要素应用的新方法、新模式。

1. 战略规划

企业要全面自我审视，明确现存痛点、短板以及应用数据要素的具体目标和期望效果。在此基础上，制定符合业务特点与市场需求实际情况的数据战略，该战略应与企业整体战略相协调，确保数据工作能够紧密围绕企业的业务发展目标展开。数据战略应涵盖数据收集、储存、处理、分析和应用等各个环节，形成一套完整的数据管理体系。

2. 体系搭建

为确保数据安全、合规和高效利用，企业应建立并完善数据分级分类清单，按照国家相关规范文件对数据进行科学区分和管理。此外，还需搭建一系列配套管理制度，涉及激励、惩罚、审批、监督等数据活动相关内容，确保数据工作的规范化和制度化，提升企业数据管理效率和质量。

3. 资源收集

企业应通过多种渠道广泛收集数据资源，包括内部业务数据、外部市场数据、用户行为数据以及公共数据等。在收集过程中，企业需严格遵守相关法律法规，确保数据的合法性和合规性。同时，利用大数据、物联网等先进技术实现数据的实时采集和动态更新，以便企业能够及时获取最新的市场信息，洞察用户需求变化，为决策提供有力支持。

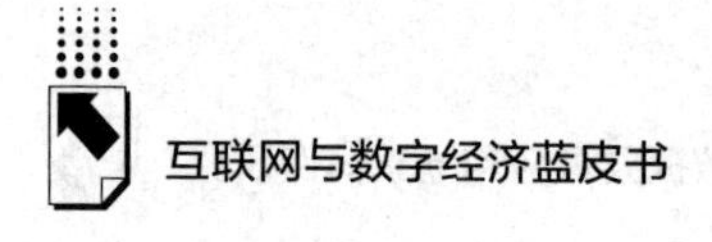

4. 场景开发

数据要素的价值在于其应用场景的广泛性和深度。因此，企业应深入挖掘数据价值，不断开发数据要素潜在的应用场景。一方面，为了从海量数据中提取有价值的信息，提升数据处理能力是关键，包括数据清洗、整合、分析和可视化等操作。另一方面，企业需结合管理运营实践和业务实践，通过内部调研、专家建议和用户意见等多种渠道获取反馈，发现现有模式的痛点，并尝试通过数据要素的应用解决这些痛点。在这个过程中，人工智能技术可以帮助提升数据分析工作效率与精度，为应用场景开发提供有力支持。

5. 隐私保护

只有在隐私和安全得到保障的前提下，数据的价值才能被最大化释放。企业应严格遵守相关法律法规，加强数据安全管理，确保用户隐私不被泄露。同时，建立完善的数据安全保护机制，包括数据加密、访问控制、安全审计等措施，以防止数据被非法获取或滥用。此外，企业还应加强对员工的数据安全教育和培训，提高员工的数据安全意识和防范能力。

6. 人才培养

人才是企业深挖数据要素潜力的核心力量，企业应高度重视数据人才团队的培养与建设。具体而言，一方面，需通过内部系统培训、外部广泛交流等途径，不断提升现有员工的数据素养与业务能力，夯实人才基础；另一方面，应积极引进具备丰富经验与精湛技能的数据人才，为企业的数据工作注入新鲜血液与强大动力。同时，还需建立健全的激励机制与公正的晋升通道，充分激发数据人才的创新潜能与工作热情，推动企业在数据领域取得更多显著突破与丰硕成果。

三　数据要素应用实践建议

1. 建设数据安全合规体系

企业需设立专门负责数据安全合规的组织架构，明确权责关系。加强对数据的安全管理，严格规范数据流动与共享行为，定期开展全面数据安全评估工作。在与行业主管要求相符的前提下，实施本企业特有的数据分类制度，以此为基石，创设精准化的数据确权与授权体系，进而与企业级访问控制系统无缝对接，形成高效的数据授权管理平台。

2. 拓展数据要素应用场景

企业应深化产业链合作，与上下游企业共同构建数据共享机制，通过跨界融合探索数据的多场景应用和多主体复用，创造多样化价值增量，实现数据资源的互利共赢，推动产业协同发展。同时，关注新兴领域，如智慧城市、智能交通等，将数据要素融入其中，拓展应用边界，延长价值链条。

3. 加强前沿数字化技术研发

企业需加大在大数据、人工智能等关键技术的研发投入，培养和引进专业人才，组建专业的数据处理团队。同时，应优化数据处理算法，提高分析准确性，从巨量数据中筛选出有价值的信息。此外，积极探索数据与云计算、物联网等其他数字化技术的融合应用，拓宽产学研深度结合的可能性边界。

4. 积极推进数据导向的运营管理

全面的数字化转型要求企业在管理理念和组织结构上针对数据导向的趋势进行相应调整，将数据作为决策的重要依据，推动管理决策从经验驱动转向数据驱动。在制度架构上，应着力构建一套完备的数据治理体系，规范数据利用流程，确保数据准确无误、安全可控。同时，需建立数据驱动型的正向激励机制，激发员工对数据分析与应用工作的积极性，塑造全员深度参与数据管理的积极氛围。

参考文献

杜雨轩、胡左浩：《数字化驱动加速国际化之道：以 SHEIN 为例》，《清华管理评论》2024 年第 Z1 期。

谢康、胡杨颂、刘意、罗婷予：《数据要素驱动企业高质量数字化转型——索菲亚智能制造纵向案例研究》，《管理评论》2023 年第 2 期。

附　录

2022~2023年互联网与数字经济大事记*

2022年

1月1日　全国12315移动工作平台正式上线。

1月4日　中国人民银行发布《金融科技发展规划（2022—2025年）》。

1月12日　国务院印发《“十四五”数字经济发展规划》，明确了“十四五”时期推动数字经济健康发展的指导思想、基本原则、发展目标、重点任务和保障措施。

1月16日　《求是》杂志将发表中共中央总书记、国家主席、中央军委主席习近平的重要文章《不断做强做优做大我国数字经济》。

1月19日　国家发展改革委等九部门联合发布了《关于推动平台经济规范健康持续发展的若干意见》。

1月21日　MIT科技评论发布《2021中国数字经济时代AI生态白皮书》。

1月25日　工业和信息化部“互联网应用适老化及无障碍改造专项行动”首批通过适老化及无障碍水平评测名单发布。

1月25日　中国电信宣布其5G消息服务正式商用，标志着5G技术在通信领域的进一步应用和推广。

---

* 由周烁、何毅整理。周烁，博士，北京信息科技大学副教授，主要研究方向为数字经济；何毅，博士，中央财经大学中国互联网经济研究院副院长、副研究员，主要研究方向为数字经济。

1月26日 中央网信办、农业农村部、国家发展改革委等部门联合印发《数字乡村发展行动计划（2022—2025年）》。

2月1日 《福建省大数据发展条例》正式施行。

2月7日 交通运输部等八部门联合发布《关于加强网络预约出租汽车行业事前事中事后全链条联合监管有关工作的通知》。

2月8日 中国人民银行、市场监管总局、银保监会、证监会发布《金融标准化“十四五”发展规划》。

2月9日 山东省人民政府发布《山东省公共数据开放办法》。

2月15日 新修订的《网络安全审查办法》正式实施。

2月17日 “东数西算”工程正式全面启动。

2月23日 国家网信办公布《互联网信息服务深度合成管理规定（征求意见稿）》，对深度合成内容的用途、标记、使用范围以及滥用处罚作出具体规定。

2月28日 国新办就促进工业和信息化平稳运行和提质升级有关情况举行发布会。据工业和信息化部相关负责人介绍，目前我国5G网络已经覆盖全国所有地市一级和所有县城城区、87%的乡镇镇区，覆盖面在全球领先。

3月1日 国家互联网信息办公室等四部门联合发布的《互联网信息服务算法推荐管理规定》正式施行。

3月2日 中央网信办、教育部、工业和信息化部、人力资源社会保障部联合印发《2022年提升全民数字素养与技能工作要点》。

3月5日 2022年政府工作报告发布，国务院将强化网络安全、数据安全和个人信息保护。促进数字经济发展。加强数字中国建设整体布局。

3月7日 河南省大数据管理局发布《河南省数据条例（草案）（征求意见稿）》。

3月14日 国家网信办就《未成年人网络保护条例（征求意见稿）》再次征求意见。

3月17日 国新办举行2022年“清朗”系列专项行动新闻发布会，确定十大重点任务。

3月23~24日 中关村互联网金融研究院发布《中国金融科技和数字普惠金融发展报告（2022）》。

4月2日 数字人民币试点范围再次扩大。

4月13日 工业和信息化部发布《关于印发〈工业互联网专项工作组2022年工作计划〉的通知》。

4月19日 中共中央总书记、国家主席、中央军委主席、中央全面深化改革委员会主任习近平主持召开中央全面深化改革委员会第二十五次会议，审议通过了《关于加强数字政府建设的指导意见》。

4月20日 中央网信办、农业农村部、国家发展改革委、工业和信息化部、国家乡村振兴局联合印发《2022年数字乡村发展工作要点》。

4月26日 中国电信、中国联通全球率先在深圳、杭州、郑州、天津等城市开通基于双方共建共享5G网络并实现互联互通的5G新通话超清视频语音通话服务。

5月16日 国际电信联盟无线电通信第四研究组第二工作组第51次全体会议上发布《IMT-2020卫星无线电接口愿景与需求报告书》，标志着5G卫星国际标准化工作方面取得了重大突破。

5月18日 全国政协召开“推动数字经济持续健康发展”专题协商会。

5月25日 最高人民法院发布《最高人民法院关于加强区块链司法应用的意见》。

5月26日 贵阳成功举办2022线上数博会，举办了8场数谷论坛、8场数博发布，发布科技成果55项、理论成果7项，线上参展企业160家。

5月30日 北京市经济和信息化局发布《北京市数字经济全产业链开放发展行动方案》。

6月5日 国家市场监督管理总局、国家互联网信息办公室发布《关于开展数据安全管理认证工作的公告》，并公布《数据安全管理认证实施规则》。

6月16日 主题为“数字赋能，智享未来——创新驱动经济社会高质量发展”的2022西部数字经济博览会开幕。

6月22日 黑龙江省人民政府印发《黑龙江省产业振兴行动计划（2022—2026年）》。

6月23日 生态环境部印发《生态环境部贯彻落实扎实稳住经济一揽子政策措施实施细则》，明确生态环境领域支撑经济平稳运行五项重点举措。

6月27日 金砖国家（BRICS）领导人第十四次会晤达成《金砖国家数字经济伙伴关系框架》。

6月27日 国家互联网信息办公室发布《互联网用户账号信息管理规定》，自8月1日起施行。

7月7~9日 2022中国数字经济创新发展大会在广东省汕头市开幕。

7月11日 国务院同意建立由国家发展改革委牵头的数字经济发展部际联席会议制度。

7月12日 世界互联网大会成立大会在京举行。

7月23日 第五届数字中国建设峰会在福州开幕，同时发布《数字中国发展报告（2021年）》。

7月28~30日 2022全球数字经济大会在北京国家会议中心举办。

7月29日 中国信息通信研究院发布《中国数字经济发展研究报告（2022年）》。

8月1日 《中华人民共和国反垄断法》《互联网用户账号信息管理规定》《移动互联网应用程序信息服务管理规定》正式施行。

8月8日 中央网信办、农业农村部、工业和信息化部、市场监管总局发布《数字乡村标准体系建设指南》。

8月13日 北京市经济和信息化局发布《北京市促进数字人产业创新发展行动计划（2022—2025年）》，这是国内首个数字人产业专项支持政策。

8月16日 2022智能视听大会以“虚实共生 数字新未来”为主题，在山东省青岛市成功举办。

8月18日 根据《数字经济伙伴关系协定》（DEPA）联合委员会的决定，中国加入DEPA工作组正式成立，全面推进中国加入DEPA的谈判。

8月20日 2022中国数字经济产业大会在江西省上饶市开幕。

8月31日 国家互联网信息办公室发布《数据出境安全评估申报指南（第一版）》。

9月1日 《数据出境安全评估办法》开始施行。

9月2~4日 2022世界数字经济大会暨第十二届智慧城市与智能经济博览会在宁波举行。

9月6日 2022智能经济高峰论坛在北京举行，本次论坛的主题为“智能经济助推实体经济高质量发展”。

9月10日 打击网络侵权盗版“剑网2022”专项行动启动，这是全国连续开展的第18次打击网络侵权盗版专项行动。

9月16日 第五届中国—东盟信息港论坛在广西南宁举行。本届论坛以“共建数字丝路共享数字未来”为主题。

9月18日 在2022中国—东盟卫星应用产业合作论坛上，全球首款“北斗量子手机”发布。

9月19日 中国气象局印发《气象数据开放共享实施细则（试行）》。

9月28日 民政部发布《民政部贯彻落实〈国务院关于加强数字政府建设的指导意见〉的实施方案》。

9月28日 人力资源和社会保障部正式发布《中华人民共和国职业分类大典（2022年版）》，首次标识了97个数字职业。

9月30日 《互联网弹窗信息推送服务管理规定》正式施行。

10月13日 工业和信息化部与零壹智库一同发布2022年中国数字经济发展指数报告。

10月16~22日 中国共产党第二十次全国代表大会在北京召开。党的二十大报告提出，加快建设网络强国、数字中国。推动战略性新兴产业融合集群发展，构建新一代信息技术、人工智能等一批新的增长引擎。

10月24日 瑞士洛桑国际管理发展学院发布的2022年IMD世界数字

竞争力排名显示，中国在世界排名第17，见证了中国数字竞争力奇迹。

10月26日 国家标准GB/T42021-2022《工业互联网总体网络架构》发布，这是我国工业互联网领域发布的首个国家标准。

10月28日 国务院关于数字经济发展情况的报告提请十三届全国人大常委会第三十七次会议审议。

11月3日 国家互联网信息办公室、工业和信息化部、公安部联合发布《互联网信息服务深度合成管理规定》，自2023年1月10日起施行。

11月3日 工业和信息化部办公厅发布《中小企业数字化转型指南》。

11月7日 国务院新闻办公室发布《携手构建网络空间命运共同体》白皮书。白皮书介绍，截至2021年，中国数字经济规模达到45.5万亿元，占国内生产总值比重为39.8%，连续多年位居全球第二。

11月8日 2022中小企业数字经济全球论坛在沈阳举办。

11月9日 2022年世界互联网大会乌镇峰会在浙江嘉兴的乌镇开幕，峰会以“共建网络世界 共创数字未来——携手构建网络空间命运共同体”为主题，是世界互联网大会国际组织成立后的首届年会。

11月9日 《中国互联网发展报告2022》和《世界互联网发展报告2022》蓝皮书在2022年世界互联网大会乌镇峰会上发布。

11月13日 埃森哲发布2022中国企业数字化转型指数。

11月16日 在2022中国国际数字经济博览会上，中国电子信息产业发展研究院发布《2022中国数字经济发展研究报告》。

11月16~18日 2022中国国际数字经济博览会在石家庄举办。

11月22~23日 亚太经合组织数字能力建设研讨会在江苏省扬州市举办。

11月24日 “2022天府数字经济峰会”在成都举行。

12月8日 全国计算机领域规模最大、规格最高的年度盛会2022中国计算机大会在线上开幕。大会以“算力、数据、生态”为主题。

12月8~10日 2021年世界智能制造大会在南京举办。大会以“数字化转型、智能化引领”为主题。

12月9日 中国信息通信研究院发布《全球数字经济白皮书（2022年）》。

12月10日 国家工业信息安全发展研究中心发布《城市数字经济发展态势研究报告》。

12月11日 首届全球数字贸易博览会在浙江杭州开幕，主题为“数字贸易 商通全球”，这是国内唯一以数字贸易为主题的国家级、全球性的专业博览会。

12月14日 工业和信息化部、国家互联网信息办公室联合印发《关于进一步规范移动智能终端应用软件预置行为的通告》。

12月19日 《中共中央 国务院关于构建数据基础制度更好发挥数据要素作用的意见》对外发布。

12月22日 首届粤港澳大湾区服务贸易大会在珠海开幕，大会以“服务数字化策源地 贸易数字化领航区”为主题。

12月28~30日 “2022中国上市公司高峰论坛”在泉州晋江举行。论坛以“数智共生 畅想未来”为主题。

2023年

1月1日 《数据安全法》《个人信息保护法》等重要法律法规正式施行，标志着我国数据治理体系步入新阶段。

1月10日 国家发展改革委等九部门联合印发《关于推动平台经济规范健康持续发展的若干意见》，引导平台经济健康发展。

1月14日 工业和信息化部、国家网信办等十六部门联合发布《关于促进数据安全产业发展的指导意见》。

1月16日 工业和信息化部、国家网信办、国家发展改革委等十六部门印发《关于促进数据安全产业发展的指导意见》。

1月20日 国家统计局发布《2022年全国互联网和相关服务业运行情况》，展示互联网行业年度运行数据。

1月25日 中国人民银行数字货币研究所与京东集团合作，推动数字人民币在电商平台的应用。

1月30日 中国信息通信研究院发布《中国5G发展和经济社会影响白皮书（2023）》，阐述5G对经济社会的深远影响。

1月31日 《无锡市车联网发展促进条例》正式公布，自2023年3月1日起施行，这是国内首部推动车联网发展的地方性法规。

2月1日 国家互联网信息办公室、工业和信息化部、公安部联合发布的《互联网信息服务深度合成管理规定》正式施行。

2月3日 工业和信息化部、教育部、公安部等十七部门联合印发《“机器人+”应用行动实施方案》。

2月6日 工业和信息化部发布《关于电信设备进网许可制度若干改革举措的通告》。

2月10日 中国工程院发布《中国区块链技术与应用发展报告（2023）》，详述区块链技术最新进展与应用场景。

2月24日 国家互联网信息办公室公布《个人信息出境标准合同办法》，自6月1日起施行，规定通过标准合同向境外提供个人信息应满足特定条件。

2月25日 国家互联网应急中心发布《中国互联网网络安全报告（2022）》。

2月25日 全国首个工业数据交易专区——北京国际大数据交易所工业数据专区上线。

2月26日 全国首个人工智能公共算力平台在上海正式投用。

2月27日 中共中央、国务院印发《数字中国建设整体布局规划》。

3月1日 《中国数字乡村发展报告（2022年）》正式发布。

3月1日 国家市场监督管理总局发布《网络交易监督管理办法》。

3月2日 中国互联网络信息中心（CNNIC）在京发布第51次《中国互联网络发展状况统计报告》。

3月10日 中国科学院发布《中国人工智能产业发展报告》。

3月15日 工业和信息化部召开“全国工业互联网平台建设与应用

大会”。

3月16日 中共中央、国务院印发《党和国家机构改革方案》，方案明确国家数据局负责协调推进数据基础制度建设，统筹数据资源整合共享和开发利用，为中国数字经济健康发展提供有力支撑。

3月16日 国务院新闻办公室发布《新时代的中国网络法治建设》白皮书。

3月16日 百度正式发布AI大模型文心一言。

3月20日 国家知识产权局办公室发布《关于印发〈数字经济核心产业分类与国际专利分类参照关系表（2023）〉的通知》。

3月25日 国家统计局发布《2022年中国数字经济规模统计报告》。

3月28日 国家能源局印发《关于加快推进能源数字化智能化发展的若干意见》。

4月10日 中国信息通信研究院发布《云计算发展白皮书（2023）》。

4月15日 工业和信息化部公示首批“数字领航”企业名单，表彰在数字化转型中取得突出成绩的企业。

4月18日 工业和信息化部发布《数字基础设施建设指导意见》。

4月20日 中国工程院发布《中国区块链技术与应用发展报告（2023）》。

4月23日 工业和信息化部、中央网信办、国家发展改革委等8部门联合印发《关于推进IPv6技术演进和应用创新发展的实施意见》。

4月27日 第六届数字中国建设峰会在福建省福州市开幕，国家互联网信息办公室对外发布了《数字中国发展报告（2022年）》。

4月28日 中共中央政治局召开会议，分析研究当前经济形势和经济工作。会议指出，要重视通用人工智能发展，营造创新生态，重视防范风险。

5月6日 国家互联网信息办公室发布《互联网信息服务算法推荐管理规定》。

5月15日 中国信息通信研究院发布《中国数字经济发展与就业白皮书（2023）》。

5月20日　国家超算天津中心发布天河百亿亿级智能计算开放创新平台和国产中文大模型——天河天元。

5月23日　国家市场监督管理总局（国家标准化管理委员会）发布公告，批准《工业互联网平台选型要求》、《工业互联网平台　微服务参考框架》和《工业互联网平台　开放应用编程接口功能要求》3项工业互联网平台领域国家标准正式发布。

5月26日　2023中国国际大数据产业博览会在贵阳市拉开帷幕，会上评审了20项“领先科技成果奖”和51项“优秀科技成果”。

6月1日　《区块链和分布式记账技术　参考架构》国家标准正式发布。

6月8日　全球数字经济大会新加坡分会场——数字经济高峰论坛，在新加坡举行。

6月10日　中国信息通信研究院发布《中国互联网发展报告（2023）》。

6月13日　财政部、工业和信息化部联合印发《关于开展中小企业数字化转型城市试点工作的通知》。

6月25日　中国科学院发布《中国人工智能技术路线图2.0》。

6月27日　中国民用航空局发布《关于落实数字中国建设总体部署加快推动智慧民航建设发展的指导意见》。

6月30日　国家发展改革委等部门联合发布《全国一体化大数据中心协同创新体系算力枢纽实施方案》，布局全国算力网络。

7月1日　国家发展改革委、网信办联合启动“数字乡村建设行动”，旨在缩小城乡数字鸿沟，推动乡村振兴战略实施。

7月2日　“2023全球数字经济大会人工智能高峰论坛”在京举办，此次论坛以“智能涌现，重塑未来”为主题。

7月4日　中国数字经济发展和治理学术年会（2023）在京拉开帷幕。此次会议以2023全球数字经济大会为依托，汇聚海内外顶尖专家学者和智库机构，打造中国数字经济学术研究领域的顶级盛会，共谋中国数字经济发展和治理的新篇章。

7月6日 2023全球数字经济大会互联网3.0高峰论坛在国家会议中心举办。

7月7日 2023全球数字经济大会“数字经济全球治理”论坛在北京召开。由372位学者、专业人士和从业者共同撰写的《数字经济生态全球治理北京宣言2023》发布。

7月18日 中国互联网协会发布《中国互联网发展报告（2023）》。

8月1日 财政部发布了《企业数据资源相关会计处理暂行规定》，该规定自2024年1月1日起施行。

8月15日 上海市人民政府办公厅印发了《立足数字经济新赛道推动数据要素产业创新发展行动方案（2023—2025年）》。

8月16日 由工业和信息化部、广东省人民政府共同主办的“2023中国数字经济创新发展大会”在广东省汕头市召开。

8月21日 财政部制定印发《企业数据资源相关会计处理暂行规定》，自2024年1月1日起施行。

8月31日 工业和信息化部电子第五研究所发布《中国数字经济发展指数报告（2023）》。

9月2日 2023年中国国际服务贸易交易会全球服务贸易峰会在北京国家会议中心举行。

9月3日 工业和信息化部发布《工业互联网创新发展行动计划（2023—2025年）》。

9月4~6日 2023中国国际智能产业博览会在重庆国际博览中心举办。

9月6日 中国国际数字经济博览会在石家庄（正定）国际会展中心举行。

9月10日 北京大学发布《中国数字经济发展研究报告》。

9月15日 中欧班列国际合作论坛在江苏省连云港市成功举办。

9月20日 交通运输部印发《关于推进公路数字化转型 加快智慧公路建设发展的意见》。

9月23日 中共中央总书记、国家主席、中央军委主席习近平就推进新型工业化作出重要指示，引领新一轮科技革命和产业变革，把高质量发展的要求贯穿新型工业化全过程，把建设制造强国同发展数字经济、产业信息化等有机结合，为中国式现代化构筑强大物质技术基础。

9月26日　腾讯云与智慧产业事业群发布《2023数字经济高质量发展报告》。

10月3日　国务院印发《国家标准化发展纲要》，强调加快数字技术等领域标准体系建设，支撑数字经济高质量发展。

10月8日　工业和信息化部、中央网络安全和信息化委员会办公室、教育部、国家卫生健康委员会、中国人民银行、国务院国有资产监督管理委员会发布《算力基础设施高质量发展行动计划》。

10月10日　中国移动与华为合作完成全球首个5G-Advanced端到端切片商用验证，提升5G网络能力以满足多样化行业需求。

10月11日　国务院印发《关于推进普惠金融高质量发展的实施意见》。

10月15日　中国社科院发布《中国数字社会指数报告》。

10月18日　《全球人工智能治理倡议》在第三届“一带一路”国际合作高峰论坛开幕式上发布。

10月18日　2023全球工业互联网大会在沈阳开幕。本次大会以“赋能新型工业化·打造新质生产力”为主题。

10月23日　国家版权局发布《数字版权保护技术发展白皮书》，总结国内外数字版权保护技术现状与趋势。

10月24日　国务院公布《未成年人网络保护条例》，自2024年1月1日起施行。

10月25日　国家数据局正式揭牌。国家数据局负责协调推进数据基础制度建设，统筹数据资源整合共享和开发利用，统筹推进数字中国、数字经济、数字社会规划和建设等，由国家发展和改革委员会管理。

10月29日　中国工业互联网研究院发布《全国中小企业数字化转型发展报告（2023年）》。

11月1日　中国、美国、英国等28个与会国在布莱切利举办的首届全球人工智能（AI）安全峰会上签署了《布莱切利宣言》。

11 月 8~10 日 2023 年世界互联网大会在乌镇举办。《中国互联网发展报告 2023》和《世界互联网发展报告 2023》蓝皮书发布。

11 月 17 日 中国人民银行、国家外汇管理局发布《关于提升银行办理资本项目业务数字化服务水平的通知》。

11 月 20 日 北京大学发布《中国区块链产业发展白皮书》。

11 月 23 日 第二届全球数字贸易博览会在杭州国际博览中心举办。本届数贸会以“数字贸易、商通全球”为主题。

11 月 25 日 2023 全球数商大会在上海盛大开幕，以“数联全球、商通未来”为主题。

11 月 26 日 国务院印发《全面对接国际高标准经贸规则推进中国（上海）自由贸易试验区高水平制度型开放总体方案》。

12 月 1 日 国家网信办公布《互联网信息服务算法备案管理办法》，要求相关企业对算法服务进行强制性备案。

12 月 8 日 国家知识产权局发布《中国知识产权发展报告（2023）》，指出数字技术专利申请量持续攀升。

12 月 8 日 第二届数字政府建设峰会暨“数字湾区”发展论坛在广州开幕。

12 月 20 日 中国科学院发布《中国人工智能发展报告 2023》。

12 月 23 日 工业和信息化部启动“工业互联网+安全生产”行动计划，推广数字化技术在安全生产中的应用。

12 月 24 日 由中国经济体制改革研究会、中国电子、郑州市人民政府、中国经济改革研究基金会联合主办的中国“数据要素×”生态大会在郑州召开。

12 月 27 日 “新要素 新资产 新发展——数据资产价值共创主题论坛”在贵阳国际生态会议中心成功召开。

12 月 31 日 国家数据局等 17 部门联合印发《“数据要素×”三年行动计划（2024—2026 年）》。

Abstract

The Report on the Development of China's Internet and Digital Economy (2024) is an annual report on the development of digital technology, digital economy and platform economy, compiled by the China Center for Internet Economy Research, School of Economics of the Central University of Finance and Economics, and China Mobile Research Institute (China Mobile Think Tank). The report is divided into seven parts: general report, theoretical hot spots, infrastructure, industrial digitalization, digital industrialization, scenarios and cases, and appendices, which comprehensively analyzes the development of China's digital economy, summarizes the development characteristics, analyzes existing problems, studies and judges development trends, and puts forward development suggestions. The sub-report basically follows the logic of writing the development situation-existing problems-development suggestions, and tries to summarize and summarize the development of this field in 2022–2023, and make judgments and suggestions for future development.

The digital economy is a new economic form that can create value in both the physical world and the digital space by taking data elements as the key element, the digital platform and its ecology as the main carrier, and achieving efficient connection through digitalization and intelligence. The development of the digital economy has entered a new stage driven by digital technology and data elements, and data as a new factor of production has been rapidly integrated into production, distribution, circulation, consumption and social service management, and the rapid development of digital technology represented by artificial intelligence has profoundly changed the economic and social operation mode. Activate the potential of data elements, promote digital industrialization and industrial digitization with data as the key element, promote the deep integration of digital technology and the real economy, and the deep integration of the real economy and the digital economy, make the digital economy stronger, better and bigger, expand new space for economic development, enhance new momentum for economic development, and build new national competitive advantages.

This report constructs a measurement index system for the development of the Internet and the digital economy, including four dimensions: digital supply, digital demand, digital circulation and digital support, and designs the digital supply index, digital demand index, digital circulation index and digital support index of the Internet and the digital economy, which comprehensively reflects the development of the Internet and the digital economy. According to the measurement in the report, in 2022, there are 7 provinces, whose digital economy index exceeded the national average, and they are considered as the leading provinces. Guangdong, Beijing, Shanghai and other 6 provinces with the highest digital economy supply index in China. Guangdong, Shanghai, Beijing and other 5 provinces that have performed well in terms of digital economy demand. Guangdong, Zhejiang, Jiangsu and other 4 provinces that have performed well in terms of digital economy circulation. The support index of Beijing Shanghai, Hebei and other 8 provinces and autonomous regions is higher than the national average.

The development of the Internet and the digital economy will help accelerate the formation of new quality productivity, the data element market will further develop, Internet enterprises will enter the stage of international development, and the platform economy will become a key area of innovation in the Internet and digital economy. At present, the Chinese government is understanding and promoting the high-quality development of the digital economy from an overall perspective, and continuously optimizing the environment for the development of the digital economy. This report suggests that we should promote the deep integration and development of digital technology and the real economy, improve the level of openness in the field of the Internet and the digital economy, accelerate the construction of a national integrated technology and data market, and promote the healthy development of China's Internet platform economy.

Keywords: Digital Economy; Real Economy; Digital Infrastructure; Digital Industrialization; Industrial Digitalization

Contents

I General Report

B.1 The Development and Perspective of Chinese Internet Economy in 2023 *China Center for Internet Economy Research, Central University of Finance and Economics* / 001

Abstract: This report first summarizes the main achievements in the development of China's internet and digital economy in 2023. It constructs an indicator system for the development of the internet and digital economy based on four dimensions: digital supply, digital demand, digital circulation, and digital support. On this basis, it specifically measures the development level of the digital economy in 31 provinces of China in 2022, and gives the development trend of the internet and digital economy in various provinces in 2023. The report points out that China's internet and digital economy will help accelerate the formation of new productive forces, further develop the data factor market, enable internet companies to enter the stage of internationalization, and make platform economy a key area of innovation. Finally, the report puts forward targeted policy recommendations in four aspects: promoting the deep integration of digital technology and the real economy, improving China's openness in the field of internet and digital economy, strengthening the construction of China's data factor and data service market, and promoting the healthy development of China's platform economy.

Keywords: Internet and Digital Economy; Indicator System; Platform Economy; Data Factor; Public Services

Ⅱ Theoretical hotspots Reports

B.2 The Establishment of a Data-centric Digital Economy

Lu Fucai, *Wang Yuchen* / 027

Abstract: As the economic paradigm shifts from "Internet +" to "Data Element ×" data elements, as a nascent production factor, are playing an increasingly pivotal role in the digital economy. The "Data Element × Three-Year Action Plan (2024–2026)" published by the National Data Bureau in December 2023 emphasizes the imperative to harness the multiplier effect of data elements, to unlock their latent potential, and to construct a digital economy where data serves as a critical production factor. Accordingly, facilitating the integration of data elements into the economic system to generate multiplier effects can substantially enhance the efficiency of economic production and operations, open new avenues for economic development, and cultivate fresh impetuses for economic growth. Nonetheless, the convergence of data and reality is currently at a nascent stage, and the value of data elements remains underexploited, indicating that the journey to establish a digital economy predicated on data as a fundamental production factor is fraught with challenges. This endeavor necessitates not only elevating the supply level and circulation efficiency of data elements and developing a robust market for them, enriched with diverse application scenarios for high-level utilization but also strengthening the cultivation of digital talent, promoting practical application through competitive initiatives, enhancing data security measures, and refining the governance system of data elements. Such comprehensive measures are crucial to safeguard and promote the construction of a sustainable digital economy in China.

Keywords: Data Factor; Digital Economy; Multiplier Effect; Integration of Digital and Real-world Industries; Application Scenarios

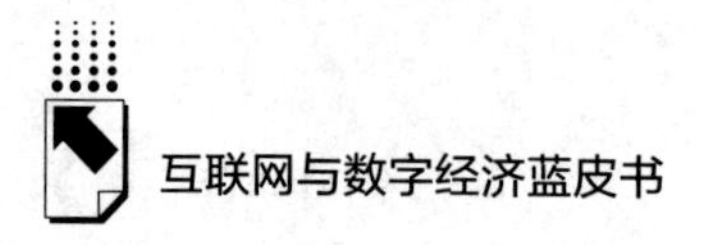

B.3 Data Factor and Artificial Intelligence Promoting Economic Growth

Xu Xiang, *Li Shuaizhen* / 040

Abstract: The superposition of "data factor ×" and "artificial intelligence +" effects injects new productivity into economic growth. After deeply summarizing the core characteristics of data factor and artificial intelligence, this paper discusses how they are related to economic growth. Furthermore, this paper compares and analyzes the emerging characteristics of generative artificial intelligence, and discusses its potential impact on economic development. Subsequently, this paper proposes a series of policy recommendations aimed at enhancing the driving force of data elements and artificial intelligence on economic growth.

Keywords: Data Factor; Artificial Intelligence; Economic Growth

B.4 Research Progress on the Deep Integration of the Digital Economy and Real Economy

Shi Yupeng / 054

Abstract: This article conducts a systematic review of the research progress on the deep integration of the digital economy and the real economy in China from 2022 to 2023. It focuses on analyzing the influencing factors and economic effects of digital transformation in the agricultural, manufacturing, and service sectors. The results indicate that although digital transformation in agriculture is restricted by insufficient infrastructure construction, limited information technology levels, and a lack of modernization, it has remarkably enhanced production efficiency and farmers' income. In the manufacturing sector, digital transformation has effectively promoted the performance of the industrial chain and strengthened regional innovation capabilities. However, digital transformation in the service sector encounters challenges such as insufficient planning and inconsistent service standards. Although different sectors exhibit distinct characteristics in the process of integrating with the digital economy, overall, digital transformation has infused new vitality and impetus into the development of the real economy.

Keywords: Digital Economy; Real Economy; Digital Transformation

B.5 Digital Economy Governance Research Progress Report 2022-2023 *Jin Xingye* / 070

Abstract: This paper analyzes the research situation of China's digital economy governance from 2022 to 2023. In the past two years, the characteristics of digital economic governance are mainly presented as follows: data governance as the core research content, diversified research topics, and pay attention to the dual governance means of technology and law. However, there are still some problems in current academic research, such as imperfect theoretical research, lack of research on the rule of law system, and insufficient integration of disciplines. To promote the construction of an international digital economy governance system, China's future digital economy governance research should be more systematic, in-depth, diversified and global, and it is necessary to continue to pay attention to data elements and focus on the platform field. Research on digital economy governance is the source of ensuring the healthy and orderly development of digital economy. In future research, scholars need to deepen relevant research from multiple dimensions, promote the continuous improvement of digital economy governance, and contribute Chinese wisdom to global digital economy governance.

Keywords: Digital Economy Governance; Data Element; Platform Economics

Ⅲ Infrastructure Reports

B.6 China's Information Infrastructure Construction Report 2022-2023
China Mobile Research Institute / 089

Abstract: In December 2018, the Central Economic Work Conference first proposed the concept of "New Infrastructure" In April 2020, the National Development and Reform Commission further pointed out that "New Infrastructure" mainly includes Information Infrastructure, Integrated Infrastructure, and Innovative Infrastructure. Among these, Information Infrastructure primarily comprises Communication Network Infrastructure, New Technology Infrastructure, and Computing Power Infrastructure. From 2022, the construction of China's information infrastructure has been effective, and has shown the characteristics of the deep integration of computing power and networks, diversified and ubiquitous layout, efficient and agile response, and green and low-carbon development. However, it is also facing problems in terms of imbalance between supply and demand, uncoordinated regional development, insufficient industry applications, and security risks. In the future, the development of China's Information Infrastructure will exhibit three trends, including the integration of Communication Network Infrastructure towards a space-air-ground integrated direction, the development of Computing Power Infrastructure towards high efficiency and coordination, as well as the resonant synchronization of Information Infrastructure with new quality productivity. It is recommended that China strengthen the role of policies and the market, enhance the level of integrated development, focus on the promotion of applications and data openness, and improve the level of independent control and security.

Keywords: Information infrastructure; Computing infrastructure; Network infrastructure

B.7 China Converged Infrastructure Development Report 2022-2023

Lu Fucai, Xu Yuanbin / 103

Abstract: On the basis of summarizing the situation of China's converged infrastructure construction and construction characteristics in 2022 ~ 2023, this paper finds that there are several aspects of China's current converged infrastructure construction. First, there are bottlenecks in the key technologies, which need to be further broken through; Second, the application scenarios are not sufficiently rich, which need to be further developed; Third, it is not widely applied in small and medium-sized enterprises, and the thresholds of construction and application need to be further lowered; Fourth, the depth of data connectivity and interaction is insufficient, and the value has not been fully released. Combined with the analysis, we predict that the future development trend of China's convergence infrastructure construction will be as follows: the key technology will gradually embark on autonomy, the related industrial chain will become more and more perfect, and there will be great potential for accurately empowering the transformation and upgrading of traditional industries. Finally, to address the problems of China's converged infrastructure construction, this paper puts forward corresponding policy recommendations: give full play to the driving role of leading converged infrastructure enterprises, vigorously develop application scenarios in the converged infrastructure industry, and gradually formulate unified industry standards.

Keywords: Converged Infrastructure; New Infrastructure; Smart City; Application Scenarios

B.8 2022-2023 China Data Infrastructure Construction Report

China Mobile Research Institute / 116

Abstract: Data infrastructure should possess characteristics such as efficient connectivity, rapid storage and computation, security and trustworthiness, ubiquitous application, and sustainable operation. In terms of construction and management, it is essential to adhere to the important principle of "intensive and efficient" development. "Intensive" refers to the integration of various elements of advantage, such as capital, labor, and technology, to reduce production costs, enhance unit efficiency, and maximize the utilization of resource value. "Efficient" is based on a secure and compliant foundation, aiming for sustainability and focusing on the overall industry. From 2022 to 2023, China actively promoted the exploration and practice of data infrastructure. At the policy level, national and local regulations and policies were introduced to advance the construction of data infrastructure. At the industry level, various entities actively promoted the conceptual design and practical implementation of data infrastructure. At the technological level, the integration and application of multiple emerging technologies collectively pushed for innovative development in data infrastructure. While China data infrastructure construction has achieved certain results, issues still exist, such as unclear top-level design, insufficient large-scale commercial application, fragmented construction, and urgent market demand. To promote the large-scale and standardized development of data element circulation and utilization, it is recommended to strengthen top-level design guidance, improve the management of participating entities, and promote the implementation of key technologies.

Keywords: Data Infrastructure; Data Circulation Facilities; Trustworthy Data Circulation Internet of Data; Data Elements

Ⅳ Digitalization of the Industry Reports

B.9 China Enterprises Digital Transformation and Upgrading Development Report 2022-2023

Liu Qian / 132

Abstract: This report provides an in-depth analysis of the development, characteristics, challenges, and trends of China's enterprise digital transformation and upgrading from 2022 to 2023. It highlights six key features: national policy guidance, overall positive transformation momentum, significant effects of digital infrastructure, leading enterprises' demonstration effect, cautious strategy selection in transformation, and efficiency enhancement in operations. The report identifies five major challenges faced by enterprises during digital transformation: unclear strategy and direction, innovation dilemma, economic constraints, slow realization of benefits, and challenges in cognition, mechanism, and technology. Looking ahead, the report predicts four major trends in the future development of enterprise digital transformation: dual emphasis on deep integration and scenario-based application, joint advancement of data-driven and intelligent decision-making, parallel development of digital ecology and platform strategy, and combination of cloud computing and edge computing. Based on these analyses, the report proposes five policy recommendations for the Chinese government: strengthening top-level design and policy guidance, promoting technological innovation and talent cultivation, optimizing digital infrastructure construction, building an open and cooperative digital ecosystem, and enhancing enterprise service capabilities for digital transformation. These recommendations aim to promote the high-quality development of China's economy and enterprises by facilitating their digital transformation and upgrading.

Keywords: Digital Transformation; Chinese Enterprises; Digital Infrastructure

B.10 2022–2023 China's Industrial Digitalization Development Report *Jing Wenjun* / 144

Abstract: This report firstly introduces the current situation of the development of digital transformation of key industries in China in 2022–2023, pointing out that the three industries in the development of the "institutional dividend" continues to be released; technological progress and application continue to empower the transformation and upgrading of industries; and the scope of the "digital-reality integration" further expands, which are typical features. Secondly, it puts forward the problems in the digital transformation of key industries, such as there are still "blocking points" in data circulation, uneven development of "digital-real integration", and insufficient resources for digital transformation of enterprises. Then, the trend of digital transformation of key industries is judged-intelligent drive production mode from product manufacturing to value creation; data integration and platform empowerment to further optimize the degree of industrial chain synergy; the integrated application of new technologies continues to give rise to new industry digital business, and finally, corresponding countermeasures are put forward, including: improving the design of the system for transforming the value of data elements, constructing a system for transforming the value of data elements, and establishing a system for transforming the value of data elements. design of the system for transforming the value of data elements, constructing a high-quality supply system for digital technologies, and strengthening incentives and safeguards for the digital transformation of small and medium-sized enterprises (SMEs).

Keywords: Industrial Digitalization; Digital economy; Real Economy; Digital Transformation

B.11 2022-2023 Report on the Digital Transformation and Development of China's Industrial Clusters

Qiu Leiju / 169

Abstract: During the years 2022 - 2023, the digital transformation of industrial clusters in China has made significant progress, becoming a key measure to promote high-quality economic development. The digital transformation of industrial parks and clusters in China has benefited from the rapid development of digital infrastructure. The rise of joint operation models between industrial parks and platform companies, the promotion of shared manufacturing platforms, and the exploration of virtual industrial parks have all provided new development space and models for industrial clusters. Looking ahead, industrial parks will gradually expand from physical spaces to a blend of virtual and real digital spaces, service models will upgrade from single administrative approvals to ecological services at the industrial chain level, empowerment tools will evolve from dispersed platforms to coordinated operations of industrial brains, and development methods will shift from extensive development to digital zero-carbon integration with an emphasis on quality. However, the digital transformation of industrial clusters still faces issues such as insufficient infrastructure construction, mismatch between transformation costs and benefits, the need to enhance soft infrastructure, insufficient supply of digital services, lack of awareness among enterprises about transformation, absence of unified measurement standards, difficulties in data integration and fusion, and weak capabilities in building digital platform ecosystems. In response to these existing problems, the report proposes corresponding policy recommendations: to strengthen infrastructure construction to lay the foundation for digital transformation, establish cost-sharing and incentive mechanisms, improve soft infrastructure, enhance data management and application capabilities, cultivate and introduce digital service providers, raise awareness among enterprises about digital transformation, formulate unified digital transformation standards and guidelines, promote data integration and fusion, build a robust digital platform ecosystem, facilitate collaboration between upstream and downstream of the industrial chain, and establish diversified financing channels.

Keywords: Industrial Clusters; Industrial Parks; Digital Transformation; Data Elements

B.12 Report on the Development of China's Digital Transformation Support Service Ecosystem in 2022–2023

Zhao Yang / 184

Abstract: The development of digital transformation support service ecosystem is a key task outlined in the "14th Five-Year Plan for Digital Economy Development." The focus is on cultivating digital solution providers, establishing digital transformation promotion centers, and innovating the supply mechanism for digital transformation support services. This section first summarizes the progress China has made in these three areas of developing a digital transformation support service ecosystem. Subsequently, based on the practical work of the central and local governments, the paper identifies and synthesizes the issues encountered in the construction of the digital transformation support service ecosystem and proposes targeted recommendations.

Keywords: Digital Transformation; Support Service Ecosystem; Small and Medium-sized Enterprises

V Digital Industrialization Reports

B.13 2022–2023 Development of China Innovation Capabilities of Key Technologies Report

China Mobile Research Institute / 202

Abstract: Digital technology is fully integrating into all fields and processes of human economy, politics, culture, society, and ecological civilization construction with new concepts, new business forms, and new models, and affects human life widely and profoundly. From an auxiliary tool to a leading force, digital technology plays a key role in digital-real integration and stimulation of vitality of digital economy. In regard of policy environment, scientific research breakthroughs, major events, and innovative applications, in this chapter, 5G, Artificial Intelligence, Internet of Things, Blockchain are selected to be representative digital technologies. On the base of the analysis of current status, characteristics of development of technologies mentioned above, we find some core technology R&D capabilities and the level of international cooperation in key areas need to be further improved; and the obstruction of data circulation, high costs of technology landing restrict the scaled development of industry; privacy protection, data governance, and security control capabilities need to be further enhanced. Based on the above analysis, it is predicted that the development of key digital technologies in China will appear three important trends: continuous integration and innovative development of digital technology; industry transformation and upgrade accelerated by digital technology; more complexity and difficulty of technological ethics governance. Therefore, some advices are given, which are focusing on key areas and intensifying research on core technologies, encouraging innovation in application scenarios and promoting the integration of digital and real economies, improving the governance of technology ethics to ensure the healthy development of technological innovation.

Keywords: Technology Innovation; 5G; Artificial Intelligence; Internet of Things; Blockchain

B.14 2022-2023 China's Core Industries of Digital Economy Competitiveness Report *Zhang Wentao* / 222

Abstract: The core industries of the digital economy, which include digital product manufacturing, digital product services, digital technology application, and digital element-driven industries, form an important foundation for the development of the digital economy. From 2022 to 2023, the core industries of China's digital economy have generally maintained a stable growth trend. Industries such as electronic manufacturing, software, communication, and internet services have seen good recovery in both output and benefits, becoming an important driving force for stable economic growth. At present, the core industries of the digital economy are showing characteristics of rapid growth and expansion of enterprises, vigorous development of new business models and formats, a pronounced trend of spatial agglomeration, and significant regional development gradients. However, they are also facing a series of issues, including relatively weak industrial foundations, increasing risks in the industrial chain and supply chain, low levels of internationalization, and an imperfect institutional environment. To enhance the competitiveness of the core industries, it is necessary to further strengthen independent innovation capabilities, improve the industrial chain and supply chain system, take the lead in cultivating and deploying future industries, and promote the standardized and healthy development of the platform economy.

Keywords: Core Industries of Digital Economy; Electronic Information Manufacturing Industry; Software Service Industry; Information and Communication Technology Industry; Internet Service Industry

B.15 2023 Report on the Development of New Formats and Models of E-commerce in China

Li Mingtao / 239

Abstract: In 2023, China's new e-commerce formats will continue to flourish driven by a new round of technological revolution and industrial transformation, showing the distinctive characteristics of active innovation, deep integration, and broad empowerment. This report summarizes the overall situation of China's e-commerce during 2023, focusing on analyzing the innovation progress in key areas such as live streaming e-commerce, instant retail, and cross-border e-commerce; analyzing the market competition, digital-real integration, and open development of new e-commerce formats characteristics and challenges in sustainable development, innovative development and international layout, and made a basic judgment on the next development opportunities and trends: serving new consumption and sinking markets provide incremental space for online retail, The development of new technologies will drive the innovation of e-commerce application scenarios, the integration of digital and physical development will create new service markets for e-commerce, and global market expansion will become an inevitable trend in the development of e-commerce.

Keywords: E-Commerce; New Business Models; New Industrial Formats

B.16 China's Industrial Innovation Ecosystem Development Report

Li Dongyang / 253

Abstract: This report comprehensively analyzes the current status, characteristics, existing problems, and future development trends of China's industrial innovation ecosystem from 200 to 2023, offering targeted policy recommendations. The report thoroughly reviews the progress made in 2023 in areas such as technology-driven development, industry focus, and regional growth, and analyzes key features including technology innovation drivers, industry chain integration and convergence, and the interplay of policy support with market response. It discusses critical challenges faced by the current stage of the industrial innovation ecosystem, such as uneven innovation, insufficient funding and resource allocation, and international cooperation and competition. Additionally, it forecasts future trends in technological development, market demand changes, and policy shifts, concluding with policy recommendations to enhance innovation investment, optimize capital and talent mobility, and promote international cooperation.

Keywords: Industrial Innovation Ecosystem; Digital Technology; Innovation Policy; Smart Manufacturing

Ⅵ Scenarios and Cases Reports

B.17 5G+Industrial Internet Case *China Mobile Research Institute* / 267

Abstract: 5G+Industrial Internet, as a new generation of information and communication technology, deeply integrates into the industry, and becomes an important guarantee for building an industrial service system with the entire industry chain and value chain. In response to the national call of new industrialization, China Mobile continuously promotes the OnePower Industrial Internet Platform, builds "1+1+1+N" product capability system, constructs 5G fully-connected factory, helps to consolidate the basement of internet development, such as internet, platform, security, enriches digital intelligence applications, expands integrated industrial ecosystem, advances industrial digital intelligence transformation, and contributes to National New Industrialization. After a series of practice of industrial digital intelligence transformation, China Mobile accumulates amount of effective cases through the cooperation with industrial customers. In this chapter, a 5G fully-connected factory of Micronet Union and smart manufature of QingYuan FuYing Electronics Co., Ltd. are demonstrated as 5G + Industrial Internet solutions provided to industrial customers from China Mobile.

Keywords: New Industrialization; 5G +Industrial Internet; China Mobile OnePower Industrial Internet Platform; 5G fully-connected factory

B.18 Huawei empowers new quality of productivity through technological innovation, and China's railway is experiencing an acceleration of "intelligent transformation"

Ebrun Think tank / 280

Abstract: The continuous application of emerging technologies such as 5G, big data, artificial intelligence (AI), and cloud computing in the transportation sector in recent years has facilitated the intelligent development of the transportation industry. With the changes of the times and technological advancements, the railway industry is also developing rapidly. After spanning the industrial age, the electrical age, and the information age, it has now entered the intelligent age. The most prominent feature of the intelligent age is the comprehensive application of artificial intelligence (AI) technology in the railway industry, which helps railway groups to reduce costs and increase efficiency, optimize experiences, improve safety, and comprehensively enhance their operational and management capabilities. As a company that has been deeply involved in the railway industry for nearly 30 years, Huawei believes that by creating a digital and intelligent infrastructure centered on 5G, cloud computing, and artificial intelligence, it can better serve the intelligent and digital transformation of the railway industry.

Keywords: 5G; Big Data; Artificial Intelligence; Intelligent; Energy saving and emission reduction

B.19 Data Element Application Scenarios Case Study

Ebrun Think Tank / 288

Abstract: With the deepening of digital transformation, data elements have become a key force driving the development of various industries. Hesteel Group has utilized data elements to improve the supply chain, support intelligent logistics, guide intelligent production, and facilitate industrial financing. The China Agriculture Network has constructed an agricultural industry data space, integrated industrial chain data resources, provided comprehensive service value, and built a smart agriculture ecosystem. SHEIN has driven operational management with data, optimized the supply chain and manufacturing, and offered personalized consumer experiences. Suofeiya Home has achieved intelligent manufacturing transformation through the reconstruction, creation, and generative role of data elements. Extracting common experiences from specific corporate practices, it can be argued that the path for enterprises to unleash the potential of data elements includes key links such as strategic planning, system construction, resource collection, scenario development, privacy protection, and talent cultivation. Enterprises can focus on building a data security and compliance system, expanding the application scenarios of data elements, strengthening research and development of cutting-edge digital technologies, and promoting data-driven operational management. By integrating specific application scenarios, the value of data elements can be fully activated.

Keywords: Data Elements; Application Scenarios; Digital Transformation; Flexible Manufacturing; Industrial-Financial Coordination

皮书

智库成果出版与传播平台

✧ 皮书定义 ✧

皮书是对中国与世界发展状况和热点问题进行年度监测，以专业的角度、专家的视野和实证研究方法，针对某一领域或区域现状与发展态势展开分析和预测，具备前沿性、原创性、实证性、连续性、时效性等特点的公开出版物，由一系列权威研究报告组成。

✧ 皮书作者 ✧

皮书系列报告作者以国内外一流研究机构、知名高校等重点智库的研究人员为主，多为相关领域一流专家学者，他们的观点代表了当下学界对中国与世界的现实和未来最高水平的解读与分析。

✧ 皮书荣誉 ✧

皮书作为中国社会科学院基础理论研究与应用对策研究融合发展的代表性成果，不仅是哲学社会科学工作者服务中国特色社会主义现代化建设的重要成果，更是助力中国特色新型智库建设、构建中国特色哲学社会科学“三大体系”的重要平台。皮书系列先后被列入“十二五”“十三五”“ 十四五”时期国家重点出版物出版专项规划项目；自 2013 年起，重点皮书被列入中国社会科学院国家哲学社会科学创新工程项目。

S 基本子库
UB DATABASE

中国社会发展数据库（下设 12 个专题子库）

紧扣人口、政治、外交、法律、教育、医疗卫生、资源环境等 12 个社会发展领域的前沿和热点，全面整合专业著作、智库报告、学术资讯、调研数据等类型资源，帮助用户追踪中国社会发展动态、研究社会发展战略与政策、了解社会热点问题、分析社会发展趋势。

中国经济发展数据库（下设 12 专题子库）

内容涵盖宏观经济、产业经济、工业经济、农业经济、财政金融、房地产经济、城市经济、商业贸易等12个重点经济领域，为把握经济运行态势、洞察经济发展规律、研判经济发展趋势、进行经济调控决策提供参考和依据。

中国行业发展数据库（下设 17 个专题子库）

以中国国民经济行业分类为依据，覆盖金融业、旅游业、交通运输业、能源矿产业、制造业等 100 多个行业，跟踪分析国民经济相关行业市场运行状况和政策导向，汇集行业发展前沿资讯，为投资、从业及各种经济决策提供理论支撑和实践指导。

中国区域发展数据库（下设 4 个专题子库）

对中国特定区域内的经济、社会、文化等领域现状与发展情况进行深度分析和预测，涉及省级行政区、城市群、城市、农村等不同维度，研究层级至县及县以下行政区，为学者研究地方经济社会宏观态势、经验模式、发展案例提供支撑，为地方政府决策提供参考。

中国文化传媒数据库（下设 18 个专题子库）

内容覆盖文化产业、新闻传播、电影娱乐、文学艺术、群众文化、图书情报等 18 个重点研究领域，聚焦文化传媒领域发展前沿、热点话题、行业实践，服务用户的教学科研、文化投资、企业规划等需要。

世界经济与国际关系数据库（下设 6 个专题子库）

整合世界经济、国际政治、世界文化与科技、全球性问题、国际组织与国际法、区域研究 6 大领域研究成果，对世界经济形势、国际形势进行连续性深度分析，对年度热点问题进行专题解读，为研判全球发展趋势提供事实和数据支持。

法律声明